GEOLOGY 지질학

SCIENCE 101

GEOLOGY 지질학

Mark A. S. McMenamin 지음

손영운 옮김

BooksHill
이치사이언스

사람들은 스미스소니언 박물관을, 우리가 사는 세상을 만든 과정을 과학적으로 이해하기 위해서 평생에 꼭 한 번은 가야할 곳으로 여긴다. 특히 지질학에서는 더욱 그렇다. 1846년에 문을 연 스미스소니언 박물관은 세계 최고의 지질학 박물관이라고 할 수 있다. 세계에서 가장 비싼 광물 중 하나인 호프다이아몬드가 소장되어 있고, 판 구조론과 화산 활동에 대해 가장 잘 정리된 갤러리가 있다. 무엇보다 스미스소니언 박물관의 설립자가 운석을 가장 많이 소장했던 노련한 광물학자여서 그런지 스미스소니언은 세계에서 운석을 가장 많이 보유하고 있는 박물관이기도 하다. 또한 스미스소니언 자연사 박물관의 지질학 관련 과학자들은 지구와 태양계의 기원과 진화 과정, 그리고 지구 대기권과 생물권에서의 지질학적 영향을 가장 앞서 연구하고 있다. 사이언스 101 : 지질학은 이처럼 세계 최고의 지질 박물관에서, 가장 앞선 과학자들이 만든 책이다. 그래서 책을 채우고 있는 지식들이 금방 갓 구워낸 빵처럼 따끈따끈하고 알차다. 다른 책에서는 쉽게 볼 수 없는 최신 정보와 사진들이 많다.

사이언스 101 : 지질학은 우리 모두가 살고 있는 가장 큰 집인 지구에 대한 이야기를 담고 있다. 우리가 살고 있는 이 커다란 집을 언제, 누가 만들었으며, 무엇으로 이루어져 있는지, 또 이 집에는 누가 살고 있는지, 앞으로 어떤 변화를 겪을지를 조곤조곤 알려준다. 책을 펼쳐 차례를 보면 참 꼼꼼한 책이라는 것을 금방 알 수 있을 것이다.

우선 1장과 2장은 우주와 태양계 속의 행성으로서 지구를 소개하고 있다. 지구의

기원에 대해 생각하게 한다. 3장과 4장은 광물과 암석을 주제로 하는데 주인공은 규산염 광물이다. 5장과 6장은 지구에 살고 있는 생물의 이야기이다. 5장은 생물이 지구에 어떤 영향을 끼쳤는가를, 6장은 그런 생물들이 살아온 기록을 다룬다. 그리고 7장과 8장은 지구의 물에 대한 이야기다. 액체 상태의 물과 고체 상태의 얼음이 지구에 어떤 영향을 끼치는지, 또 지구로부터 어떤 영향을 받는지 알려준다. 또한 9장과 11장은 살아 있는 지구의 다양한 모습을 살펴보게 하고, 10장에서는 이와 같은 지질학적 발견을 누가 일으켰는지를 생각하게 하고, 마지막으로 12장에서는 지질학에서 가장 중요하게 여기는 현장 답사에 대해 공부하게 될 것이다.

근래에 들어 가장 많은 발전을 이룬 학문 분야가 지질학이다. 생화학, 고생물학, 지도학, 지구지질학의 발전과 더불어 첨단 기술을 갖춘 관측 도구들이 개발되었기 때문이다. 이 책을 읽으면서 우리는 지금까지 볼 수 없었던 우리 지구의 구조와 역사를 심도 깊게 볼 수 있는 특별한 시간을 가지게 될 것이다. 푸른 행성 지구의 속살의 비밀을 하나씩 벗기는 지식 탐험의 시작을 진심으로 축하하며…….

옮긴이 손 영 운

차 례

옮긴이 머리말 ……………………… iv

INTRODUCTION
지질학의 세계에 오신 것을 환영합니다! ………… 1

CHAPTER 1
지구라는 행성 ……………………… 5
    6   미행성체 충돌설
    8   원시 지구의 열원들
   10   생명의 기원
   12   생명과 지각

CHAPTER 2
행성지질학 ……………………… 15
   16   수성
   18   금성
   20   화성 1
   22   화성 2
   24   거대한 행성의 위성들
   26   토성과 목성
   28   천왕성, 해왕성, 그 외 천체들

CHAPTER 3
광물, 암석, 지각 ……………………… 31
   32   감람석부터 석영까지
   34   현무암질 암석
   36   화강암질 암석
   38   쇄설성 퇴적암
   40   화학적 퇴적암
   42   화성암
   44   변성암

CHAPTER 4
풍화 작용과 토양 ……………………… 47
   48   암석과 표토
   50   토양학
   52   금속 성분을 포함한 토양들
   54   생물학적 풍화 작용

CHAPTER 5
살아 있는 행성 ……………………… 57
   58   지구의 미생물
   60   메테인과 메테인 하이드레이트
   62   탄소 순환
   64   대지를 정복한 식물 1
   66   대지를 정복한 식물 2
   68   기후 변화

CHAPTER 6
화석 기록 ……………………… 71
   72   동물군 천이의 원리
   74   화학적 화석
   76   박테리아 화석
   78   무척추동물의 화석 기록
   80   뼈의 기원
   82   생물의 분류와 수렴적 진화
   84   척추동물의 화석들
   86   관다발식물 화석
   88   다양성의 역사
   90   공룡 사례 연구 1
   92   공룡 사례 연구 2

읽을거리

94 지질학 발전에 기여한 사람들
98 지질학의 중대 사건들
102 세계를 바꾼 지도
104 세계 지질도
106 지질 연대
108 작업 도구들

CHAPTER 7
물의 순환 ⋯⋯⋯⋯⋯⋯⋯⋯⋯⋯ 113

114 물의 순환
116 지하수 오염
118 우물 만들기
120 폐수와 오수 처리
122 카르스트 지형과 석회 동굴
124 해양의 순환

CHAPTER 8
빙하 작용 ⋯⋯⋯⋯⋯⋯⋯⋯⋯⋯ 127

128 초기의 빙하 작용
130 눈덩이 지구 이론
132 판 구조론과 최근의 빙하 작용
134 빙하 지형
136 빙하 작용과 기후의 변동
138 지구 밖 얼음 세계

CHAPTER 9
지질학적 재앙 ⋯⋯⋯⋯⋯⋯⋯⋯ 141

142 중력 사면 이동과 산사태
144 지진
146 해저 사태
148 쓰나미
150 화산 용암지 수로
152 화산
154 충돌 사건들

CHAPTER 10
지질학 이론의 변천 ⋯⋯⋯⋯⋯⋯ 157

158 연대기와 대격변설
160 수성론과 화산 활동
162 스테노와 동일 과정설
164 대륙 이동설
166 격변설의 과거와 현재
168 베르나드스키와 가이아

CHAPTER 11
판 구조론 혁명 ⋯⋯⋯⋯⋯⋯⋯⋯ 171

172 로디니아 초대륙의 재구성
174 판 구조의 필수 요소들
176 윌슨 순환
178 호상 화산과 호상 열도
180 단층, 열곡 그리고 산맥들
182 해양 지각의 판 구조론

CHAPTER 12
현장지질학 ⋯⋯⋯⋯⋯⋯⋯⋯⋯⋯ 185

186 주향과 경사
188 지질도와 단면도
190 지질학에 사용되는 첨단 기술들
192 표본 수집과 준비

용어 풀이 ⋯⋯⋯⋯⋯⋯⋯⋯⋯⋯ 194

더 읽을거리 ⋯⋯⋯⋯⋯⋯⋯⋯⋯ 200

스미스소니언에서 ⋯⋯⋯⋯⋯⋯ 206

찾아보기 ⋯⋯⋯⋯⋯⋯⋯⋯⋯⋯ 210

감사의 글 및 사진 출처 ⋯⋯⋯ 217

지질학의 세계에 오신 것을 환영합니다!

왼쪽 미국 옐로우스톤(Yellowstone) 국립공원의 일부 모습이다. 이곳은 지질학 연구의 보고이다.
위 지질학의 가장 기본적인 연구 대상은 암석이다.
아래 미국 워싱턴 주에 있는 세인트헬렌스 산(Mount St. Helens)이다. 화산을 연구하는 학자들이 자주 찾는 곳이기도 하다.

지질학은 지구를 연구하는 과학이다. 지질학은 화성암, 퇴적암, 변성암 등 여러 종류의 암석과 이들 암석을 구성하는 광물을 연구한다. 또한 다양한 크기의 퇴적물을 연구하며, 심지어 지구 내부로부터 방출되는 기체까지도 연구한다. 광물이 풍화되는 과정에서 기체가 매우 중요한 역할을 하기 때문이다. 그리고 지질학은 지질 시대에 살았던 다양한 고생물과 당시의 기후 환경을 연구한다. 따라서 지질학은 생명의 기원을 풀고, 기후 변화의 비밀을 푸는 데 매우 중요한 역할을 하는 학문이라 할 수 있다.

지금 호숫가를 따라 걷는다고 상상해 보자. 우리는 호숫가에서 호수의 물결에 의해 동그랗고 매끄럽게 잘 깎인 밝은 색의 자갈을 보게 될 것이다. 예쁜 자갈을 하나 주워 모래를 털어낸 후 자갈의 무늬와 짜임새를 살펴보자. 자갈에서 희미하지만 아름답게 물결치는 줄무늬를 볼 수 있을 것이다. 우리는 그 줄무늬를 통해 우리 자신이 빛나는 지구 역사의 산 증인임을 알게 될 것이다.

지금 우리 손에 암석이 있다고 생각하자. 우리는 이 암석이 어떤 과정을 거쳐 생성되었는지 자세하게는 알 수는 없지만 약간의 지질학적 지식이 있다면 암석의 정체에 대해 다음과 같이 대략적인 설명을 할 수 있을 것이다.

이 암석은 일부는 변성 작용을 받았고, 일부는 원래 암석 그대로이다. 우리가 들고 있는 암석은 변성되기 이전의 암석, 즉 모암과 변성된 후의 암석으로 되어 있다. 두 암석의 시간대를 구분하자면 1억 년이나 혹은 그보다 더 길수도 있다. 그리고 이 암석은 지금 이 순간에도 변성 단계를 거치는 중이라고 할 수 있다. 자갈의 표면과 내부의 역학적, 화학적 변화가 일어나고 있고, 변화의 시작은 암석의 모체가 되는 기반암에서 분리되어 나온 이후부터이다. 처음 기반암에서 분리되었을 때의 암석은 현재보다 더 각지고 큰 덩어리였다. 그러나 암석은 강바닥에 닿기 전에 중력과 물의 흐름에 따라 밑으로 운반되었고, 물의 세찬 흐름에 의해 암석은 비슷한 크기와 모양을 가지고 있는 다른 암석과 서로 부딪쳤다. 이러한 과정을 거치며 암석은 기반암에서부터 수십 킬로미터나 떨어진 곳으로 이동하여, 모난 표면이 깎이면서 둥글게 되었다. 우리는 오랜 세월의 파편을 들고 있는 셈이다.

이번에는 손에 든 암석을 다시 강 상류로 옮기고, 광맥의 돌출 부분에 다시 끼워 맞추자. 돌출 부위를 원래 있던 자리인 대지에 밀어 넣고 광물을 변성되기 전 모암일 때의 상태로 되돌려 보자. 또한 모암 표면의 침적층을 분리시켜 침적층의 침전물 입자들을 결합시키고 있는 물질을 녹여 침전물 입자들의 시간을 돌려 지구 곳곳으로 흩뿌린다고 상상해 보자. 이처럼 모든 입자들을 일일이 쫓아 모체가 되는 암석을 찾아 그 암석들을 다시 원래 있던 돌출 부위에 맞춰 과거의 대지 형상으로 복구시킨다고 상상해 보자. 이로써 우리는 암석이 수십억 년 동안 이어왔던 순환 과정을 복구시키는 일을 한 셈이다.

현대 지질학 현대 지질학은 아직도 길고 긴 지질학적 시간과 씨름하고 있는 과정에 있다. 지질학자들은 이제 그것을 당연히 여긴다. 대부분의 지질학자들은 백만 년이란 시간을 그리 대수롭지 않게 생각하고, 어떤 지질학자들은 천만 년이라는 긴 시간도 찰나의 시간으로 여긴다. 하지만 지질학자들은 올바른 지질학적 시간을 측정하는 방법에 대해 항상 고민한다. 그 결과 방사성 동위 원소를 이용한 연대 측정법과 같은 것을 알아낼 수 있었다. 그렇기 때문에 우리 손에 들고 있는 암석이 얼마나 오래된 것인지를 알 수 있게 된 것이다. 운이 좋다면 모암이 언제 침전됐고 퇴적암이라는 가정 하에 어떤 암석이었는지 확인할 수 있다. 어떤 경우에는 변성 작용이 일으킨 변형을 견디고 암석 조직의 일부가 된 동물의 흔적화석 등이 발견되어 지질학적 시간을 좀 더 구체적으로 추정하기도 한다.

지질학은 몇 초에서 수십억 년이 넘는 기간 동안에 일어나는 다양한 일을 다루고, 은하를 구성하는 성간 물질부터 원자핵까지 매우 광범위한 공간을 아우르는 학문이라는 점을 이 책을 통해 말할 생각이다.

제1장 "지구라는 행성"에서는 지구라

캘리포니아 모노(Mono) 호숫가에서 찾아볼 수 있는 탑 모양의 암석. 이 암석은 석회화 과정을 겪었다.

노르웨이의 브릭스데일(Briksdale) 빙하

는 행성의 기원과 행성의 근본이 되는 내부 열원에 대해 기술할 것이다. 제2장 "행성지질학"에서는 지구를 중심으로 한 비교행성학에 대해 알아볼 것이다. 제3장 "광물, 암석, 지각"에서는 다양한 규산염 광물을 다룰 것이다.

또한 제4장 "풍화 작용과 토양"에서는 규산염 광물이 풍화와 침식을 받아 토양이 되고 땅이 되는 과정을 다룰 것이다. 제5장 "살아 있는 행성"에서는 규산염 광물이 지구의 뼈대 역할을 하고, 미생물이 일으키는 다양한 생물학적 또는 화학적 작용이 지구에 살을 붙인다는 것을 설명할 것이다. 제6장 "화석 기록"에서는 미생물로부터 고등 생물로 이어지며 반복되는 생명의 진화론적 발전의 자취를 답사할 것이다. 제7장 "물의 순환"에서는 물의 순환 작용과 그것이 지표면을 이루고 있는 암석에 미치는 영향에 대해 설명할 것이다. 제8장 "빙하 작용"에서는 물의 순환이 거의 멈춰 지구의 기후가 추워지거나 때로는 몹시 추워지는 현상에 대해 알아볼 것이다.

그리고 제9장 "지질학적 재앙"에서는 굉장히 파괴적인 영향을 미칠 수 있는 지질학적 현상에는 어떤 것이 있는지를 알아볼 것이다. 제10장 "지질학적 이론의 변천"에서는 지질학의 몇 가지의 사상적 논쟁을 통해 우리가 지구에 대해 알고 있는 것이 어떤 과정을 통

해서 확립된 것인지 살펴볼 것이다. 제11장 "판구조론 혁명"에서는 대륙 이동설에서 판 구조론으로 발전한 과정과 이것이 얼마나 위대한 과학적 사상의 전환인가에 대해 살펴 볼 것이다. 제12장 "현장지질학"에서는 현장 답사를 중요하게 여기는 지질학의 현지 조사 기법에 대해 알아볼 것이다.

각 장에는 참고할 만한 용어가 많이 포함되어 있어 독자에게 많은 도움을 줄 것이다. 근래의 생화학, 고생물학, 지도학, 지구지질학의 발전과 더불어 현재까지 볼 수 없었던 우리 지구의 구조와 역사를 심도 깊게 볼 수 있는 특별한 시간이 될 것이다. 모든 것을 꿰뚫어 볼 수는 없지만, 물 위로 던진 돌이 만들어 내는 신비로운 궤적의 흔적을 엿볼 수 있을 것이다.

**여러분의 손 위로
오랜 세월의 파편이 놓여 있다.**

지구라는 행성

지구는 태양계를 이루는 여덟 개 행성 중의 하나이다. 아주 오래 전, 우리 은하 한 귀퉁이에서 어떤 별이 대폭발을 일으키며 초신성이 된 후 장렬히 최후를 맞았다. 별을 이루던 물질들은 대폭발과 함께 사방으로 흩어졌다. 오랜 시간이 지나자 우주에 흩뿌려진 물질들은 중력으로 서서히 모이기 시작했다. 수소와 헬륨 기체들과 성간 물질들은 서로 모여 먼지 입자 정도의 크기에서 크게는 미행성체의 크기로 커졌고, 어떤 것은 매우 큰 천체로 성장하여 태양계 한 가운데에서 원시 태양이 되었다. 미행성체와 먼지 입자들은 원시 태양을 중심으로 궤도를 그리며 돌기 시작했다. 이들은 서로 일정한 거리를 두고 각각의 궤도에서 서로 충돌하기 시작했다. 수많은 충돌로 이들은 몸집을 키웠고, 많은 시간이 지난 후 태양 둘레를 도는 행성들이 되었다. 지구도 이 행성들 중의 하나이다.

지구가 처음 탄생했을 때는 지금과는 매우 다른 환경이었다. 바다도 없었고, 대기도 없었고, 생명도 없었다. 모든 것이 시간이 흐르면서 단계적으로 형성되어 오늘날에 이르렀다.

왼쪽 약 46억 년 전에 있었던 태양계 형성 과정(상상도)
위 성운과 항성들
아래 원시 태양 주위를 돌고 있는 미행성체와 운석들

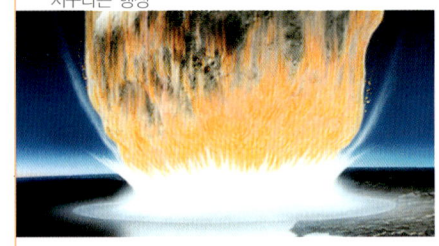

미행성체 충돌설

1890년 지질학자인 토머스 체임벌린Thomas Chrowder Chamberlin, 1843-1928은 〈다양한 가설을 세우는 방법The Method of Multiple Working Hypotheses〉이라는 논문을 발표했다. 그는 자신의 논문을 통해, 과학자들은 과학적 불확실성에 대해 검증되지 않은 그럴싸한 해답에 생각을 고정시키기보다는 여러 가지 가정을 머릿속에 담아두어야 한다고 주장했다. 그는 미국의 천문학자인 몰턴F. R. Moulton, 1872-1952과 함께 '체임벌린–몰턴의 지구 기원에 대한 가설'을 만들 때 논문에 담은 자신의 생각을 잘 활용했다. '체임벌린–몰턴의 지구 기원에 대한 가설'은 지금까지 지구의 초기 형성 과정에 대해 가장 좋은 해석으로 인정받고 있기 때문이다.

하지만 '체임벌린–몰턴의 지구 기원에 대한 가설'은 완벽한 이론은 아니다. 왜냐하면 여전히 지구와 같은 행성이 어떻게 형성되었는지를 설명할 때 이해하기 어려운 점들이 존재하기 때문이다. 그것은 두 가지이다. 첫째, 미행성체들은 처음에 어떻게 형성되었는가? 둘째, 미행성체들이 어느 정도의 크기를 가진 후 충돌 했을 때, 충돌할 때 생기는 어마어마한 에너지 때문에 결국은 폭발하여 작은 조각만 남아야 되는데, 이것을 억제하고 충돌한 미행성체들이 들어붙어 더 큰 미행성체가 되게 만든 것은 무엇인가? 이다.

토머스 체임벌린은 지구의 기원을 밝히는 미행성체 충돌에 대한 논문으로 명성을 얻은 지질학자이다.

달의 암석 표본 1970년 1월, '아폴로 11호와 달에 관한 과학 연석회의'에서 아순마S. K. Asunmaa, 리앙S. S. Liang, 아레니우스G. Arrhenius 등의 과학자들은 미국 항공우주국NASA에서 제공한 달의 암석 표본을 보고 몇 가지 의문을 제기했다.

그들은 먼저 원시의 작은 티끌들이 어떻게 서로 뭉쳐 미행성체를 형성할 수 있었을까? 에 대해 의문을 나타냈다. 원시의 작은 티끌들이 서로 붙어 큰 덩어리가 될 때 중력이 작용한다. 하지만 작은 티끌들 사이에 작용하는 중력의 크기는 무시할 수 있을 정도로 매우 작은 힘인데 어떻게 작은 티끌들이 서로 충돌하여 뭉치게 할 수 있을지 의문을 가진 것이다. 실제로 티끌들이 띤 전하 사이에 작용하는 힘이 이들을 서로 모이게 할 수는 있지만, 이 힘만으로는 두 입자들이 고체 덩어리로 융합하는 데 필

위 지구 표면에 소행성이 충돌하는 모습(상상도)
아래 달의 표면에 작은 암석들이 보인다.

요한 에너지를 만들 수 없다. 정전기의 힘은 너무나 미약하여 초당 일 미터 이상의 속도 차이를 가진 입자들을 융합시키는 일은 물리적으로 불가능하기 때문이다. 그래서 아순마, 리앙, 아레니우스는 충돌에 의해 티끌들이 빠른 속도를 가지는 시기에는 융합이 이루어지지 않을 것이라 생각했다. 대신에 티끌들의 속도가 점점 느려져 가열되어 표면이 녹아 있던 티끌들이 융합할 수 있는 속도를 가지게 된 시기가 따로 있었을 것이라 결론지었다. 그들은 전자 현미경을 이용하여 달의 표면에서 가져온 입자들을 살펴 본 후, 티끌들이 서로 뭉치는 데 도움을 주는 표면 구조가 존재한다는 것을 확인할 수 있었다.

미행성체의 성장 지금까지 발견된 운석 중에서 가장 오래된 것에서 발견된 방사성 동위 원소를 분석하여 알아낸 바루비듐-스트론튬 연대 측정법과 네오디뮴-사마륨 연대 측정법을 이용함에 따르면 태양계를 구성하고 있는 행성들은 최소한 45억 년 전에 형성된 것으로 밝혀졌다. 이들 행성들은 미행성체가 서로 충돌하는 과정을 통해 합쳐지고 성장했다. 과학자들은 미행성체들이 충돌하는 과정에서 매우 큰 에너지가 생성되어 중력이나 정전기에 의한 인력보다 훨씬 큰 힘으로 미행성체들을 산산조각으로 분해시켜 우주에 흩뿌렸을 것으로 추정한다. 하지만 이들 조각들은 다시 서로 결합하고, 부착되어 더 큰 크기로 성장하는 과정이 반복되었을 것이다.

실제로 지구의 위성인 달이 형성되는 과정에서 이런 일이 일어났음을 확인할 수 있다. 과학자들은 초기의 지구가 화성에 버금가는 크기의 행성체와 충돌했을 것으로 추정한다. 이 충돌에 의해 초기 지구의 맨틀 일부가 지구 밖으로 떨어져 나가 굉장히 뜨겁게 가열된 암석과 티끌들이 잠깐 동안이나마 토성의 테두리를 연상케 하는 구조로 존재했을 것이다. 이 테두리의 암석과 티끌들은 결합과 부착 과정을 통해 지금의 달이 된 것이다. 그래서 초기에는 현재보다 훨씬 더 가까이 지구를 공전했을 것이다. 그러나 오늘날의 달은 지구와 점점 멀어지고 있다. 지구가 겪은 여러 번의 충돌에서 발생한 에너지는 어마어마하게 컸다. 하지만 다행스럽게 이러한 충돌들은 지구를 산산조각 내기보다는 지구에 많은 양의 열 에너지로 공급하는 역할을 했던 것으로 생각된다.

달의 형성

달의 기원을 설명할 때 현재 가장 인정 받는 가설은 충돌설이다. 이 가설은 1975년에 하트만(W. K. Hartmann)과 데이비스(P. K. Davis)가 제안한 것으로, 달은 지구에 화성 크기의 행성체가 초속 15 km의 속도로 충돌한 후 형성된 것으로 설명하고 있다. 지구에서 떨어져 나간 물질들은 지구의 로슈 한계(Roche limit) 바로 밖에 토성의 고리와 같은 테두리를 형성하며 공전하였고, 점차적으로 현재 달의 형상으로 결합되었다. 처음의 달은 현재보다 훨씬 지구에 가까운 거리에 형성되었으며(현재까지 계속 지구와 멀어지고 있다), 지구처럼 중심핵과 맨틀을 형성했다. 달은 비교적 크기가 작기 때문에 지구보다 빠른 속도로 식었고, 지금은 내부 열 에너지가 부족하여 화산 활동이 일어나지 않게 되었다.

지구와 위성인 달을 그린 그림. 달과 지구 사이의 중력 때문에 조수가 발생한다.

원시 지구˙의 열원들

미행성체들이 충돌하면서 생긴 열 에너지는 원시 지구의 가장 큰 열원熱源이었다. 원시 지구는 충돌하는 미행성체의 덩치가 클수록 더욱 큰 열 에너지를 얻었다. 그 이유는 두 가지였다. 첫째, 같은 속도일 경우에는 질량이 큰 물질일수록 더 큰 운동 에너지를 가지고, 이 운동 에너지는 곧 열 에너지로 전환된다. 둘째, 작은 물질과의 충돌에서는 큰 물질과의 충돌에서보다 상대적으로 적은 양의 열 에너지를 얻고, 또한 이 열 에너지를 유지하는 데에 어려움이 따른다. 왜냐하면 상대적으로 작은 크기의 물질, 즉 소행성과 충돌에서 생기는 에너지는 주로 행성의 표면에 머물

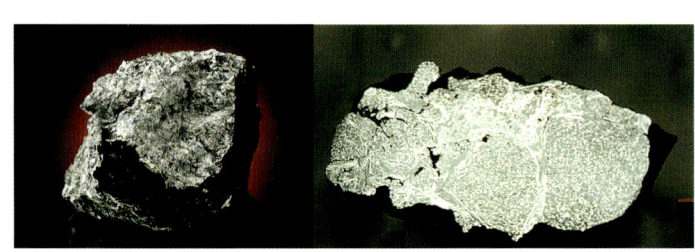

위 지구에 가까이 접근하고 있는 운석
아래 왼쪽 화성에서 온 운석
아래 오른쪽 콘드라이트 운석은 다양한 비율의 철 성분을 포함하고 있다.

게 되고, 이 상황에서 발생되는 열 에너지는 결국에는 우주로 다시 퍼져 나가기 때문이다. 반면에 큰 미행성체는 지구의 표면을 뚫고 들어가며 충돌로 발생한 열 에너지를 효과적으로 지구 내부에 가둘 수 있다. 과학자들의 계산에 의하면 현재

의 지구 부피의 약 20 % 정도를 가지고 있던 초기 지구 상태에서는 이러한 큰 충돌 때문에 지구 전체가 용융 상태로 존재했을 가능성이 높다.

금속과 규산염 크고 작은 미행성체들의 충돌은 원시 지구가 자라는 데 도움이 되는 중요한 두 가지 물질을 공급해 주었다. 첫째는 석질 운석에서 흔히 볼 수 있는 규산염 암석이고, 둘째는 철질 운석에서 흔히 볼 수 있는 철이었다.

미행성체들이 원시 지구에 공급해 준 규산염과 철은 처음에는 매우 불안정한 상태로 지구에 분포했다. 하지만 시간이 지날수록 밀도가 높은 금속인 철은 점점 지구의 핵쪽으로 이동했다. 원시 지구가 미행성체의 충돌로 물질을 녹이기에 충분한 열량을 가졌을 때, 철과 같은 무거운 밀도의 금속 물질은 핵으로 이동하는 것이 보다 원활하였으므로 금속이 핵에 흘러들어간다는 표현이 어울릴 정도였다. 대신 밀도가 낮은 규산염 물질들은 지구 표면 가까운 곳에 자리 잡았다.

금속이 핵으로 유입되는 과정에서 어마어마한 열 에너지가 발생했다. 철질 운석의 고체 덩어리가 서서히 규산염 덩어리들을 지나 지구의 핵으로 들어가면서 마찰로 인해 발생하는 열 에너지의 양은 상상하기 어려울 정도로 큰 것이었다. 하지만 이러한 과정으로만 지구가 액체화되는 것을 설명하기에는 부족하다. 그래서 과학자들은 원시 지구가 완전히 용해되기 위해서는 철과 같은 고밀도의 물질이 핵에 흘러 들어갈 때, 위치 에너지가 열 에너지로 전환되면서 엄청난 열을 발생해야 한다는 생각했다. 과학자들은 이 일은 원시 지구가 지금의 지구 부피의 약 20 %에 이르렀을 때부터 시작되었을 것으로 추정하였다.

중력과 방사능에 의한 열 계속되는 미행성체의 충돌로 지구의 부피는 시간이 지남에 따라 점점 커졌다. 지구의 부피가 커지면서 질량도 늘어나 중력이 세어졌고, 중력에 의한 압축이 일어났다. 과학자들은 이와 같이 중력에 의해 일어난 물질들의 압축을 또 하나의 열원으로 생각하였다.

또한 지구 내부에 포함되어 있는 방사성 물질들이 자연 붕괴하면서 내는 열 에너지도 중요한 지구의 열원이었다. 하지만 방사능 때문에 생기는 열 에너지는 우라늄 동위 원소와 같은 방사능 물질이 과거 지구에 비해 점점 줄어듦에 따라 앞으로 시간이 지날수록 지구의 열원으로서 역할이 미미해질 것으로 생각된다. 지구의 열원이 되는 방사능 물질들은 우주에서 태양과 같은 별에서 일어나는 핵융합 작용에 의해 이미 사용되었던 연료라고 할 수 있다. 그리고 이와 같은 방사능 물질들은 초신성이 생성될 때 일어나는 핵융합 과정 외에는 생성되기 어렵다. 그러므로 원시 지구였을 당시 지구의 열원이 되었던 방사성 동위 원소들은 현재 찾아보기 어렵다.

예를 들어 방사성 동위 원소인 알루미늄-26은 1960년대에 핵실험 도중에 알아내기 전까지는 전혀 알지 못했던 물질이었다. 이 발견으로 과학자들은 알루미늄-26과 같이 지금은 자연적으로 발견되지 않는 방사성 동위 원소들이 원시 지구였을 때는 지구에 많이 존재했을 것으로 추정하게 되었다. 이들 방사성 동위 원소들은 미행성체들이 충돌하여 원시 지구를 만들 당시 존재했고, 예를 들어 알루미늄-26은 마그네슘으로 붕괴되는 과정을 통해 내부적으로 열을 방출하였을 것이다. 하지만 반감기가 73만 년에 불과한 알루미늄-26은 초신성 폭발 때 생성된 후 천만년도 되지 않아 자연 붕괴되어 찾아보기 어려운 물질이 되었을 것이다.

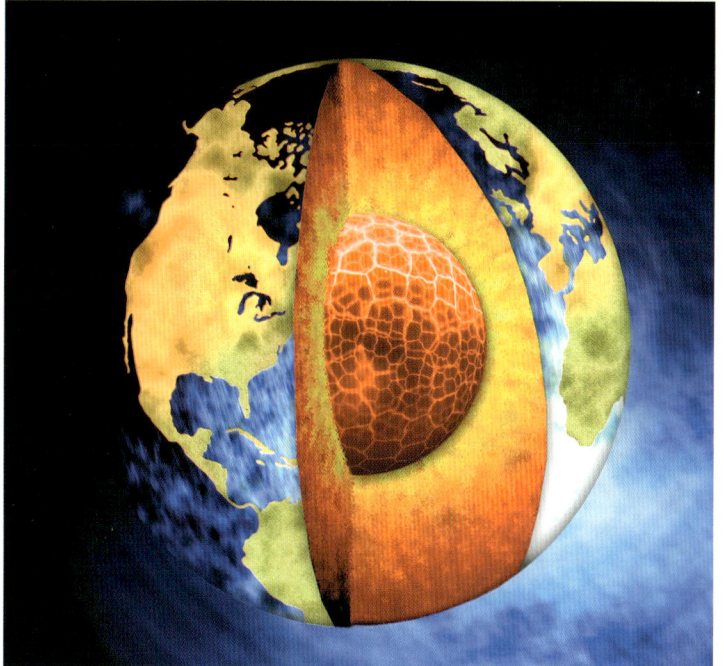

위 나선 성운 M74. 지구로부터 3천만 광년 떨어져 있다. 나선 성운을 연구하면서 초신성 폭발 때 다양한 종류의 물질이 생산됨을 알 수 있었다.
아래 내부가 보이도록 그린 지구의 모형으로 지구를 이루고 있는 층상 구조를 볼 수 있다. 지구의 중심에 자리 잡은 핵과 맨틀의 경계선을 확인할 수 있다.

* 원시 지구 : 지구가 탄생했을 무렵의 지구로 지금보다 크기가 작았다(옮긴이).

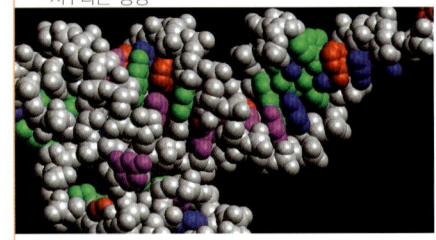

생명의 기원

생명의 기원을 밝히는 일은 오랜 세월 동안 철학자와 과학자들에게 큰 숙제였고, 이러한 상황은 오늘날에도 이어지고 있다. 아직까지 아무도 단순한 화학 물질을 살아 있는 세포로 만드는 과정을 밝혀내지 못하고 있기 때문이다. 과학적으로 생명의 기원을 밝히는 여러 가지 시도는 성공적으로 이루어졌지만, 아직까지 완벽하지 않다.

생명의 기원에 대해 과학적으로 이해하려는 시도는 1950년대에 본격적으로 이루어졌다. 첫 시도는 스탠리 밀러Stanley Miller에 의해 시작되었다. 그는 간단한 화학 물질인 메테인과 수증기 또는 기체 상태의 암모니아를 플라스크 속에 넣고 밀폐시킨 후, 방전관을 통해 스파크전기 불꽃에 노출시키는 실험을 했다. 그런데 놀랍게도 밀러는 이 실험을 통해 많은 양의 유기 물질 분자를 생산해냈다. 그가 만든 가장 주목할 만한 유기 물질은 다양한 종류의 아미노산이었다. 당시 밀러의 지도 교수였던 해럴드 유리Harold Urey는 플라스크 언저리에 갈색의 끈적끈적한 오물처럼 붙어 있던 많은 양의 유기 물질을 보고 놀라움을 금치 못했다.

밀러와 유리는 이 실험이 무생물이 자연적인 변환을 통해 생물이 될 수 있는지를 밝히는 데 매우 중요한 첫걸음이 될 것이라고 생각했다. 하지만 문제는 있었다. 생성된 유기 물질에는 독성이 있었기 때문이다. 그리고 유기 물질에 포함된 독성을 분리할 수 있는 화학적 과정을 발견하지 못했다.

시안화물 중합체 이 문제를 해결한 사람이 매사추세츠Massachusetts대학에서 일하던 클리포드 매튜Clifford Matthews였다. 매튜는 태양계의 혜성이나 소행성 또는 다른 천체들의 표면에 밀러가 했던 실험에서 발견된 것과 비슷한 유기 물질이 있다는 사실에서 문제의 해결 단서를 얻었다. 그는

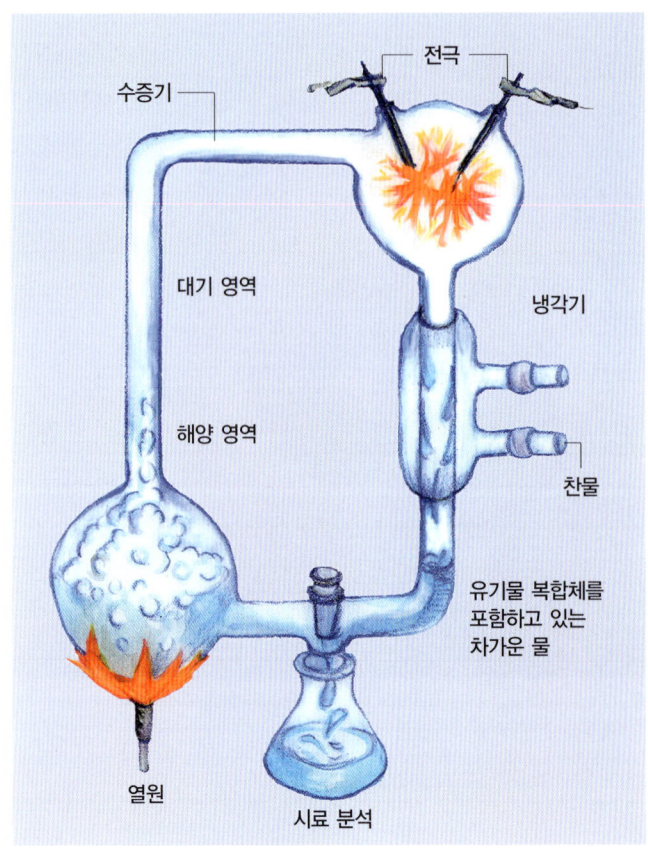

위 컴퓨터 그래픽으로 표현한 RNA 모형
아래 밀러-유리 실험을 그림으로 나타낸 것이다. 이 실험으로 대기 영역에 전기 방전을 일으켜 화학적으로 유기 화합물을 만들 수 있었다. 무기 물질에서 유기 화합물을 생산할 수 있다는 실험 결과는 매우 놀라운 일이었다.

전자 현미경을 통해 녹색으로 보이는 지오박테리아(*Geobacter metallireducens*)가 우라늄 폐기물을 분해하는 과정을 볼 수 있다. 방사성이 있는 지역에서도 살아남을 수 있어 이 박테리아를 이용하면 우라늄 폐기물에 의해 자연 환경이 오염되는 것을 막을 수 있다.

지오박테리아와 우라늄의 산화 작용

많은 미생물들이 땅속 깊은 곳이나 바다 또는 호수 밑바닥에 살고 있고, 이들은 주위에 가라앉은 침전물 속에 살고 있다. 이들 미생물들은 수십억 년 전부터 그런 환경 속에서 살아왔으며, 산소를 이용하여 에너지를 생산하며 생존한다. 따라서 미생물들에게는 산소를 이용하여 에너지를 생산하는 방식이 가장 오래된 생존 방식이면서도 매우 효율적인 생존 방식임을 알 수 있다.

예를 들어 우라늄이 들어 있는 암석이 풍화 작용에 노출되면 우라늄 산화물이 생기는데, 이 물질이 지하수에 용해되어 이동하면 우리가 먹는 식수를 오염시킬 수 있다. 그런데 땅속에 사는 박테리아인 지오박테리아(그래서 이름이 Geobacter이다. 여기서 'Geo'는 땅을 의미하며 'bacter'는 박테리아를 의미한다)는 우라늄 화합물에서 산소를 빼앗아 아세트산 염 등의 유기 물질 분자를 만들어 자신의 생명 활동에 이용한다. 산소를 빼앗긴 우라늄 산화물은 우라늄이 되어 식수나 자연 환경을 오염시키는 정도가 미약해진다. 과학자들은 미생물들의 이러한 활동을 생물 지구화학적 교정이라고 부른다. 그리고 과학자들은 이러한 지오박테리아의 기능을 이용하여 우라늄 산화물로 오염되는 땅을 정화시키는 방법을 연구하였고, 실제로 여러 곳에서 성공적으로 땅의 오염을 막았다.

유기 물질에 시안화 수소를 사용하면 시안화 수소는 유기 물질이 가지고 있는 독성을 무력화할 수 있을 것이라 말했다. 그리고 그는 이렇게 해서 만들어진 단백질을 폴리펩티드라고 불렀다.

리보 핵산 자연적인 생명 탄생, 즉 생물의 몸체를 이루는 단백질이나 아미노산이 생성된 후의 단계는 무엇일까? 그것은 핵산을 생산하고 그것을 RNA리보 핵산 혹은 DNA디옥시리보 핵산 등 사슬 형태의 분자로 체계화하여 단백질 합성이나 세포 재생산에 필수인 유전 정보를 지니게 하는 것이다. 이것은 '닭이 먼저인가 계란이 먼저인가?'라는 문제와 일맥상통한다.

과연 단백질이 먼저일까? 핵산이 먼저일까? RNA 세계에서는 RNA 핵산이 먼저이다. RNA는 직접 촉매 작용을 일으킬 수 있기 때문이다. 생물의 몸 안에서는 효소enzyme라고 하는 단백질이 보통 촉매 작용시키는 일을 맡는다. 하지만 리보자임RNA, 분자 단독으로 효소 활성을 나타내는 것의 총칭이라는 RNA의 특별 부위에서만 RNA가 직접 촉매 작용을 일으킬 수 있기 때문이다.

이처럼 생명의 기원을 과학적으로 설명하는 것은 매우 어려운 작업이다. 최근 생명의 기원을 밝히기 위해 지구가 처음 형성되었을 때의 지질학적인 환경에 대한 연구를 많이 하고 있다. 이 일을 통해 생명의 기원을 밝히는 데 필요한 정보를 얻을 수 있기를 바라면서 말이다.

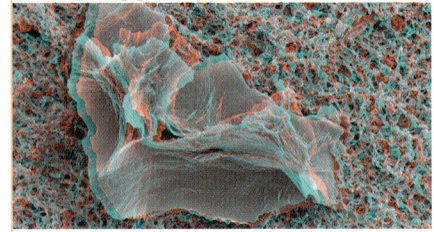

생명과 지각

과학자들 중 일부는 지구 최초의 생명체가 지구의 지각으로부터 시작되었다고 믿는다. 그러나 애리조나 주립 대학교의 린다 윌리엄스Lynda Williams와 그의 동료들은 다른 생각을 하고 있다. 그들은 지구 최초의 생명체는 해저의 열수 분출공에서 온 것이라고 믿고 있기 때문이다. 그들은 열수 분출공을 이루고 있는 점토 물질, 즉 스멕타이트가 열수 분출공에서 생명체가 시작되는

위 고체화 된 스멕타이트 결정의 영상. 스멕타이트와 같은 점토 광물은 매우 뜨거운 온도에서도 유기 화합물을 보호할 수 있다. **아래** 해저의 열수 분출공에서 검은 연기 기둥이 치솟고 있다. 분출공 가까이 침전되는 황화물에 의해 황화물 광물이 연기 기둥 속에서 축적되고 있다.

데 매우 중요한 역할을 했을 것으로 생각한다. 스멕타이트와 같은 구조를 가진 점토들이 300 °C가 넘는 열수 분출공의 높은 온도에서도 생명체의 몸을 이루는 유기 물질 분자들의 변형을 막아줄 수 있기 때문이었다.

이와 같은 윌리엄스의 생각은 매우 설득력이 있다. 일라이트나 사포나이트 또는 몬모릴로나이트와 같은 점토질 광물들은 열수 분출공에서 분출되는 뜨거운 액체에 들어 있는 탄소 분자를 많이 포함하고 있는 화합물들을 잘 흡수하기 때문이다. 탄소 분자를 많이 포함하고 있는 대표적인 화합물로 메탄올을 들 수 있는데, 메탄올은 점토의 층상 구조 내부에서 여러 형태의 유기 분자로 변하며, 열수 분출공 외부에 있는 좀 더 시원한 바닷물에 분출되어 변형이 일어나지 않을 가능성이 높다. 그러므로 초기 지구의 바다 밑에 지금보다 훨씬 풍부하게 존재했던 열수 분출공이 생명의 기원에 결정적인 역할을 한 '원시의 자궁' 일 수도 있다는 것이다.

생명의 팽창 지구에 등장한 생명체들은 오늘날 우리가 쉽게 박테리아를 발견할 수 있는 네 가지 환경 속에서 빠른 속도로 퍼져 나갔을 것이다. 그것은 바닷물, 민물, 지각, 그리고 토양으로 생각된다. 박테리아가 살았던 것으로 추정되는 가장 오래된 토양 화석은 약 25억 년 정도 된 것이다. 하지만 대기에 축적되어 있는 산소의 양으로 볼 때 박테리아는 이보다 훨씬 오래 전부터 토양 속에 살았을 것으로 짐작된다.

한편 바닷물에서 생명체는 약 35억 년 전부터 살았던 것으로 추정된다. 그 증거로 오스트레일리아 서부 해안에서 발견되는 스트로마톨라이트stromatolite를 들 수 있다. 알우드C. A. Allwood와 그의 동료들은 해양 침전물 속에서도 손상되지 않고 잘 보존된 7종류의 스트로마톨라이트 화석을 발견했다.

그런데 아쉽게도 가장 오래된 민물 환경에서는 생명체의 존재를 증명

오스트레일리아의 서부 해안에서 발견된 원뿔 모양의 스토로마톨라이트의 단면. 원뿔 모양의 스트로마톨라이트 단면의 층들은 스트로마톨라이트를 형성한 박테리아들이 침전 토사와 물의 경계면에서 자랐다는 것을 증명한다.

박테리아가 만든 시원한 기후 암석 속으로 파고든 박테리아가 광물 조각들을 점령할 무렵부터 광물 조각들의 풍화 작용은 매우 빠른 속도로 이루어진다. 박테리아가 번성함에 따라 증가하는 산성 물질이 장석이나 석영과 같은 광물을 녹여 풍화시키는 데 결정적인 역할을 하기 때문이다. 또한 박테리아의 신진 대사 과정에서 많은 양의 이산화 탄소를 흡수한다. 그래서 데이비드 슈바르츠만David Schwartzman과 그의 동료들은 이러한 박테리아의 활동은 초창기 지구 대기의 이산화 탄소의 양을 감소시켜 지구의 기후가 생명체가 살아가기에 적당한 온도의 기후를 만들었을 것이라고 주장한다. 박테리아들의 왕성한 활동으로 지구의 기후가 우리 인간과 같은 고등 생명체가 살아가기에 좋게 되었고, 이것은 박테리아의 후손들이 살아가기에도 좋은 환경을 마련해 주었다.

할 만한 증거를 찾는 일은 매우 어렵다. 그러나 박테리아들이 매우 열악한 환경 속에서도 살아가는 것을 볼 때, 민물 환경 속에서도 분명히 생명체들이 존재했던 것으로 추정된다.

오늘날 가장 원시적인 형태를 가진 생명체인 박테리아들은 지표에서 땅 밑으로 약 2.8 km 지역까지 침투하여 생존하고 있다. 그리고 생명의 진화가 지구 지각의 변화와 함께 해 온 것을 고려할 때 이들 박테리아가 지구 역사의 초창기부터 지각에 살아왔다고 생각하는 것은 그렇게 어려운 일은 아닐 것이다.

실제로 수십억 년의 역사를 가진 박테리아 화석이 비교적 낮은 온도를 가진 화산암의 외관 부분에 침투해 있다는 증거가 학계에 보고되곤 한다. 현재 보존되어 있는 가장 오래된 토양에서 박테리아 화석을 발견한 사람이 아무도 없는 것은 그 속에 원래부터 박테리아가 없기 때문이 아니라, 오랜 세월 다양한 풍화 작용에 의해 그 흔적이 훼손되었기 때문이라 생각된다.

지각 안에 있는 생명체들

지구의 생명체에 대한 흥미로운 질문 중 하나는 지각의 어느 깊이까지 생명체가 살아가느냐는 것이다. 생명체가 어느 정도 깊이의 지각에서까지 살아갈 수 있느냐는 질문에 대한 답을 알아내기 위해서는 지구의 내부는 아직도 매우 많은 열을 뿜어낸다는 점을 고려해야 한다. 어떤 종류의 호열성 박테리아는 섭씨 113 ℃에서도 번성한다. 하지만 더 이상 온도가 높아지면 단백질이 변형되므로 생명체가 생명 활동을 할 수 없다.

미국 버지니아에서는 지하 약 2.8 km에서 자라던 박테리아를 채취한 적이 있었다. 이 박테리아들은 주위 암석 사이에 있던 유기 물질을 섭취하며 생존했고, 망간이나 철과 같이 암석 속에 있는 금속을 이용하여 유기 물질을 산화시켜 에너지를 생산했다.

오리건(Oregon) 주립 대학교의 마틴 피스크(Martin Fisk)와 그의 동료들은 흑요석이 해양 지각에서 약 5 %에 이르는 꽤 높은 비율을 차지한다는 사실에 주목했다. 피스크는 흑요석은 화학적으로 매우 불안정한 물질이고, 박테리아들은 불안정한 상태에 있는 흑요석에서 필요한 금속과 화합물을 섭취하며 살아가고, 이러한 박테리아들의 활동이 흑요석을 빨리 풍화시키는 데 크게 기여한다는 사실을 새롭게 밝혀냈다.

CHAPTER 2

행성지질학

왼쪽 태양계 행성들. 위에서부터 차례로 수성, 금성, 지구와 달, 화성, 목성, 토성, 천왕성, 해왕성이다. 다른 행성들의 지질을 연구하는 것은 우리 지구의 지질에 대한 새로운 정보를 얻기 위해서이다.

위 목성을 탐사한 보이저 호를 통해 목성의 위성 이오에는 활발한 화산 활동이 일어나고 있음을 알게 되었다. 이것은 우리 태양계 내의 위성에서 처음으로 목격된 화산 활동이다.

아래 토성의 위성 히페리온의 적외선 사진. 이 사진을 통해 히페리온의 울퉁불퉁한 표면을 처음 확인할 수 있었다.

태양계 행성과 그 행성의 둘레를 공전하는 위성의 지질을 연구하는 학문을 행성지질학planetary geology이라 한다. 오늘날 과학자들은 지구 궤도를 공전하면서 우주를 관측하고 있는 우주 망원경이나 화성의 지표를 탐사한 탐사 로봇과 같은 첨단 관측 장비들의 도움으로 태양계 행성의 지질에 대한 새로운 정보를 수집하고, 과학자들은 이 자료들을 분석하여 우리의 지질학에 대한 새로운 통찰력을 기르고 있다. 보다 진전된 행성 연구를 하기 위해서 앞으로도 우주 탐사 로봇과 행성의 궤도를 따라 돌면서 행성을 관측하는 기기들의 도움을 받게 될 것이다. 이러한 장비들 덕분에 행성 표면에 대한 지질학적 연구는 크게 발전할 수 있을 것이고, 우주 탐사 로봇은 점점 태양계의 더 깊은 곳까지 탐색할 것이며, 이들에 의해 위성이나 소행성 또는 혜성에 대해 전에는 알지 못했던 새로운 정보를 얻게 될 것이다. 예를 들어 목성의 위성 이오Io는 우리 태양계 위성들 중에서 화산 활동을 하고 있는 유일한 위성이라고 알고 있었다. 하지만 미국의 무인 우주 탐사선 보이저 2호Voyager 2가 촬영한 토성의 위성 엔켈라두스Enceladus의 영상에서 표면 위 1,000 km까지 분출되는 연기 구름을 확인할 수 있었다. 또한 해왕성의 위성 트리톤Triton의 영상을 분석하여 그곳에서 활동 중인 간헐천을 발견할 수 있었다. 뿐만 아니라 토성의 위성으로 타원 모양의 히페리온Hyperion은 스펀지와 같은 조직과 빛나는 구멍들로 이루어져 우주를 떠다니는 거대한 부석처럼 보인다. 이러한 영상 자료들은 태양계 위성 중에는 이오 외에도 화산 활동이 있는 위성들이 더 있다는 사실을 알려준다.

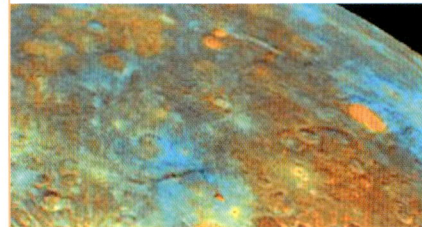

수성

수성은 태양에 가장 가까이 있는 행성이다. 수성은 지름이 약 4,880 km정도로 비교적 크기가 작은 행성이며, 위성을 가지고 있지 않다. 수성의 공전 궤도는 태양에서 가장 가까울 때는

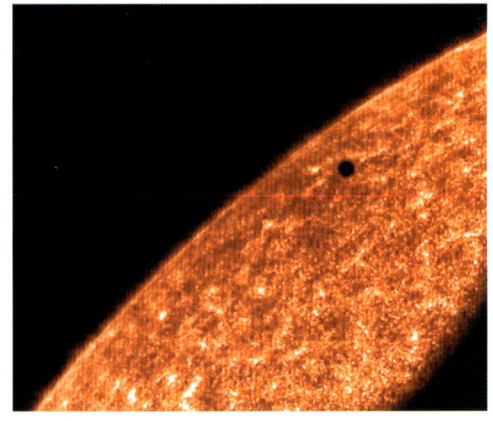

위 수성의 표면을 찍은 사진으로 인위적으로 색을 입혔다. 색이 다른 것은 티탄 철광 등과 같은 광물의 분포, 철의 함량, 토양의 성숙도를 나타내기 위해서이다.
아래 사진에서 보이는 작고 검은 점은 수성이 태양 앞을 공전하고 있는 모습이다.

4,600만 km에 이르고, 가장 멀 때에는 7,000만 km까지 멀어진다. 수성의 온도는 섭씨 −183 ℃에서 427 ℃까지 오르내려 태양계 행성 중에서 가장 온도의 변화가 크다. 수성은 다른 행성에 비해 공전 궤도 이심률 이 큰 것으로 관측되었고, 이 관측 값은 뉴턴의 고전 역학으로는 제대로 설명할 수 없어 그동안 많은 천문학자들의 궁금증을 유발시켰다. 그러나 아인슈타인의 상대

성 이론이 등장한 후 그 궁금증이 풀렸다. 태양의 강력한 중력에 의해 수성의 공전 궤도에 왜곡이 생겼기 때문이다. 또한 수성에서 양 극지방에 물이 얼어서 생긴 얼음의 흔적이 관측에 의해 밝혀졌다.

지구형 행성 수성은 지각과 중심핵의 구성이 지구와 닮아 지구형 행성에 속한다. 수성은 지구와 밀도가 상당히 비슷하기 때문에 내부 구조가 지구와 매우 비슷할 것으로 추정된다. 수성의 핵은 지름이 약 1,700 km에 이르고 지구와 비슷하게 밀도가 높고, 부분적으로 융해되었을 것으로 추정된다. 핵은 규산염 맨틀로 둘러싸여 있으며 두께가 약 550 km 정도인 지각을 가지고 있을 것이라 짐작된다. 따라서 지구의 핵 대 맨틀 비율과 비교했을 때 비율적으로 훨씬 큰 핵을 가지고 있는 셈이다. 그러나 실제 수성의 핵은 지구의 핵보다 작으므로 지구보다는 약한 자기장을 띨 것이다.

1881년, 이탈리아의 천문학자 조반니 스키아파렐리Giovanni Schiaparelli, 1835-1910는 좋은 시력을 유지하기 위해 담배와 커피와 술을 끊으면서까지 수성 표면 지도 제작에 정열을 바쳤다. 또한 그의 뒤를 이어 1934년

매리너 10호가 접근하여 찍은 수성의 표면. 아주 많은 크레이터로 덮여 있다.

NASA의 매리너 10호. 1960년대부터 1970년대 초까지 이루어진 매리너 10호의 탐사는 태양계에서 지구와 가까이에 있는 행성들을 대상으로 한 것이다.

이 솟아올랐다. 그래서 칼로리스 산맥이라는 이름을 얻었다. 칼로리스 분지 안에는 넓은 평원이 보이는데, 이 평원은 운석의 충돌에 의해서 녹은 암석들이나, 강력한 충돌로 인해 내부에서 흘러 나온 마그마로 뒤덮이면서 형성된 것이다.

한편 수성의 지각은 지구처럼 판이 이동하여 서로 충돌하는 등의 일은 일어나지 않았지만, 큰 규모의 단층이 있고, 이들 단층에 의해 경사가 매우 급한 경사면을 가진 지형이 분포한다. 이처럼 수성의 표면에 급한 경사면을 보이는 단층이 있는 것은 수성이 수축을 했다는 강력한 증거가 된다.

에는 프랑스의 천문학자 유진 안토니아디Eugène Antoniadi, 1870~1944가 좀 더 상세한 수성의 표면 지도를 만들었다. 나중에 미국의 과학자들은 무인 우주 탐사선 매리너 10Mariner 10호에 의해 발견된 수성의 두 거대 산맥에 이들 천문학자들의 이름을 붙였다.

천문학자들은 수성의 표면 지도 제작을 지속적으로 했다. 그러다가 2008년 수성 탐사선 메신저Messenger 호에 의해 가장 정확한 수성 표면 지도 제작이 이루어졌다. 이 작업을 수행하기 위해 메신저 호는 태양의 열 에너지를 반사하는 세라믹 덮개로 보호받아야 했다.

지금까지 보내온 자료에 의하면 수성의 반지름이 0.5 km 정도 줄어들었는데, 이것은 수성에서 수축 현상이 일어나고 있다는 증거이다. 우리는 메신저 호가 보내준 자료로 수성에 대해 더 많은 것을 알게 될 것이다.

수많은 분화구로 뒤덮인 수성의 표면 매리너 10호가 찍은 수성의 영상을 통해 수성의 표면에서 운석의 충돌 때 생긴 수많은 크레이터를 볼 수 있었다. 크레이터 중에서 규모가 가장 큰 것은 칼로리스Caloris 분지로 지름이 약 1,300 km에 이르고, 깊이는 약 1.6 km에 이른다. 사진에서 보듯이 칼로리스 분지를 만든 큰 충돌은 여러 개의 고리 모양의 지형을 형성했다. 바깥쪽의 고리 지형은 지상으로부터 약 2−3 km에 이를 정도로 높

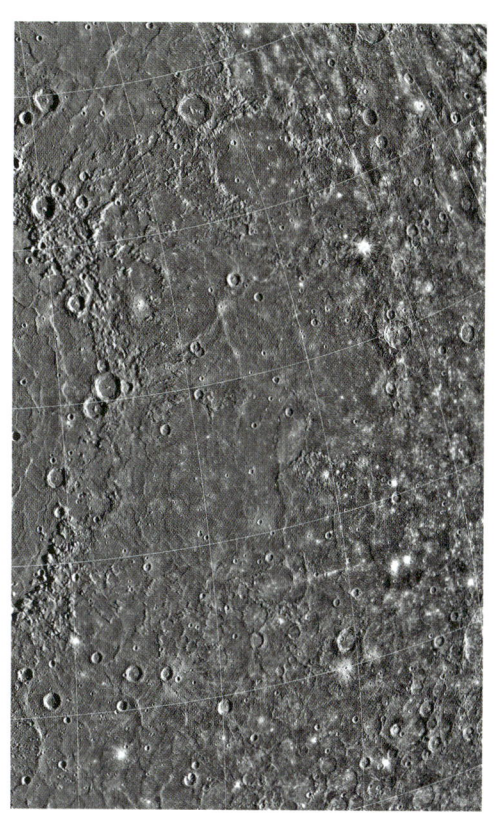

수성에서 규모가 가장 큰 크레이터 칼로리스 분지. 태양계에서도 매우 큰 축에 속한다. 지름이 1,300 km가 넘는다.

* 공전 궤도 이심률 : 공전을 하고 있는 천체들은 주로 타원 궤도를 가지는데, 이 타원 궤도의 일그러진 정도를 궤도 이심률이라 한다. 수성의 궤도 이심률은 0.2056이고, 지구는 0.017이며, 토성은 0.0484이다. 이것으로 볼 때 태양계 행성 중에서 수성이 가장 큰 궤도 이심률을 가지고 있는 것을 알 수 있다. 궤도 이심률은 0에 가까울수록 원(구)에 가깝고, 1에 가까울수록 직선(평면)이 된다(옮긴이).

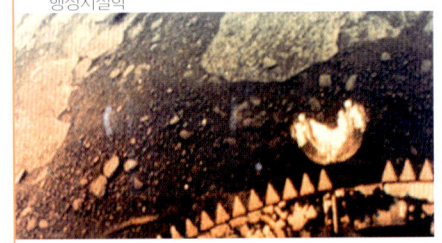

금성

금성은 태양으로부터 두 번째로 멀리 떨어진 행성이지만, 지구에서는 태양계의 다른 행성보다 가까운 곳에 있는 행성이다. 금성의 표면 온도는 매우 높다. 그 까닭은 금성이 이산화 탄소와 같이 온실 효과를 일으키는 기체로 둘러싸여 있기 때문이다. 그래서 태양에 가장 가까이에 있는 수성보다도 오히려 표면 온도가 높으며, 수성보다 온도 변화의 폭이 훨씬 좁다. 이러한 높은 온도 때문에 금성에 생명체가 존재할 가능성은 매우 희박하다.

금성의 대기권을 처음 발견한 과학자는 러시아의 지질학자이자 천문학자인 미하일 로모노소프Mikhail Lomonosov, 1711-65이다. 금성은 두터운 대기권이 태양 빛을 반사하므로 대낮에도 볼 수 있을 정도로 밝으며, 어두운 밤에도 지구에 그림자가 드리울 정도로 밝다. 하지만 지구에서는 아무리 성능이 좋은 망원경으로 관측하더라도 금성의 표면을 관찰하기 어렵다. 두터운 구름으로 표면이 가려져 있기 때문이다. 또한 금성은 수성과 마찬가지로 위성을 가지고 있지 않다. 그리고 금성의 한 해는 지구의 227.4일에 해당한다. 지구 반지름의 95 %에 이르는 반지름을 가지고 있어 지구와 크기가 거의 비슷하므로 지구의 '여동생' 행성으로 불리곤 한다.

금성에 대한 러시아의 선구적인 탐구

금성에 대한 연구는 러시아가 미국보다 앞섰다. 금성 대기권에 대한 로모노소프의 선구적인 연구와 금성의 표면에 안착한 러시아의 무인 우주 탐사선 베가Vega와 베레나Venera 호 등의 성공적인 탐사 덕분이었다.

만약에 금성에 지구처럼 바다가 존재했다면, 높은 표면 온도 때문에 오래 전에 증발했을 것이다. 그래서 많은 과학자들이 금성의 예를 들어 지구에 살고 있는 사람들에게 경고의 메시지를 보내고 있다. 금성 대기층의 97 %가 이산화 탄소로 이루어져 있다. 그 결과 금성의 표면은 약 500 ℃에 이르고, 대기압은 약 75기압으로 매우 높다. 그래서 러시아의 착륙선이 기능을 유

위 베레나 13(Venera 13)호가 촬영한 금성의 지표면
아래 왼쪽 허블 우주 망원경(지구 궤도를 도는 미국 NASA의 천체 관측 망원경)이 관측한 금성의 대기층. 지구의 대기가 수증기로 덮여 있는 반면 금성은 황산으로 구성된 구름으로 덮여 있다. 이러한 황산 구름은 망원경과 우주선을 통해 보는 금성 표면의 화산들을 항상 가리고 있다.
아래 오른쪽 금성의 표면. 우주선 마젤란(Magellan) 호가 금성의 표면의 98 %가 넘는 지역을 탐사하여 금성의 표면 지도를 만드는 데 크게 기여했다.

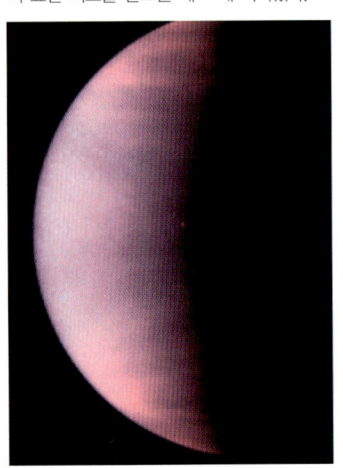

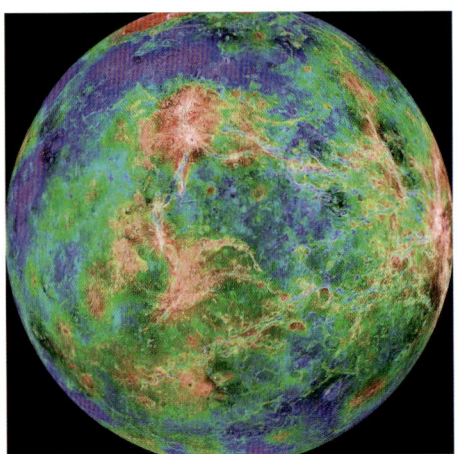

마트 산(Maat Mons). 금성에서 발견된 가장 높은 화산이다. 마트 산으로부터 흘러나온 용암이 그 앞 평지까지 수백 킬로미터에 펼쳐지고 있다.

지할 수 있는 시간은 고작 몇 분밖에 되지 않았다. 그리고 산성비가 끊임없이 내리고 있다.

오늘날 심각한 지구 온난화가 인간이 내뿜는 이산화 탄소와 같은 온실 기체 때문에 일어나고, 그 결과 금성처럼 높은 표면 온도를 가지게 될 것이며, 이는 금성처럼 바다를 증발시킬 수도 있다. 물론 지구는 금성과는 조건이 조금 다르긴 하다. 왜냐하면 지구는 금성보다 태양에 멀리 떨어져 있어 받아들이는 열 에너지의 양이 상대적으로 적기 때문이다. 그러나 결코 안심해서는 안 된다. 오랜 시간이 지나면 지구도 금성의 표면과 같은 운명이 될 가능성이 높다. 이산화 탄소가 계속해서 지구 대기에 축적되고 있기 때문이다.

우주 탐사선이 보내는 실마리
1960년대에 전파 탐지를 분석하여 금성의 표면에서 약 8 km 정도 두드러진 높이의 산맥을 발견하기 전까지 금성의 지형에 대해 알려진 것은 별로 없었다. 산맥을 이루는 산들은 제임스 맥스웰James Clerk Maxwell의 이름을 따 맥스웰 산맥Maxwell Montes이라 불렀다. 그리고 산맥의 양쪽에 있는 저지대는 각각 알파 지역Alpha Regio과 베타 지역Beta Regio으로 불렀다. 이것이 1990년 우주 탐사선 마젤란 호가 등장하기 전까지 우리가 가지고 있던 금성 표면에 대한 지식의 전부였다. 그러나 마젤란 호가 금성의 궤도를 4년 동안 공전하면서 지구로 보내온 방대한 양의 금성 표면 영상을 분석한 결과, 금성은 본질적으로 화산 행성이라는 것이 밝혀졌다. 화산에서 분출하는 용암의 흐름으로 오래된 암석들이 항상 녹아내리기 때문에 금성 표면을 이루는 지형의 대부

분은 나이가 5억 년이 채 되지 않음을 알게 되었다. 그리고 영상으로 본 금성의 화산들은 매우 다양한 특징을 가지고 있었다. 반구형의 둥근 지붕 모양의 돔을 중심에 두고 있는 여러 개의 왕관 지형coronae이라고 하는 구조물들과 팬케이크 돔 모양의 지붕을 가진 화산들이 발견되었다. 또한 평평한 용암 대지에 작은 화산들이 솟아 있었고, 주사위 모양의 지형tesserae으로 불리는 기하학적인 타일 패턴을 이루고 있는 고원들에 이상한 거미같이 생긴 지형이 발달해 있음을 알게 되었다.

공전하는 탐사 우주선 파이오니아(Pioneer) 호가 찍은 금성 사진이다. 금성의 대기 구름이 금성 표면을 철저하게 가리고 있는 것이 보인다.

금성의 판 구조론
과학자들은 금성이 형성된 후 어떤 시점에 금성의 표면에서 지구의 지각에서 일어났던 판의 이동과 비슷한 일이 일어났을 것으로 짐작한다. 물론 과학자들 모두가 이 의견에 찬성하는 것은 아니다. 반대로 어떤 과학자들은 금성에 지구와 같은 지각이 없는 것이 지구와 금성의 차이점 중 하나라고 주장하기도 한다. 하지만 많은 과학자들은 금성에는 간헐적인 판의 이동이 일어나고 있는 것으로 추정하고 있다.

화성 1

화성에는 만년설이 존재하며, 아주 오래 전에는 바다가 있었을 것으로 추정되는 흔적이 발견된다. 또한 과학자들은 화성의 지표 밑에는 빙하가 있을 것으로 믿고 있다. 따라서 화성은 태양계에서 지구와 가장 비슷한 지표면을 가진 행성이라 할 수 있을 것이다. 하지만 역사적으로 볼 때, 사람들이 항상 화성에 대해 위와 같은 생각을 가지고 있었던 것은 아닌 것 같다. 화성 표면의 얼룩덜룩한 무늬 때문에 한때 운하로 뒤덮인 행성으로 생각되기도 했다. 미국의 아마추어 천문학자 퍼시벌 로웰Percival Lowell 은 1906년에 출판한 《화성과 화성의 운하들Mars and its Canals》이라는 책에서 물 부족을 겪어 죽어가던 외계 문명이 화성에 지은 운하가 화성 표면을 뒤덮고 있다고 주장하기도 했다. 하지만 그의 생각은 나중에 환상에 불과한 것으로 드러났다.

화성의 표면에서 가장 특징적인 것은 적도에서 약간 남쪽 방향으로 적도와 나란하게 있는 거대한 마리너리 계곡Valles Marineris일 것이다. 마리너리 계곡은 길이가 4,000 km를 넘고, 평균 깊이가 6.5 km에 이르는 웅장한 계곡이다. 이 계곡은 많은 물이 흐를 때 침식 작용으로 생긴 것으로 보이지만 자세한 형성 과정은 아직 정확하게 알 수 없다. 현재 화성 표면에는 물이 없다. 이처럼 큰 계곡을 만들 수 있을 만큼 도도하게 흘렀을지도 모르는 물줄기는 대체 어디로 갔을까? 과학자들이 풀어야 할 큰 숙제이다.

화성의 지형 화성의 표면은 적도의 남쪽에 위치한 고지대와 적도의 북쪽에 위치한 평지 지역으로 구분한다. 이들 두 지역은 서로 다른 지질적인 특징을 가지고 있는데, 적도 남쪽의 고지대에는 체임벌린Chamberlin , 로웰Lowell , 다

위 현미경으로 확대해서 본 화성의 토양. 결이 거친 결정들이 고운 모래층에 흩뿌려져 있다.
아래 NASA의 허블 우주 망원경으로 찍은 화성의 근접 사진. 사진을 보면 토양이 붉은색을 띠고 있는데, 이 때문에 오래 전부터 화성을 '붉은 행성' 이라고 불렀다.

윈Darwin, 월리스Wallace, 뉴턴Newton 등 유명한 과학자들의 이름을 딴 크레이터들이 있다. 이 크레이터들은 45억 년에서 38억 년까지의 시기에 형성된 것으로 추정되는데, 이것으로 봐서 화성이 형성될 초기에 수많은 미행성체들의 충돌이 있었던 것을 짐작할 수 있다.

반면에 북쪽의 평지는 남쪽의 고지대와 비교해서 고도가 훨씬 낮다. 고도가 얼마나 낮은지 화성의 북극이 남극보다 적도에서 무려 6 km 정도나 가깝다. 하지만 이를 보상이라도 해주듯 북쪽 평지 지역에는 태양계에서 가장 높은 화산인 올림포스 산Olympus Mons이 우뚝 솟아 있다.

올림포스 산이 무려 26 km나 되는 어마어마한 높이를 가지게 된 것은 두 가지 요인 때문이다. 첫째, 화성의 대기권은 지구에 비해 매우 빈약하고 액체 상태의 물이 없기 때문이다. 따라서 지구에서처럼 공기와 물에 의한 침식 작용이 일어나지 않아 처음 형성되었을 때의 규모를 유지할 수 있었다. 둘째로 화성의 표면은 지구처럼 판의 이동이 일어나지 않는다. 이러한 까닭으로 올림포스 산의 화산 분출구는 항상 고정되어 있었고, 오랜 시간 동안 반복된 화산 분출로 산의 높이를 증가시킬 수 있었던 것이다.

북쪽의 평지에 올림포스 산과 같은 거대한 산이 존재하는 것처럼, 남부의 고지대에도 아르지르 평원Argyre Planitia과 헬라 평원Hellas Planitia과 같은 넓은 평지가 존재한다. 이들 평지에는 운석의 충돌에 의해 생긴 거대한 크레이터들이 있다.

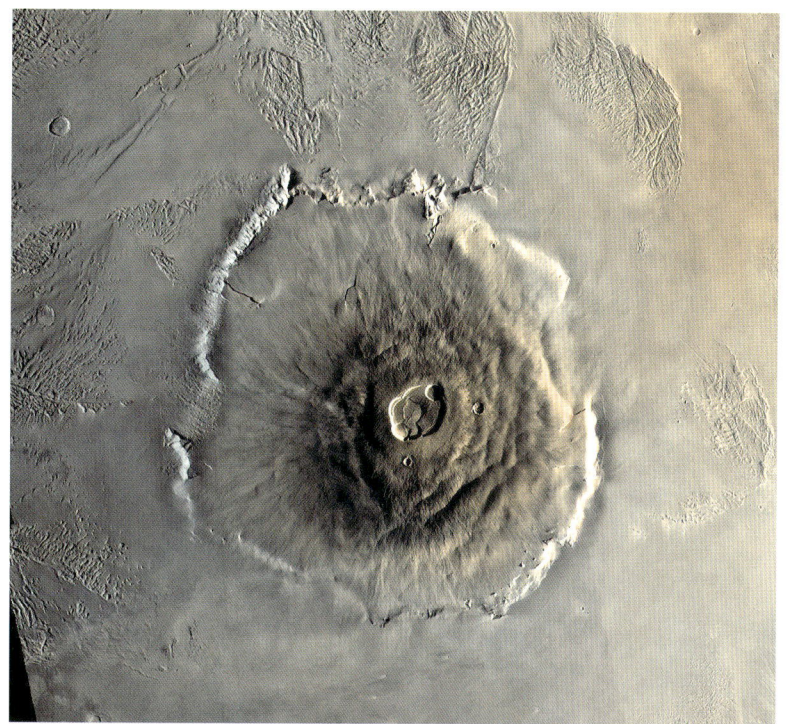

위 화성의 올림포스 산의 밑동치는 지름이 약 600 km이다. 또한 높이는 약 26 km에 이른다. 순상 화산에 해당하는 올림포스 산은 지구에서 가장 큰 화산이자 같은 순상 화산인 하와이의 마우나로아(Mauna Loa)보다 훨씬 규모가 크다. 마우나로아 산은 밑동치의 지름이 약 120 km에 이르고 높이가 약 7.3 km에 불과하다.
아래 '위대한 계곡'으로 불리는 화성의 마리너리 계곡을 가까이 찍은 사진이다(길이 4,000 km, 깊이 6.5 km). 길이가 약 804 km이고, 깊이가 1.6 km에 이르는 지구의 그랜드캐니언의 약 5배 규모에 이른다.

• 퍼시벌 로웰(Percival Lowell) : 고종 황제의 사진을 처음으로 촬영한 인물이기도 하다(옮긴이).

화성 2

화성은 대기의 양이 지구처럼 풍부하지 않으며, 대기의 대부분이 이산화 탄소이다. 화성의 대기압은 지구 대기압의 1/100에 불과하다. 그 이유는 화성의 크기가 지구보다 작고, 따라서 중력이 약하여 기체들을 붙들지 못했기 때문이다. 뿐만 아니라 화성은 계절에 따라 때로는 30 %가 넘는 대기를 양 극의 이산화 탄소 얼음에게 빼앗긴다. 이러한 일은 화성의 극관에 발달해 있는 빙하에서 일어난다.

화성의 하늘은 연어 살색과 같은 빛깔을 띠는데, 화성의 대기권에 분포하고 있는 작은 먼지 입자들에 의한 빛의 산란 때문이다. 매리너 9호가 촬영한 영상을 보면 크레이터 가장자리에서 바람이 지나어가는 경사면을 따라 먼지가 축적되어 있는 것을 볼 수 있다. 이것을 통해 화성에는 바람이 일정한 방향으로 불고 있으며, 이러한 바람 때문에 많은 양의 먼지들이 대기 중으로 퍼져나감을 알 수 있다.

물의 흔적? 화성의 역사에는 노아 시대Noachian 라는 시기가 있다. 이것은 화성이 형성된 후 초기에 해당하는데, 과학자들은 이 기간 동안 화성에는 상당한 양의 물이 있었을 것이라고 짐작한다.

미국 NASA의 화성 탐사선 패스파인더 Pathfinder 호에서 보낸 탐사 로봇 소저너Sojourner에

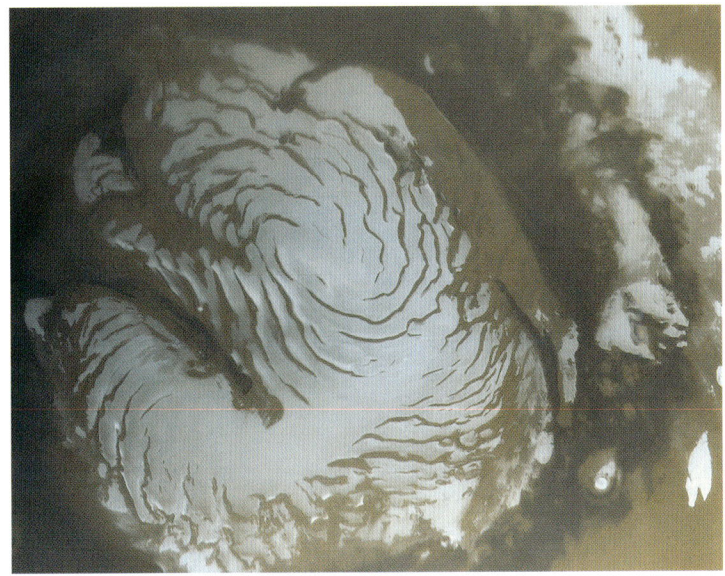

위 우주 탐사선이 찍은 화성의 암석. 과학자들은 이 암석이 화산암이라는 것을 알아냈다.
가운데 화성 북극의 여름. 물이 얼어서 생긴 얼음으로 뒤덮여 있다. 화성 북극의 겨울에는 고체화된 이산화 탄소층이 얼음을 뒤덮고 있다.
아래 화성의 표면에는 '바람 길' 이라는 부분이 있는데, 이것은 바람이 모래 입자들을 운송하면서 화성의 기반암에 충격을 주어 마치 분사기처럼 서서히 표면의 부분 부분을 갉아내는 현상 때문에 생긴다.

태양계 행성의 물리적이고 지질학적인 여러 정보를 수집하기 위해 제작된 매리너 9호는 화성의 공전 궤도를 돌면서 화성에 대한 다양한 정보를 지구에 성공적으로 보낸 최초의 우주 탐사선이라 할 수 있다. 매리너 9호는 화성의 표면 영상과 함께 화성의 두 위성인 데이모스(Deimos)와 포보스(Phobos)의 영상도 성공적으로 촬영하여 지구로 보냈다.

의해 얻은 자료를 보면, 화성에는 물에 의해 퇴적된 침전물에 황화물 광물이 함유되어 있다는 것을 알 수 있다. 또한 화성을 공전하는 우주 탐사선에서 수집한 꾸불꾸불한 수로 모양의 화성 표면 사진을 통해 굽이쳐 흐르는 강을 형상화 할 수 있었고, 과거에는 화성 표면을 흐르는 물이 분명히 있었다고 짐작할 수 있었다. 몇몇 크레이터에는 물이 존재했던 것으로 생각되고, 어떤 크레이터의 푹 파인 부분에서는 삼각주가 발견되기도 했다. 하지만 삼각주가 용암에 의해 생긴 것인지 물에 의해 생긴 것인지 확실히 판단할 수 없기 때문에 이것이 물이 있었다는 증거라고 단정하기는 어렵다. 이러한 까닭으로 인간이 직접 화성에 가서 탐사를 할 필요가 있는 것이다.

화성에 물의 흐름이 있었다는 매우 설득력 있는 흔적들은 이외에도 여럿이 있다. 1972년 매리너 9호가 보내온 영상에서 강 하류의 곡류 부분과 상류의 지류 흐름의 형상을 띠고 있는 지형이 있음을 알 수 있다. 또한 화성에는 가라앉은 땅 혹은 푹 꺼진 지

역이 존재하고, 이러한 지형은 아마도 영구 동토층의 분해 혹은 물이 기체가 되어 빠져 나간 후, 불안정해진 지층이 내려앉아 형성된 것으로 추정된다.

화성에 생명이 존재했을까?

화성의 대기를 분석한 결과 메테인이 검출되었다. 이 일은 과학자들에게 많은 고민을 안겨 주었다. 과학자들은 탄소 분자가 포함되어 있는 메테인이 어디에서 나온 것인지 출처를 알 수 없었기 때문이다. 과연 화성 대기에 있는 메테인은 어디서 오는 것일까? 1984년 과학자들은 약 1,500~1,800만 년 전 운석이 화성과 충돌하였고, 그때 화성에서 떨어져 나온 암석으로 추정되는 운석을 지구의 남극에서 발견한 적이 있었다. 약 45억 년의 나이로 현재 태양계에서 가장 오래됐을 것이라 추정되는 이 운석에서 이상한 점이 발견되었다. 그것은 운석에서 자철광이 검출됐다는 점이다. 몇몇 과학자들은 자철광은 박테리아에 의해서만 생성될 수 있다고 생각하는데, 만약 그 운석이 정말 화성에서 온 것이라면 아주 오래 전 화성에도 생명체가 존재했다고 생각할 수 있다. 단 한 개의 운석으로 화성의 생명체 존재에 관한 많은 논쟁이 오고갔다. 그런데 최근 화성 대기에서 메테인이 검출되면서 이 논쟁은 한층 더 뜨거워졌다. 어떤 과학자들은 메테인이 화성의 지하에 사는 미생물에 의해 생성되었을 것이라 주장하기도 했다. 그러나 일부 과학자들은 화성의 지하에 있는 하이드레이트가 분해되면서 메테인 가스가 나올 수 있다고 주장하기도 한다. 이 논쟁은 여전히 뚜렷한 결론을 맺지 못하고 지금까지 계속 이어져오고 있다.

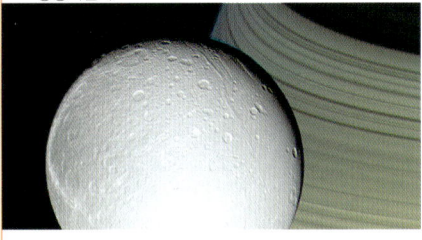

거대 행성의 위성들

목성과 토성 주위로 많은 위성들이 공전하고 있다. 토성의 주위에는 최소 35개의 위성이 공전하고 있으며, 목성은 현재까지 파악된 것만 해도 대략 60개의 위성이 그 주위를 공전하고 있다. 토성의 대표적인 위성인 타이탄Titan의 표면에는 암석이 언 채로 있으며, 그 암석에는 유기 화합물로 발전할 수 있는 톨린tholins이라는 물에 잘 녹는 화학 물질이 있을 가능성이 매우 높아 보인다. 그리고 목성의 대표적인 위성인 유로파Europa의 표면에서는 매우 활동적인 변화가 일어나고 있는 것으로 파악된다.

목성의 위성들 이오Io는 목성의 위성 중에서 규모가 가장 크고, 목성에서 가장 가까운 곳을 48시간에 한 바퀴 공전하는 붉은색을 띤 위성이다.

위 탐사선 카시니 호가 촬영한 토성의 위성 디오네. 위성 뒤로 토성의 고리가 보인다.
아래 목성, 이오, 우주 탐사선 갈릴레이 호. 목성의 위성인 이오는 태양계에서 가장 활발한 화산 활동을 하는 위성이다.

호이겐스 호가 착륙한 지점의 주변을 그린 것이다. 호이겐스 호는 유럽 우주 기구가 발사한 토성 탐사선으로 토성의 위성 타이탄의 대기층 상부에 도달하여 2시간 28분 동안 낙하하면서 표면에 착륙했다.

이오의 표면에서는 활발한 화산 활동의 흔적들을 쉽게 찾을 수 있다. 또한 유로파에는 부드러운 표면 아래 바다가 존재할 것이라고 추측된다. 이오와 유로파는 모두 목성의 강력한 기조력˚을 받고 있다. 만약에 이들이 조금만 더 목성에 가까이 있다면 로슈 한계를 넘어서게 될 것이고, 결과는 목성의 엄청난 기조력에 의해 산산조각날 것이라 추정된다. 유로파 밖으로는 태양계에서 가장 큰 위성인 가니메데Ganymede가 있다. 행성인 수성보다도 크기가 더 큰 가니메데는 목성의 조석 마찰을 받아 부분적으로 융해된 핵을 가지고 있다. 이 때문에 금성이나 지구와 같은 행성처럼 자기장을 생성한다. 그 밖의 위성으로는 목성과 충분히 멀리 떨어져 있어 조석 마찰로부터 자유로운 칼리스토Callisto가 있다. 칼리스토는 크고 작은 천체들과의 충돌 흔적으로 표면에 수많은 크레이터가 있다.

토성의 위성들 토성의 위성 중에서 덩치가 큰 것들로는 미마스Mimas, 엔

토성의 위성인 엔켈라두스의 밝은 얼음층을 묘사한 그림이다. 간헐천이 수증기를 분출하고 있는 것을 볼 수 있다.

켈라두스Enceladus, 테티스Tethys, 디오네Dione, 레아Rhea, 타이탄Titan, 이아페투스Iapetus 등을 손꼽을 수 있다.

2005년 우주 탐사선 카시니–호이겐스Cassini-Huygens 호가 보내온 영상을 보면 약 500 km의 지름을 가진 위성 엔켈라두스가 얼음 입자로 구성된 구름을 자신의 지름과 엇비슷한 높이까지 밀어올리고 있음을 알 수 있다. 또한 타이탄은 거대한 주황색의 구처럼 보이는데, 크기는 엔켈라두스보다 훨씬 크다. 타이탄은 약 5,150 km의 지름을 가지고 있어 태양계에서 가장 큰 위성인 목성의 가니메데의 지름 5,260 km에 약간 못 미치는 크기를 가지고 있는 셈이다.

아폴로Apollo 호의 달 착륙을 제외하고 가장 흥미로운 탐사선의 착륙은 유럽 우주 기구European Space Agency가 보낸 호이겐스Hyugens 호가 2005년 1월 14일에 토성의 위성 중 하나인 타이탄에 착륙한 일일 것이다. 호이겐스 호가 낙하 도중에 지구로 보낸 타이탄 표면의 풍경은 매우 눈에 익은 것으로 전혀 낯설지가 않았다. 파노라마 형태의 모자이크 영상은 12개가 넘는 수로와 계곡, 그리고 산등성이를 담고 있었다. 영상의 북쪽과 서쪽으로는 지구에 있는 배수로와 많이 닮은 두 갈래의 수로들이 보였다. 수로들은 영상을 보기 쉽게 해주기라도 하듯이 밝은 색채를 띠는 지역을 가로지르고 있는데, 바닥은 어두운 편이었다. 수로들은 화성에서 발견된 것들보다 훨씬 더 지구의 수로와 닮았는데, 메테인으로 이루어진 비로 인해 형성된 것으로 추정된다.

메테인 비가 얼음 지층을 침식하여 둥근 암석을 형성하는 것은 매우 흥미로운 현상이다. 지구에서는 물에 의한 순환이 일어나고 있는 것처럼 타이탄에서는 메테인에 의한 순환이 일어나고 있는 것처럼 여겨진다.

호이겐스 호가 타이탄에 착륙한 후 보내준 영상을 보면 지름이 약 15 cm에 이르는 돌멩이들이 흩뿌려져 있는데, 이것들은 물이 얼어서 된 것으로 추정된다. 이들은 상대적으로 좀 더 어둡게 보이는 지층에 흩뿌려져 있었는데, 그 지층은 표면이 고운 편이었다. 지층의 표면이 고운 것은 무엇인지는 정체를 잘 모르지만 침식에 의한 것으로 추정된다. 돌멩이들도 지구의 자갈처럼 둥근 형태를 띠었는데, 이것 역시 지구에서 돌이 물을 따라 흐르면서 모서리가 둥글게 되는 것처럼 타이탄에서도 이와 비슷한 일이 일어나고 있음을 보여준다.

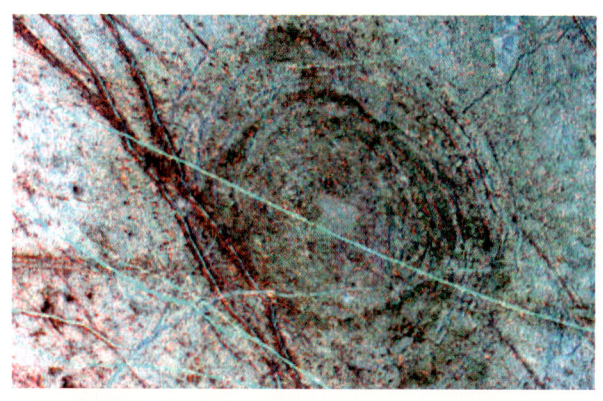

유로파에 운석이 충돌한 후 몇 분만에 형성된 것으로 추정되는 과녁의 모양을 한 지형

유로파를 형상화하다

유로파는 태양계에서 가장 부드러운 표면을 가지고 있다. 표면엔 길게 자국이 난 것처럼 보이는 지형이 많이 분포하는데, 알베도가 다른 표면보다 상대적으로 낮다. 그래서 과학자들은 이러한 자국을 얼음 지각의 갈라진 지형이 메워지고 있는 흔적으로 추정하고 있다. 이처럼 갈라진 지형과 얼어붙은 빙하를 연상케 하는 지형들은 유로파가 매우 두꺼운 얼음층을 가지고 있고, 그 아래로 풍부한 물을 축적하고 있다는 것을 암시한다.

• 기조력 : 조석이나 조류 운동을 일으키는 힘. 달과 태양이 지구에 기조력을 작용하고 있어 지구의 바다는 조석 현상을 일으킨다. 기조력이 지나치게 크면 천체는 부서질 수 있다 (옮긴이).

토성과 목성

갈릴레오 갈릴레이Galileo Galilei가 1609년에 그린 토성 스케치와, 1610년에 그린 목성의 위성 스케치들은 행성을 관찰하는 일을 과학으로 승격시키는 데 큰 역할을 했다. 이 일은 행성 연구가 점성학갈릴레이는 점성학자로 활동하기도 했다에서부터 갈라져 나오게 했으며, 그 후 급속한 발전을 이루게 했다. 1675년에는 지오바니 카시니Giovanni Domenico Cassini가 처음으로 토성의 둘레를 도는 네 개의 위성을 발견했고, 토성 고리 사이의 틈을 발견하여 카시니 간극Cassini Division이라고 이름 붙였다.

거대한 기체 행성들 목성과 토성의 표면에는 고체로 된 지층이나 암석이 없다. 따라서 엄밀하게 말하면 지질학적 표면은 존재하지 않는 것이다. 두 행성은 거의 액체 수소로 이루어져 있다. 그래서 흔히 우리가 알고 있듯이 기체로 된 거대 행성이라고 부르는 것은 과학적으로 틀린 말일 수도 있다.

목성의 표면은 고체 상태가 아니라 밀도가 매우 높은 기체인 크세논이나 크립톤 혹은 아르곤 등으로 이루어져 있다. 이들 기체 속에는 엄청난 압력에 의해 생성된 아주 작은 다이아몬드 결정들을 제외하고는 어떤 고체도 찾아보기 힘들다.

목성은 중심 온도가 약 24,000 ℃에 이르지만

위 토성 고리의 적외선 사진
아래 목성과 목성의 대표 위성들. 위에서부터 아래로 이오, 유로파, 가니메데, 칼리스토이며 목성의 표면에서는 거대한 원처럼 보이는 대적점이 있다. 대적점은 목성의 대기층에서 300년 이상 존재하고 있는 폭풍이다.

핵융합 반응을 유지하기에는 충분히 뜨겁지 못하다. 그래서 과학자들은 목성을 실패한 태양이라고도 부른다. 만약에 이보다 온도가 더 높았다면 목성은 태양계의 작은 태양이 되었을지도 모른다. 목성 내부는 압력이 매우 높다. 그러므로 내부의 대기는 대부분 압축되어 액체 상태로 존재하는데, 대부분 액체 수소층으로 이루어져 있다. 그리고 유황과 다른 여러 가지 화합물에 의해 여러 가지 색을 띠고 있는 대기층은 끊임없이 운동을 하고 있다. 이러한 까닭으로 지구의 대기권에서는 볼 수 없는 엄청난 규모의 강력한 번개들이 수시로 발생한다.

목성을 탐사한 우주 탐사선 갈릴레오 호는 목성의 대기에서 수증기를 발견하기도 했다. 목성의 액체 수소 바다는 금속적인 특성을 가지고 있으며, 토성의 궤도까지 뻗어나가는 엄청난 자기장을 발생시키는 주된 원인이기도 하다.

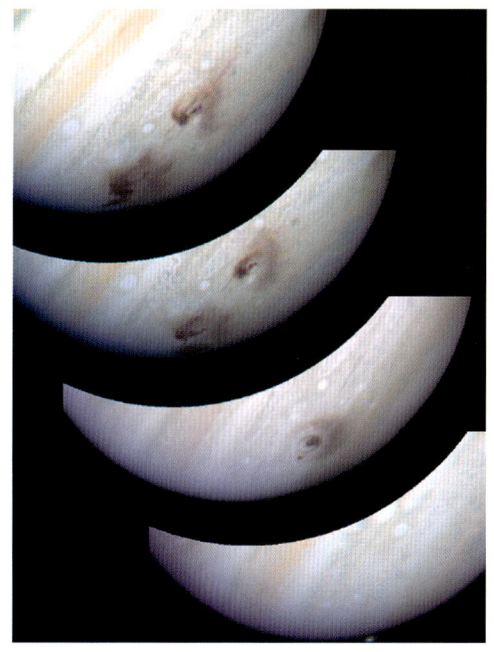

위 허블 우주 망원경으로 살펴본 목성과 슈메이커-레비 혜성의 충돌 과정. 아래쪽의 첫 번째 사진은 충돌 5분 후의 사진이며 충돌의 어떤 흔적도 발견할 수 없다. 하지만 위쪽의 사진을 보면 검은 파편 구름을 볼 수 있다. 며칠이 지나자 두 군데의 충돌 지역을 확인할 수 있다. 마지막 사진에서는 새로운 충돌 지역을 포함한 세 곳의 충돌 지역이 나타나 있다.
아래 카시니 호에서 토성의 고리를 향해 전파를 발사한 후, 되돌아 온 전파를 분석하여 고리의 밀도까지 나타내는 사진을 만들 수 있었다.

목성과 혜성의 대충돌 1994년 7월에 슈메이커-레비 9 Shoemaker-Levy 9 혜성이 목성과 충돌했다. 충돌할 무렵 혜성은 21개로 조각이 났다. 슈메이커-레비 혜성이 목성에 충돌했을 때 지구에서 망원경으로도 식별이 될 만큼 목성의 대기에 큰 변화가 일어났다. 충돌로 생긴 흔적은 1994년 8월이 다 지나갈 무렵에 가서야 모두 사라졌다.

한편 토성의 고리는 카시니 간극에 의해 외부 고리와 내부 고리로 나누어지기 전까지는 하나의 고리라고 생각했다. 하지만 1857년에 제임스 맥스웰은 토성의 고리는 수 없이 많은 고체 알갱이로 이루어졌음을 밝혔다. 토성의 고리를 이루고 있는 알갱이들은 어디서 온 것일까?

토성의 고리를 이루고 있는 알갱이들은 중력으로 서로 끌어당기고 있는데, 이들은 원래 토성의 위성으로 자리 잡았어야 했지만 그 거리가 토성과 너무 가까워 위성이 되지 못한 것들로 생각된다. 즉, 토성의 고리는 토성의 중력에 의해 생성되는 강력한 기조력 때문에 조각이 났고, 조각이 난 채로 돌고 있는 것이다. 만약에 이들 조각이 로슈 한계 안에 있지 않았다면 다른 위성들처럼 제대로 된 위성이 되었을 수도 있는 것이다.

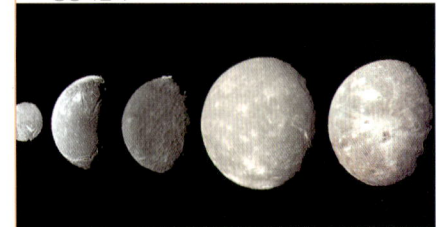

천왕성, 해왕성, 그 외 천체들

토성 너머 행성으로는 천왕성과 해왕성이 태양을 중심으로 공전하고 있다. 그리고 여러 혜성과 소행성 등이 분포한다.

1846년에 조세프 르 베리에Urbain Jean Joseph Le

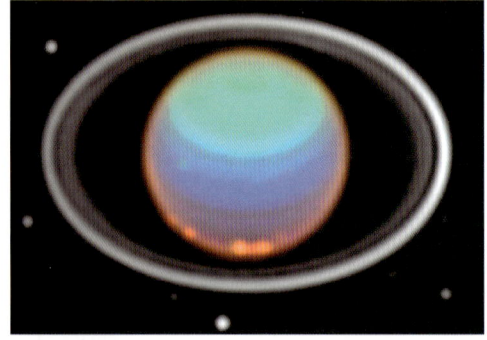

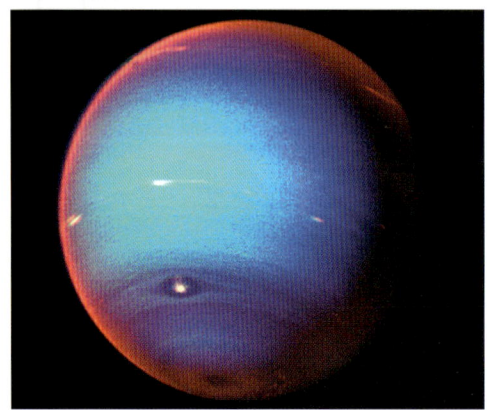

위 천왕성의 둘레를 돌고 있는 다섯 개의 위성들. 왼쪽에서 차례로 미란다(Miranda), 아리엘(Ariel), 움브리엘(Umbriel), 티타니아(Titania), 오베론(Oberon)이다. 천왕성으로부터 거리가 가까운 순으로 나열되어 있다.
가운데 천왕성의 적외선 사진
아래 보이저 2호가 촬영한 해왕성. 색깔은 인위적으로 입힌 것이다.

Verrier는 천왕성의 공전 궤도가 불규칙한 것을 설명하기 위해 천왕성 외에 다른 행성이 있을 것이라 추측했다. 이후에 해왕성이 실제로 발견되었으며 그 뒤로는 이 두 행성을 설명할 때는 함께 묶어서 하는 경우가 많다.

천왕성과 해왕성 목성과 토성처럼 천왕성과 해왕성 역시 고체 표면이 아니다. 천왕성이 아름다운 푸른 빛깔을 가진 행성으로 관측되는 것은 천왕성의 외부 대기를 이루는 메테인 때문이다. 천왕성 대기의 약 2.3 %를 차지하는 메테인은 이산화 탄소가 온실 효과를 초래하듯이 붉은 빛과 적외선을 흡수한다. 그 결과 천왕성은 청록색을 띠게 된 것이다.

천왕성과 해왕성은 토성처럼 고리를 가지고 있다. 두 행성의 고리는 위성들 중의 한두 개가 로슈 한계 안으로 들어와 각각 두 행성의 기조력에 의해 부서져 형성된 것으로 짐작되는데, 이것은 토성이 고리를 가지게 된 이유와 동일하다. 천왕성의 고리는 타원형을 이루지만 해왕성의 고리는 원형에 가깝다. 해왕성의 고리들은 아담Adams, 르베리에Le Verrier, 또는 갈레Galle라는 이름 등으로 불린다. 그 중에서 아담 고리는 3부분으로 나누는데, 각각 자유, 평등, 우애라는 이름으로 불린다.

해왕성의 위성들 해왕성 위성 중 크기가 가장 큰 것은 트리톤Triton이다. 트리톤은 태양계의 위성들이 공전하는 방향과 반대 방향으로 공전하는 유일한 위성이다. 일부 과학자들은 트리톤이 이처럼 반대 방향으로 공전하는 것을 보고 트리톤은 원래는 해왕성의 위성이 아니라고 생각한다. 트리톤은 크기와 모양이 명왕성과 많이 닮아 원래는 명왕성과 같은 왜성
행성보다 작은 천체이었지만 해왕성에게 사로잡혀 위성이 되었다는 주장도 생겼다. 그리고 해왕성은 다른 기체 행성들과는 달리 그리 많은 위성들

해왕성과 위성 트리톤

따라 공전시키지 못한다는 이유로 행성으로서 자격을 박탈당하고 태양계 행성에서 퇴출된 것이다. 명왕성 주위로 카론Charon이 공전하고 있지만 일부 과학자들은 카론을 명왕성의 위성으로 보지 않는다. 과학자들은 태양계에서 명왕성 외 또 다른 왜성으로 가장 큰 소행성인 케레스Ceres와 공식적으로 UB 313이란 이름을 가진 천체로서 명왕성보다 크기 더 큰 제나Xena를 든다.

명왕성의 질량을 계산한 것은 1978년 위성인 카론을 발견한 덕분이다. 명왕성은 크기가 목성의 위성인 가니메데나 칼리스토, 그리고 지구의 달보다 더 작다. 그리고 명왕성의 타원형 공전 궤도는 상당 부분 해왕성과 맞물린다. 명왕성이 태양을 공전하는 궤도는 가장 멀 때는 태양으로부터 약 74억 km인데, 이 거리는 태양과 지구 사이의 거리보다 약 50배나 먼 거리이다. 명왕성과 위성 카론은 항상 같은 곳을 바라보며 공전한다.

을 가지고 있지 않다. 트리톤이 해왕성의 위성이 되면서 원래부터 있었던 해왕성의 다른 위성들의 공전 운동이 불안정해졌고, 때문에 해왕성은 위성들을 잃게 된 것으로 짐작한다.

반대 방향으로 공전하고 있는 트리톤은 시간이 지날수록 공전 궤도가 점점 해왕성 쪽으로 가까워질 것이며, 약 20억 년 후에 해왕성의 로슈 한계를 통과하여 안으로 들어올 것으로 추정된다. 그러면 해왕성의 기조력에 의해 트리톤은 작은 조각으로 파괴될 것이며, 그 조각들은 해왕성에 새로운 고리를 만들어 줄 것으로 전망된다. 자신의 파괴적 운명을 알기라도 하듯이 트리톤은 태양계에서 위성으로 가장 온도가 낮은 곳이다.

명왕성 명왕성은 지름이 약 2,274 km 밖에 되지 않는 작은 천체이다. 원래 태양계 행성에 속했으나 2006년에 행성에서 왜성으로 강등되었다. 그래서 지금은 태양계 행성이 아니다. 또한 명왕성은 아직 지구에서 보낸 우주 탐사선이 직접 도착한 적이 없다.

명왕성은 크기가 작아 자신의 중력으로 다른 물체를 자신의 주위 궤도를

지금까지 촬영한 명왕성과 위성 카론 영상 중에서 가장 뚜렷한 것이다.

아직도 아는 것보다 모르는 것이 더 많은 천체

아직까지 어떠한 우주선도 명왕성을 탐사하지 못했기 때문에 명왕성의 표면을 연구하는 일은 매우 어렵다. 명왕성에 대한 구체적인 연구는 2006년에 발사되어 2015년 7월에 명왕성과 위성 카론을 방문하기로 되어 있는 우주 탐사선 뉴호라이즌(New Horizon) 호의 탐사 자료를 지구에서 받은 이후라야 될 것이다. 그때까지 명왕성은 자신의 정체를 명확하게 드러내지 않을 것이다.

광물, 암석, 지각

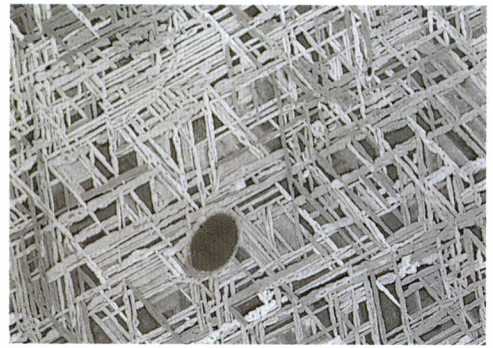

왼쪽 마리아나 열도의 웨스트 로사(West Rosa) 칼데라 벽면에서는 서로 다른 종류의 암석이 아래 위로 분포하고 있는 것을 선명하게 볼 수 있다. 아래의 갈색을 띤 암석은 현무암이고, 위의 회색을 띤 암석은 장석이 풍부한 화강암이다. 사진에서 보이는 암석 덩어리는 높이가 2 m 정도이다.
위 1980년 3월 18일의 세인트헬렌스 산의 화산 활동
아래 철-니켈 광물의 결정 구조이다. 과학자들은 이 광물들의 결정 구조는 지구 핵을 이루고 있는 물질의 결정 구조와 매우 흡사할 것이라고 생각한다.

별이 형성된 후 별의 내부에서 일어났던 핵융합이나, 별의 일생에서 마지막을 장식하는 초신성 대폭발이 일어나면 철, 탄소, 마그네슘, 망간, 규소, 우라늄, 알루미늄과 같은 무거운 질량을 가진 원자들이 대량으로 만들어지고 우주에 흩뿌려진다. 이들 원자들이 모여 광물을 만들었고, 광물이 모여 암석을 만들었으며 결국에는 지구의 지각을 형성했다.

암석은 보통 다양한 종류의 광물들이 모여 형성된다.

어떠한 광물이 포함되느냐에 따라 암석의 종류가 결정된다. 또한 화성암, 퇴적암, 변성암 등의 암석은 이들 암석 속에 포함되어 있는 광물 결정의 종류와 크기에 따라 분류된다. 물론 흑요석과 같이 예외적인 암석도 있다.

지구의 지각을 이루고 있는 화성암은 결정의 크기에 따라 크게 화산암과 심성암으로 구분한다. 화산암은 지표 가까운 곳에서 마그마가 빨리 식어서 형성된 것으로 결정의 크기가 매우 작은 편이다. 반면에 심성암은 지하 깊은 곳에서 마그마가 천천히 식어서 형성된 것으로 결정의 크기가 크고 뚜렷하다.

화산암이나 심성암은 암석의 색깔에 따라 다시 화산암은 현무암, 안산암, 유문암으로 나뉘고, 심성암은 반려암, 섬록암, 화강암으로 나뉜다. 암석의 색깔을 결정하는 것은 암석을 이루는 광물에 포함된 마그네슘과 철 성분의 구성 비율이다. 이들의 구성 비율이 높으면 암석의 색은 어둡고, 비율이 낮으면 암석의 색은 밝다. 화산암에서는 현무암이, 심성암에서는 반려암이 어두운 암석에 해당한다.

감람석부터 석영까지

지구의 지각을 이루고 있는 규산염 광물은 이들 광물을 구성하고 있는 $(SiO_4)^{4-}$ 사면체가 어떻게 서로 결합하고 있는가에 따라 종류가 달라진다. 규산염 광물의 최소 단위인 $(SiO_4)^{4-}$ 사면체는 규소와 산소로 구성되어 있고, 각뿔 모양을 한 일종의 규소 이온이라 할 수 있다. 이들은 지구의 지각을 이루고 있는 광물 중에서 매우 중요한 비중을 차지하는 휘석이나 각섬석과 같은 조암 광물의 뼈대 역할을 한다. $(SiO_4)^{4-}$ 사면체가 서로 사슬 모양으로 결합되어 있으면 휘석과 같은 광물이 되고, 이중 사슬 모양으로 결합되어 있으면 각섬석과 같은 광물이 되고, 종이와 같이 얇게 결합되어 있으면 운모와 같은 광물이 된다.

위 이탈리아에서 발견된 규회석. 규회석은 분해되면서 대기로부터 이산화 탄소를 흡수한다.
가운데 하와이의 그린 샌드 비치(Green Sand Beach)에서 발견된 감람석 입자들
아래 석영은 주로 육각 기둥 모양의 결정을 만든다.

이와 같은 $(SiO_4)^{4-}$ 사면체의 결합 방법은 용암에서 광물로 결정화될 때 일어나는 연속적인 결정 과정과 깊은 관계가 있다.

용암에서 광물이 형성되는 연속적인 과정을 다른 말로는 보웬 반응 계열Bowen's Reaction Series이라고 한다. 보웬 반응 계열은 연속 반응 계열과 불연속 반응 계열로 나뉜다. 먼저 불연속 반응 계열에서는 높은 온도에서 감람석이 먼저 결정으로 나오고, 다음으로 휘석, 각섬석, 흑운모 등이 차례대로 결정으로 나온다. 연속 반응 계열에서는 높은 온도에서는 칼슘 성분이 많이 포함된 칼슘 사장석이 결정으로 나오고 점점 온도가 내려가면서 나트륨 사장석이 결정으로 나온다.

보웬 반응 계열에서 가장 나중에 결정화되는 석영은 장석처럼 먼저 결정화된 규산염 광물 사이에서 자리를 잡아야 하므로 다양한 형태를 띠는 경우가 많다. 석영과 같이 결정이 규칙적인 광물은 풍화 작용에 강한 반면에 감람석과 같이 결정이 불규칙적인 광물은 풍화 작용에 약해 쉽게 모래가 되고 나중에는 사암과 같은 퇴적암이 된다.

장미휘석은 장미 빛깔이 특징이며, 사슬 형태 결정 구조를 가진 규산염 광물이다.

규회석의 기본적인 사슬 구성은 3개의 사면체가 두 종류의 연결 방식을 가진다는 것이다. 규회석 사슬의 한 단위는 7.2 Å의 길이를 가지고 있다.

장미휘석의 경우에는 사슬의 기본 단위는 다섯 개의 $(SiO_4)^{4-}$ 사면체로 꼬여 있는 형태로 12.2 Å의 길이를 가지고 있으며 양쪽으로 뻗어 나가 사슬을 구성한다.

여러 종류의 규산염 광물 같은 종류의 규산염 광물에도 약간의 차이가 있다. 결정 구조가 사슬형인 규산염 광물인 휘석, 규회석, 장미휘석 등을 예로 들어보자. 휘석의 $(SiO_4)^{4-}$ 사면체 사슬은 사면체들이 끝과 끝이 연결되어 왼쪽과 오른쪽을 차례로 오가는 순서로 구성되어 있다. 사슬이 구성되는 가장 기본적인 패턴은 길이가 약 5.2 Å인 사면체가 사슬의 양쪽 방향으로 계속 반복해서 이어져 나가는 것이다.

한편 규회석에서는 $(SiO_4)^{4-}$ 사면체가 만든 사슬에서 두 개의 사면체가 양옆에 서서 하나의 사면체가 밖으로 돌출하고 다시 양옆에 선 후 다른 사면체가 밖으로 돌출하는 과정을 반복하여 사슬 패턴을 구성한다. 즉,

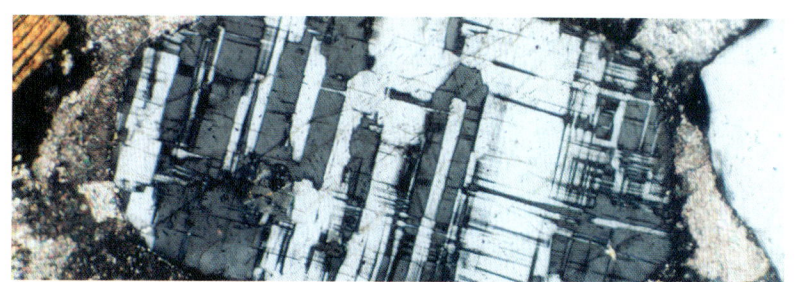

광학 현미경으로 박편을 관찰할 때 격자 무늬 패턴이 특징적으로 나타나는 미사장석. 퇴적암에서 풍화 작용을 받은 후에도 쉽게 구분할 수 있다.

암석의 패턴

미사장석(microcline)** 은 장석의 한 종류이다. 광학 현미경으로 미사장석의 박편을 관찰하면 신비한 격자 무늬 모양을 볼 수 있다. 이 무늬는 화성암과 퇴적암을 연구하는 암석학자들에게 매우 유용하게 이용된다. 박편에서 이런 무늬 모양이 있으면 미사장석으로 분류할 수 있기 때문이다. 미사장석은 장석 중에서도 풍화 작용에 비교적 강하기 때문에 사암으로 이루어진 퇴적암에도 그 무늬가 잘 보존된다. 때론 오래된 사암에서 찾아볼 수 있는 유일한 장석이 미사장석이기도 하다.

• $(SiO_4)^4$ 사면체 : 규산염 광물의 기본이 되는 물질로, 한 개의 작은 규소 이온이 중심에 있고, 그 둘레에 네 개의 큰 산소 이온이 붙어 입체적으로 사면체 모양을 한 다원자 이온이다(옮긴이).

•• 미사장석(microcline) : 칼륨장석의 한 종류이다. 정장석과 겉모양이 비슷하여 육안으로는 구별이 잘 되지 않는다. 박편을 만들어 광학 현미경으로 구별이 가능하다. 도자기의 원료가 된다(옮긴이).

현무암질 암석

색깔이 진한 암석들은 주로 현무암질 마그마가 냉각되어 형성된 화성암들이다. 화성암은 결정의 크기에 따라 다시 몇 가지 암석으로 나뉜다. 예를 들어 현무암과 반려암은 구성 물질이 거의 비슷하지만 암석을 이루고 있는 결정의 크기가 다르다. 반려암은 지각 아래에서 천천히 식어가는 마그마로부터 만들어지기 때문에 결정이 자라날 만한 충분한 시간이 있었다. 그래서 반려암을 구성하고 있는 결정의 크기는 비교적 크다. 하지만 현무암은 지표 가까이에서 형성되기 때문에 훨씬 빨리 냉각된다. 따라서 결정이 형성될 수 있는 시간적 여유가 부족하여 반려암보다 결정의 크기가 작다.

흑요석 지표로 나온 마그마가 차가운 바닷물 등을 만나 아주 짧은 시간에 냉각될 경우에는 결정이 생기지 않고 유리질 암석이 되는데, 대표적인 것이 흑요석이다. 흑요석은 용암 흐름의 표면에서 자주 발견되는 암석으로, 현무암과 화학적 구성이 비슷하지만 $(SiO_4)^{4-}$ 사면체의 구성은 매우 불규칙하다. 흑요석의 경우에는 $(SiO_4)^{4-}$ 사면체의 구조가 고체 상태이기보다는 액체 상태의 분자 구조에 가깝다. 실제로 흑요

위 터키의 보야베트(Boyabat Province) 지방에서 발견된 현무암 주상절리
가운데 해저 산맥의 정상 부근에서 채취한 화산암들은 단층 운동이 일어났을 때의 강력한 압력으로 심하게 변형되어 있는 경우가 많다. 사진은 반려암이다.
아래 하와이의 마우나울루(Mauna Ulu) 근처에서 천천히 흐르고 있는 부드럽고 끈적끈적한 파호이호이(Pahoehoe) 용암이다. 표면에서 흑요석을 많이 발견할 수 있다.

아주 오래된 베개 모양의 현무암이다. 수중의 화산 분출구에서 분출됐거나 육지의 갈라진 틈을 통해 물로 흘러든 용암이 냉각되어 형성된 것이다.

석은 창문의 유리에 사용되는 유리의 분자 구조와 매우 닮은 무질서한 분자 구조를 가지고 있다.

베개 모양 현무암 마그마가 물속으로 분출되었을 경우에는 베개 모양의 현무암을 형성하는 경우가 많다. 만약에 마그마가 대기 중으로 분출되었다면 훨씬 넓게 퍼졌을 텐데 마그마가 차가운 물속이라는 외부 환경 때문에 넓게 퍼지지 못하고 냉각되어 고체화된 것이다.

베개 모양의 현무암이 만들어지는 것은 물이 공기보다 훨씬 더 빨리 마그마를 냉각시키기 때문이다. 베개 모양 현무암으로 부르는 것은 그것이 마치 침대 위에 베개를 여러 개 겹쳐 던져 놓은 것 같은 형태를 띠기 때문이다. 일반적인 베개 모양 현무암은 유리질 암석과 같은 껍질이 현무암을 중심핵으로 감싸고 있는 형태를 띤다.

용암이 땅 위로 분출되면 어느 정도 거리를 흐르다가 넓게 펼쳐지고,

넓게 펼쳐진 용암은 식어서 암석이 된다. 이런 과정에서 주상절리 라고 하는 비교적 일정한 모양으로 갈라진 기둥 모양의 지질 구조를 가진다. 주상절리는 마치 사람이 직접 깎아 만든 것처럼 매끄럽고 절도가 있다.

검은 흑요석이 조가비 모양을 하고 있다. 흑요석은 가장자리가 날카로워 구석기 시대에는 무엇을 자르는 도구의 재료로 많이 사용되었다.

• 현무암질 암석 : 흔히 철고토질 암석이라고도 번역된다. 마그네슘이나 철과 같은 유색 광물을 많이 포함된 암석을 의미한다. Mafic rocks라는 단어도 마그네슘과 철의 머리 문자를 따서 만든 것이다(옮긴이).
•• 용암이 냉각되어 암석이 될 때, 일정한 모양의 쪼개진 면이 생기는데 이를 절리라고 한다. 절리에는 쪼개지는 방향에 따라 판상절리와 주상절리가 있다. 판상절리는 주로 화강암에서, 주상절리는 주로 현무암에서 관찰된다(옮긴이).

화강암질 암석

현무암질 암석처럼 화강암질 암석도 두 종류로 나눈다. 한 종류는 암석의 결정이 크고, 다른 종류는 암석의 결정이 작다. 암석을 이루는 결정이 크고 작은 차이는 이들 암석을 형성하는 마그마가 얼마나 빨리 냉각할 수 있었는가에 따라 결정된다.

시간을 두고 천천히 냉각된 화강암질 암석으로 화강암을 들 수 있다. 화강암을 이루고 있는 광물의 결정은 사람이 맨 눈으로도 식별이 가능할 정도로 크고 뚜렷하다. 화강암을 이루고 있는 광물로는 장석, 운모, 석영 등이 대표적이다. 만약에 시간을 두고 천천히 냉각되었다면 화강암이 되었을 마그마가, 반대로 아주 빠른 속도로 냉각되었다면 결정이 작은 암석인 유문암이 된다. 유문암은 결정을 가지고 있긴 하지만 대부분의 유문암의 결정은 너무 작아 육안으로는 식별하기가 힘들고, 박편을 만들어 광학 현미경으로 관찰해야 간신히 보일 정도이다. 하지만 가끔 유문암에서도 잘 발달된 장석 결정이 보일 때가 있다.

화강암질 암석 화강암은 일반적으로 마그마 굄이 있는 깊이에서 주로 형성된다. 마그마 굄과 같이 마그마가 모여 있는 곳이 지하 깊은 곳에서 천천히 냉각되면 심성암이 된다. 심성암은 지하 깊은 곳에서 형성되지만 시간이 지나 심성암을 덮고 있는 암석이 풍화나 침식 작용으로 벗겨지면 서서히 위로 솟아올라 지표에 모습을 드러낸다. 시에라네바다Sierra Nevada 산맥, 안데스 산맥, 로키 산맥 등과 같이 규모가 크고 아름다운 산맥들 대부분이 심성암으로 이루어져 있다. 또한 미국의 캘리포니아 주에 있는 요세미티Yosemite 국립공원에 있는 반 돔형 half dome 암석도 심성암이다.

화강암질의 암석은 지질학자들이 특별한 관심을 가지는 중요한 암석 중의 하나이다. 그 이유는 화강암 광물에 포함되어

위 화강암질 암석의 박편을 교차 편광 상태에서 보면 석영 결정(사진의 가운데 부분)의 결이 요동치듯 기복이 심하다는 것을 알 수 있다. 이것은 암석이 매우 큰 압력을 받아 변형이 일어났음을 의미한다.
아래 뉴욕에서 발견된 포획암이다. 사진의 가운데에 있는 것이 포획암이고 둘러싸고 있는 것은 화강암이다. 화강암에 포획된 암석은 화강암질 마그마의 속에 고체로 존재했던 암석이다.

캘리포니아 요세미티 국립공원의 반 돔형 암석으로 큰 화강암 덩어리이다. 캘리포니아의 시에라 네바다 산맥을 형성하는 여러 암석들은 심성암이다.

미국의 아카디아 국립공원의 캐딜락 산. 캐딜락 산을 이루고 있는 화강암의 매끄러운 표면 위로 길게 난 균열을 볼 수 있다.

있는 광물들 때문이다.

화강암을 이루는 광물은 대부분 석영이나 장석, 운모이다. 하지만 때로는 저어콘과 같은 광물이 소량으로 포함되어 있다. 저어콘은 방사성 연대 측정에서 매우 중요한 역할을 한다. 왜냐하면 저어콘ZrSiO₄은 광물 속에 방사성 동위 원소인 우라늄과, 우라늄이 붕괴되어 만든 딸 원소인 납을 가두고 있기 때문이다. 따라서 지질학자들이 정확한 연대 측정을 하기 위해서는 저어콘의 확보가 필수이다.

포획암 화강암은 때로 다른 암석 조각들을 포함하고 있기도 한다. 시에라네바다 산맥과 몇몇 장소에서 발견된 화강암은 결정화된 둥그스름한 작은 현무암질 암석 덩어리를 포함하고 있다. 현

유문암은 결이 고운 화강암이라 할 수 있다. 하지만 간혹 맨눈으로 식별할 수 있는 수정을 포함하기도 한다.

무암질 암석 함유물 또는 포획암으로 알려진 이 작은 암석 덩어리들은 현무암질 마그마와 화강암질 마그마 사이에 있었던 다양한 혼합 활동의 증거라고 할 수 있다. 일반적으로 현무암질 마그마가 유래되는 깊이는 화강암질 마그마의 그것보다 훨씬 깊다. 그러므로 현무암질 마그마가 보통 화강암질 마그마의 아래에서부터 침투해 들어간다.

미국의 아카디아Acadia 국립공원의 캐딜락Cadillac 산에 가면 화강암질 암석에 해당하는 심성암 위에 안정적으로 층을 이루던 사암이나 석회암과 같은 퇴적암의 덩어리들이 심성암이 떠오르는 과정에서 조각이 나 아래에서 올라오던 마그마에 포획되는 경우의 예를 찾아볼 수 있다. 화강암질 마그마에 갇힌 이 암석들은 화강암질 마그마가 천천히 식어갈 때 변성 작용이 일어나기도 한다.

⁕ 화강암질 암석 : 흔히 규장질 암석이라고도 번역된다. 장석이나 석영이나 철과 같은 무색 광물을 많이 포함된 암석을 의미한다. Felsic rocks라는 단어도 장석과 석영의 머리글자를 따서 만든 것이다(옮긴이).

쇄설성 퇴적암

화성암이나 변성암이 풍화되면 작은 암석 조각이나 모래나 흙이 되는데, 이것을 쇄설암clast이라 한다. 쇄설암은 시간이 지남에 따라 더욱 작은 입자들로 부서지는데, 이러한 과정은 입자들이 퇴적물이 되어 퇴적암으로 굳어지기 전까지 계속된다. 이와 같은 과정으로 형성된 퇴적암을 쇄설성 퇴적암clastic sedimetary rock이라고 한다.

퇴적암을 이루고 있는 입자들의 크기 화성암을 결정 크기에 따라 분류하는 것처럼, 쇄설성 퇴적암도 그 속에 포함된 입자들의 크기로 분류한다. 예를 들어 역암은 지름이 2 mm–2 m의 다양한 크기를 가진 자갈 등의 쇄설암을 포함한다. 또한 사암은 0.063–2 mm 크기의 모래 입자 등을 포함한다. 그리고 실트암에 포함된 입자의 크기는 4–63 μm 사이이며 이암의 입자들은 4 μm보다 작다. 위에 나열된 역암, 사암, 실트암, 이암 모두 쇄설성의 퇴적암으로 분류된다.

한편 셰일은 육지나 바다 밑에서 가장 흔하게 발견되는 퇴적암이다. 셰일은 보통 얇게 층이 있는 이암으로 이루어지며, 가끔은 입자가 고운 실트암과 이암이 교차되어 이루어지기도 한다. 셰일이 풍부한 이유는 이 암을 이루고 있는 입자들이 대부분 점토성 광물 결정으로 되어 있기 때문이다. 점토성 광물 입자들은 대부분 장석의 풍화 작용에 의해 생성되며 이것이 점토성 광물 입자들이 지표에 가장 풍부하게 존재하는 이유가 된다. 왜냐하면 화성암을 이루고 있는 광물 중에서 가장 많은 비율을 차지하는 광물이 바로 장석이기 때문이다.

쇄설성 퇴적 물질의 성숙도 쇄설성 퇴적암의 기원을 이해하기 위해서는 퇴적 물질의 성숙도 개념을 잘 이해해야 한다. 일반적으로 이동 거리가 긴 쇄설성 퇴적 물질은 이동 거리가 짧은 쇄설성 퇴적 물질보다 더 많은 마찰과 화학 반응에 노출된다. 그래서 이들을 성숙

위 산화 철이 풍부한 층의 띠가 평행을 이루고 있는 적갈색 사암의 단면이다. 소금기 있는 액체가 구멍이 많은 사암을 통과할 때 생기는 독특한 모양이다.
아래 영국의 라임 레지스 동부 해안(Lyme Regis East Beach)에서 발견한 이암의 사진이다. 균열이 생긴 이유는 해안의 빠른 풍화 작용 때문이다. 이 해안의 이암에는 중생대 해양 생물 화석이 많이 들어 있는 것으로 유명하다.

된 쇄설성 퇴적 물질이라 하는 것이다. 일반적으로 덜 성숙된 쇄설성 퇴적 물질로 된 퇴적암에서는 석영 모래뿐만 아니라 장석 모래와 같은 입자들이 많이 포함되어 있다. 하지만 성숙된 쇄설성 퇴적 물질로 이루어진 퇴적암일수록 그 속에 포함된 입자들은 마모가 많이 진행되어 둥근 모서리를 가진 석영 모래 등으로 이루어져 있고, 장석 알갱이의 비율이 상대적으로 떨어진다. 장석은 석영보다 덜 단단하여 풍화 작용에 약하기 때문이다. 그래서 운반 기간 길어지면 장석은 원래의 모습을 간직할 수 없고, 성숙된 퇴적 물질에서는 장석 알갱이를 찾아보기 어렵다. 대신 장석은 점토 입자로 변형되어 더 먼 거리를 지나 고요한 퇴적 분지 등에서 셰일을 형성한다.

퇴적암으로 굳어지는 작용 퇴적 물질이 더 이상 물과 바람에 섞여 이동할 필요가 없는 마지막 안착지에 도착하면 천천히 퇴적암으로 굳어지는 작용이 진행된다. 퇴적 물질 사이에 나있는 구멍들 사이로 액체가 지나가면서 남긴 광물질이 접착제 역할을 한다. 퇴적 물질의 층과 층 사이를 단단하게 붙여주는 일을 하는 것이다. 특히 석영 광물질에 의해 퇴적암

으로 굳어진 석영 사암은 모든 종류의 암석들 중에 가장 딱딱하며 뛰어난 화학적 저항력을 가진 암석이 된다.

위 실트암은 호수나 바다 밑 등과 같이 조용한 수생 환경에서 주로 형성되는 퇴적암이다.
아래 점토질 셰일은 호수나 바다의 분지에서 주로 형성된다. 물을 따라 들어온 부유 물질 중에서 점토와 같은 고운 입자의 퇴적 물질이 가라앉아 형성된다. 그래서 점토질의 셰일은 보통 천천히 흐르거나 괴어 있는 물에서 형성된다.

화학적 퇴적암

　퇴적암에는 암석의 풍화나 침식 작용으로 만들어진 퇴적 물질이 쌓여서 이루어진 쇄설성 퇴적암 외에 화학 작용으로 형성된 퇴적암이 있는데 이를 화학적 퇴적암chemical sedimentary rocks이라 한다. 일반적으로 화학적 퇴적암은 호수나 바다의 바닥에서 형성되지만, 때로는 결정들이 화학적으로 축적되어 퇴적암이 된 후 바닥으로 가라앉은 경우도 있다.

용액에 녹아 이동되는 물질　화학적 퇴적암도 알고 보면 쇄설성 퇴적암처럼 다른 오래된 암석들의 풍화 작용과 분해의 결과로 형성된 것이다. 암석이 풍화 작용과 분해 작용을 거치는 동안 고체 덩어리로 남지 않은 부분들은 대부분 빗물에 녹아서 강물 등에 의해 하류로 운반된다. 이 과정에서 다양한 화학 작용이 일어나고, 한때 암석의 한 부분을 이루었던 이온들이 물에 녹아 들어온다. 빗물은 대기를 통해 떨어지면서 이산화 탄소를 용해하므로 약간의 산성을 띤다. 왜냐하면 이산화 탄소는 액체 안에서 탄산으로 변하기 때문이다. 만약 이런 빗물이 석회암 등에 떨어지면 빗물에 함유된 탄산이 석회암을 구성하는 방해석 광물을 용해시킨다. 석회암의 방해석에서 나온 칼슘 이온은 결국 용액에 녹게 되고, 대부분의 경우 그 용액은 지하수 혹은 경사면을 따라 흐르는 물에 의해 바다

위 지하 동굴의 방해석 층
가운데 약하게 접합된 조가비 조각들로 형성된 석회암의 한 종류로 패각암이라 한다. 패각암은 결합력이 약해 잘 부서진다. 패각암의 학명인 코쿠니아(*Coquina*)는 스페인어로 '작은 조가비'를 의미한다.
아래 얇은 층상의 방해석 석회암 표본. 방해석은 해저에 자리 잡은 석회질 점토로부터 형성되는 광물로, 이것들이 석회암을 이룬다.

석회 점토와 단단히 접합된 조가비 조각들로 구성된 석회암의 표본이다. 석회암 아래쪽 모양으로 보아 달팽이와 같은 복족류로 추정되는 것들이 보인다.

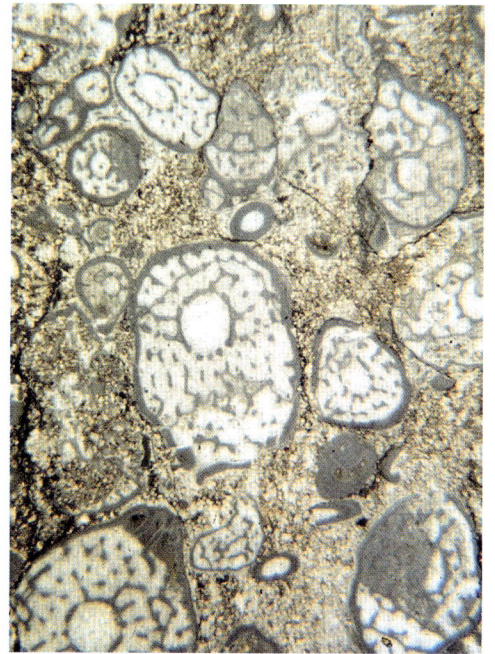

아르키오시아스 석회암의 박편. 석회암의 단면을 보면 탄산 칼슘을 분비하는 미생물이 아르키오시아스와 공생하고 있음을 알 수 있다. 아르키오시스는 해면같이 생긴 고대 해양 생물이다.

로 운반된다. 이때 두 가지 중의 한 가지 현상이 일어날 수 있다. 첫 번째의 경우는 이온을 운반하던 물이 퇴적 물질을 통과하면서 퇴적 물질을 단단하게 결합시켜 주는 접합제로 축적되는 경우이다. 이 경우 칼슘 성분은 석회암 내부의 아주 작은 층으로서 석영 모래나 자갈 덩어리 등을 서로 단단하게 구속하는 역할을 하게 된다.

물속의 축적 두 번째의 경우는 칼슘 성분이 바다나 호수와 같이 많은 물이 모여 있는 곳까지 운반되는 경우이다. 이 경우는 칼슘 이온이 탄산 염음이온과 결합한다. 그러면 칼슘은 대부분의 방해석 광물의 일부분으로 축적되어 두꺼운 층이 되고 이것은 석회암을 이룬다.

석회암은 두 가지의 방법으로 형성되는데, 첫 번째는 바닷물이 탄산 칼슘으로 포화되어 있을 경우로, 열대 해변과 같이 깊이가 얕은 바닷물에서 직접 침전되어 형성된다. 물의 온도가 높기 때문에 더 이상 탄산 칼슘을 용해시키지 못하기 때문이다. 그리고 두 번째는 앞과 같은 과정으로 형성된 탄산 칼슘 침전이 이미 작은 입자를 핵으로 하여 둥근 층을 이루며 자라서 약 1 mm의 지름을 가진 작고 둥근 여러 층의 우이드ooid를 형성하게 된다. 이러한 방법으로 형성된 석회암을 울라이트 또는 어란상* 석회암이라고 한다.

아르키오시아탄 석회암

산호나 해면 같은 해양 동물은 자라면서 엄청난 양의 방해석 광물을 분비하여 석회암 암초의 형성을 돕는다.

동물에 의해 형성된 가장 오래된 암초는 캄브리아기에 형성된 아르키오시아탄(Archaeocyathan) 석회암이다.

아르키오시아스는 지금의 해면과 비슷한 종류의 바다 동물로 추측된다. 탄산 칼슘이나 무수규산 혹은 질긴 유기 화합물을 뼈대로 가질 수 있는 현대의 해면과는 달리 아르키오시아스는 오로지 방해석 광물 형태의 탄산 칼슘으로 구성된 뼈대만을 갖고 있었다. 아르키오시아는 캄브리아기 초기에 다양한 종류로 진화하여 평평한 원뿔이나 다발 기둥, 혹은 물결치는 기둥형 원뿔과 같이 다양한 모습을 형성하게 되어 마치 산호를 연상시키는 형태를 띠게 되었다.

* 어란상 : 고기의 알 모양이라는 의미로 붙여진 이름이다(옮긴이).

화성암

심성암은 지하 깊은 곳에서 형성되어 느리게 냉각되며, 주위 다른 종류의 암석들로 둘러싸여 있다. 반면에 화산암은 지구 표면에 분출되어 퍼져나가 거대한 용암 흐름을 만들면서 형성된다. 현무암질 암석은 철과 마그네슘의 함량 비율이 높지만 이산화 규소SiO_2의 비율은 낮아 점성이 낮다. 화산에서 분출된 용암이 주로 현무암질 용암이라면 점성이 낮아 비교적 멀리까지 흘러갈 것이다. 마그마가 분출되면 마그마 속에 포함된 기체는 원래보다 상대적으로 압력이 낮은 지표에서는 마그마에서 빠져나가려고 할 것이다. 현무암질 마그마의 경우에는 표면에 기포가 잘 생기므로 기체들은 비교적 쉽게 마그마에서 빠져나간다.

화강암질 마그마 화강암질 마그마는 이산화 규소 규산이라고도 함의 비율이 높기 때문에 점성이 크다. 따라서 현무암질 마그마보다 흐름이 상대적으로 느리다. 이것은 화강암질 마그마 안의 $(SiO_4)^{4-}$ 사면체들이 마그마가 흐르는 도중에도 서로 결속하려고 하려는 경향이 높기 때문이다. 또한 화강암질 마그마는 분출한 후 지구의 표면에서 낮은 압력에 놓이더라도 마그마에 녹아 있던 기체들이 쉽게 탈출하지 못하고 결국에는 마그마에 갇히고 만다. 이러한 이유로 화강암질 마

위 하와이의 킬라우에(Kilauea) 화산에서 매우 유동성이 큰 용암이 흘러내리고 있다. 이 용암은 냉각된 후에는 파호이호이라는 유리질 암석으로 변할 것이다.
아래 1980년에 진도 5.1의 지진이 세인트헬렌스 산을 뒤 흔들었다. 화산이 일어나면서 산의 볼록한 부분과 그 주위가 떨어져 나가 거대한 산사태를 초래했고, 낮아진 압력으로 인해 거대한 부석과 재가 흩뿌려졌다. 약 400 m 상당의 고지가 무너져 내렸거나 터져 나갔으며 넓이 62 km^{2}의 계곡이 잔해로 채워졌다.

그마의 일부는 냉각된 후 유리질 거품 또는 포말의 형태로 변하여 수많은 기포를 가진 부석이 되는 것이다. 부석은 기포로 인해 물에 뜨기 때문에 얻은 이름이고, 다양한 해양 생물들이 부석에 붙어 해양의 넓은 분지 사이를 성공적으로 건넜을 것으로 추정된다.

만약에 분출된 화강암질 마그마 속에 충분한 양의 기체가 갇혀 있고 내부의 압력이 대기권의 압력보다 높아진다면 엄청난 폭발이 일어날 수도 있다. 대표적인 예로 1980년 점성이 높은 화강암질 마그마 안에 축적되어 있던 엄청난 압력이 세인트헬렌스 산의 옆면을 폭발시키며 살인적인 분출을 한 것을 들 수 있다. 이러한 종류의 화산 폭발이 일어날 때에는 화산 분출과 함께 암석 덩어리들과 흑요석 알갱이들이 대기에 흩뿌려진다. 큰 덩어리들은 하늘에서 폭탄처럼 떨어져 내리며 그보다 고운 입자들은 높이 날아가 결국 화산재로 된 지층을 형성하게 된다.

테프라 화강암질 마그마가 화산 폭발로 지표로 나올 때, 공중으로 날아오른 화산재와 화산 분출물을 테프라라고 한다. 테프라가 퇴적되었을 때

위 트라이아스기의 나무줄기 모양의 화석. 화산재에 포함된 규산 때문에 암석처럼 굳어 보존되었다.
아래 2004년 필리핀의 마이얀(Mayan) 화산 폭발의 여파로 인근의 땅이 테프라로 뒤덮여 생태계가 파괴되었다. 일주일 간 이어진 화산 분화로 인해 66,000명이 넘는 주민이 집을 떠나 대피해야 했다.

퇴적물 속에 어떤 종류의 화산 분출물이 들어 있는가는 매우 중요한 지질학적 자료가 된다. 이들은 벤토나이트화산재가 풍화되어 형성된 점토 물질와 같은 점토층에 보존되어 있는데 암석층의 순서를 결정하는 데 큰 도움을 주기 때문이다.

한편 화강암질 마그마가 대규모로 분출할 때 발생하는 화산재는 대륙의 반에 해당하는 지역에 흩뿌려지기도 하며 숲을 묻어버리거나 해저 바닥 생태를 송두리째 재로 뒤덮어 버리기도 한다.

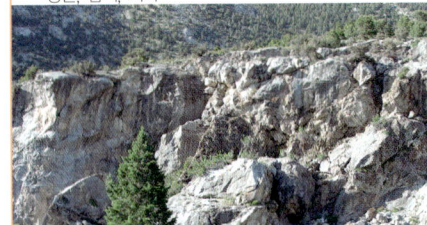

변성암

변성암metamorphic rocks은 화성암이나 퇴적암 등이 지하 깊은 곳에서 높은 압력과 열에 의해 변성 작용을 받아 형성된다. 변성암을 특징짓는 것은 크고 아름다운 결정과 무늬인데, 이러한 결정과 무늬는 원래 암석, 즉 모암석이 얼마 만큼의 압력과 열에 노출됐는가에 따라 결정된다. 화성암과 퇴적암의 경우와 마찬가지로 변성암은 그것을 구성하는 결정의 크기에 따라 세분화된다. 변성암의 결정은 모암석인 화성암이나 퇴적암보다 일반적으로 더 크다.

접촉 변성 작용

현무암질 마그마나 화강암질 마그마에 접촉해서 주로 열에 의해 변성되는 것을 접촉 변성 작용contact metamorphism이라고 한다. 접촉 변성 작용을 받은 암석은 겉에 얇은 외피 같은 것이 덮인다. 보스턴 항구 근처에서 발견된 캄브리아기 석회암의 경우가 그렇다. 화강암질 마그마가 석회암 속으로 들어가면 접촉 변성 작용으로 화강암의 겉에 녹색 빛깔의 암석으로 덮이는데 이를 스카른skarn이라 한다. 스카른 영역이 녹색 빛깔을 띠는 이유는 녹렴석 광물 때문인데, 녹렴석 광물은 원소 구성에 석회암의 칼슘과 마그마의 철이나 알루미늄을 모두 포함한다. 우리나라에서는 부산 태종대 해안 절벽에서 녹렴석 광물이 만든 스카른을 볼 수 있다.

광역 변성 작용

변성암은 광역 변성 작용을 통해 생성될 수도 있다. 이 경우 암석의 넓은 구역이 열과 압력에 의해 변성된다. 광역 변성은 화강암질의 심성암이 표면에 드러나는 조륙 운동이 일어나거나, 두 대륙이 판의 이동에 의해 충돌하는 등의 대규모의 지각 변동이 일어날 때 생기는 변성 작용이다. 이와 같은 대규모의 지각 변동은 주변의 암석들을 거대한 압력과 열에 노출시키며 근처 지형을 통째로 변형시킬 수 있다. 변성암을 연구하는 암석학자들은 동심원의 변성 지역들을 각각 압력과 열이 집중되는 가장 격렬한 변성 구역과 반대로 압력과 열에 비교적 적게 노출되어 격렬하지 않은 변성 구역으로 분류한다. 동심원의 변성 구역은 변성 등급으로 나뉘며, 주어진 압력과 온도에 의한 변성 효과로 인해 형성된 암석을 이루고 있는 주요 광물에 따라 이름이 붙여진다. 높은 등급의 변성에서 암석은 각섬암질 변성암으로 분류되는데, 이것은 이 정도

위 네바다 주의 그레이트베이진(Great Basin) 국립공원 안에 있는 캄브리아기의 석회암 내부에는 동굴과 같은 빈 공간이 분포한다.
아래 사암이 변성 작용을 받아 형성된 녹색의 규암. 광학 현미경을 이용해 박편을 살펴보면 사암을 이루고 있는 각각의 모래 입자들을 관찰할 수 있다.

단계의 변성에서는 각섬석 광물이 주로 검출되기 때문이다. 낮은 등급의 변성으로 형성된 암석은 녹색편암질 변성암으로 분류되는데, 이러한 암석은 낮은 등급의 변성 광물인 녹니석으로 인해 엷은 녹색 빛깔을 띤다.

변성암의 모암석 변성암의 과학적 연구에서 가장 주된 쟁점은 문제의 변성암이 과연 어떤 암석으로부터 생성되었는지에 대한 문제이다. 이와 같이 변성되기 전의 원래의 암석을 모암석이라고 한다. 예를 들어 거친 결의 결정을 가진 대리석의 모암석은 석회암이다. 빨간색의 아름다운 석류석을 포함하고 있고, 운모가 풍부한 편암은 의외로 다소 단조롭고 칙칙한 색을 지닌 셰일이 모암이다. 접촉 변성 작용의 경우 과학자는 변성 구역에서 변성암을 단순히 옮겨낸 후 모암을 직접 검사할 수 있기 때문에 접촉 변성암의 모암을 파악하는 것은 비교적 쉽다. 하지만 대부분의 광역 변성 작용에서는 모암석이 전체적으로 변성되어 있기 때문에 변성되지 않은 모암은 찾아보기 힘들다. 따라서 광역 변성 작용으로 변성암이 된 암석의 모암석을 파악하는 것은 훨씬 어렵다. 또한 모암석에 들어 있던 화석이 모두 파괴되는 광역 변성

작용은 암석학자들에게는 매우 유감스러운 일이 될 수 있다.

위 각섬암은 현무암의 쌍둥이 격에 해당하는 반려암이 변성 작용을 받아 형성되는데 휘석 광물이 풍부하게 들어 있다.
아래 변성암인 석류석을 포함하고 있는 운모편암. 암석 표면의 노란빛을 띤 갈철광 얼룩으로 볼 때 이 변성암은 많은 양의 철을 함유하고 있다는 것을 알 수 있다.

풍화 작용과 토양

왼쪽 모래에서부터 점토까지 이 땅에 존재하는 모든 종류의 토양은 기후와 생물학적 환경, 원래 암석의 성질 등이 복합적으로 작용하여 형성된 것들이다. 토양학은 이와 같이 토양이 가지고 있는 물리적, 화학적, 생물학적 특성에 대한 연구를 하는 학문이다.
위 독일의 에빅 미르(Ewiges Meer) 습지 호수에서 발견된 토탄층
아래 한 생물학자가 전자 장비를 이용하여 경작하지 않은 토지를 연구하고 있다. 최근에 과학자들은 토양에서 나오는 이산화 탄소 방출량을 줄이기 위한 방법으로 토지 경작을 일정 기간 동안 쉬게 하는 방안을 연구하고 있다.

토양의 구조와 지구화학적 성질을 연구하는 토양학은 농업이나 토목지질학, 혹은 환경 관리 등에 큰 도움을 주는 학문이다. 한때 토양학은 토양을 촉감과 색깔로만 분류하던 수준에 머물렀던 적이 있었다. 하지만 이제는 토양학은 대기권, 생물권, 수권, 암석권 사이의 상호 작용에 대한 이해로 점점 발전하고 있다.

모세관 현상으로 물과 공기를 간직하고 있는 토양은 수권, 암석권, 생물권 등의 요소들을 모두 포함하고 있다. 그래서 토양 속에서는 지질학적, 생물학적, 지구화학적인 작용들이 항상 일어나고 있다. 이러한 사실을 가장 먼저 과학적으로 이해한 사람은 러시아의 대표적인 토양학자 두크체프V. V. Dokuchaev였다. 그는 자신의 이름을 딴 두크체프 토양학회 Dokuchaev Soil Science Institute를 만들어 러시아와 캐나다의 과학자들이 차가운 기후를 가지고 있는 지역의 토양을 연구할 수 있도록 지원했다. 그 결과 러시아와 캐나다의 과학자들은 토양에서 발산되는 메테인과 이산화 탄소 등의 온실 기체를 연구하여 지구 온난화가 심화되는 현대의 기후 변화를 밝히는 단서를 찾게 되었다. 또한 기후 변화에까지 영향을 미치는 토양은 지구 환경에 매우 중요한 요소라는 사실을 깨닫게 해 주었다.

암석과 표토

암석은 화학적 풍화 작용, 기계적 풍화 작용, 생물학적 풍화 작용, 운석의 충돌과 같은 다양한 방법으로 분해된다. 이와 같은 방법으로 분해된 자갈이나 모래 등은 토양을 만드는 재료가 된다. 토양은 선상지나 범람원 등 풍화 작용이 일어나는 지상의 모든 곳에서 형성된다.

표토 표토regolith는 기반암 덩어리 표면의 부서진 암석이나 토양 혹은 퇴적물 등으로 층을 이루고 있으며, 이들은 일종의 땅의 덮개와 같은 역할을 한다. 표토는 아직 지질학적, 화학적 풍화 과정을 충분히 거치지 않았으므로 성숙한 토양이라고 보기 어렵다.

암석이 부서져 토양으로 변하는 과정은 태양계에서는 유일하게 지구에서만 일어난다. 달과 같은 태양계의 다른 천체에서는 표토만이 생성될 뿐이다. 그 이유는 달에는 물의 순환이 일어나지 않고, 또한 토양 미생물 등에 의한 다양한 생물학적 또는 화학적 풍화가 일어나지 않기 때문이다. 그러므로 달의 표토는 원시적인 토양에서 벗어날 수 없다. 지구의 일부 지역에서도 마찬가지 일이 일어난다. 물의 순환이 잘 일어나지 않고, 토양 미생물에 의한 다양한 변화가 일어나지 않는 곳에서는 표토만 생성될 뿐 성숙한 토양은 찾아보기 어렵다.

지구에서는 일반적으로 물의 순환이나 미생물의 다양한 작용에 의해서 토양이 만들어진다. 하지만 이런 과정을 거치지 않고도 토양이 생성되기도 한다. 예를 들어 빙하가 녹아내린 후에 형성되는 빙력토의 경우다. 빙력토는 갓 생성된 다양한 크기의 암석 조각들로 이루어져 있고, 화학 반응을 일으키는 물질이 많이 포함되어 있어서 스스로 풍화 작용이 활발히 일어나 토양을 형성하기 때문이다. 아주 예외적이긴 하지만 우주에서 일

위 미국 미시간 주의 웨인 카운티(Wayne County)에서 발견된 빙력토. 빙력토는 빙하에 의해 운반된 크고 작은 암석들이 섞여서 퇴적된 것이다. 빙력토에서는 층리가 발견되지 않는 것이 특징이다.
아래 기반암을 덮고 있는 백립암(석영이나 장석 등의 광물로 이루어진 일종의 변성암)

위 달에 착륙한 아폴로 15호가 수집한 달의 표토 각력암
아래 퇴적암의 일종인 규질 각력암이다. 규질 각력암은 결이 거친 암석 조각들이 많은 것이 특징이다.

어난 대 충돌 때에 떨어져 나온 물질에 의해 토양이 형성되기도 한다.

양이온 표토와 빙력토가 토양으로 풍화되는 과정에서 가장 먼저 일어나는 현상 중 하나는 물과 암석의 표면에 있는 광물이 상호 작용하여 다양한 이온을 걸러내는 현상이다. 이러한 현상은 표토의 장석이 점토로 분해된 후, 유기 물질들이 토양에 축적되기 시작할 때 주로 일어난다. 이때 두 종류의 양이온이 유기 물질 또는 점토 입자에 붙어 있거나, 또는 쉽게 떨어져 나간다.

양이온cations은 양전하를 띠고 있는 이온으로 토양의 생산력을 가늠하는 데 매우 중요한 요소가 된다. 예를 들어 나트륨 이온은 토양의 점성과 투과성을 결정짓는다. 나트륨 이온이 지나치게 많은 경우 토양은 알칼리성이 되고, 식물 성장에 좋지 않은 영향을 끼친다. 또한 수소 이온이 지나치게 많으면 토양이 산성화된다. '그루스groos' 라고 하는 부식된 화강암에서 생성되는 토양은 독성 알루미늄 화합물이 나와 식물을 상하게 하기도 한다. 반면에 칼슘 이온이 풍부한 토양은 토양의 질이 좋다.

유리˙ 반응

유리 반응(Urey reaction) 은 대기 중의 이산화 탄소나 토양의 미세한 구멍에 들어 있는 물이 만든 탄산이 규회석과 같은 규산 칼슘 광물과 반응하여 탄산 칼슘이나 이산화 규소를 만드는 과정에서 일어난다. 유리 반응이 중요한 풍화 작용이 되는 까닭은 생성된 탄산 칼슘과 용해된 이산화 규소가 강물을 따라 바다로 흘러가 각각 석회암과 규질암을 만들기 때문이다. 이와 같은 유리 반응은 지구에 온실 효과를 가져오는 기체인 이산화 탄소를 많이 흡수하기 때문에 지구 온난화 현상을 막는 데 큰 역할을 한다.

음이온 토양 속에 포함되어 있는 음이온anions, 즉 음전하를 띤 이온은 식물 성장에 있어 필수 요소이다. 식물 성장에 가장 필수인 네 가지 음이온으로는 질산 이온, 황화 이온, 염화 이온, 인산 이온 등을 들 수 있다. 이 중에서 질산 이온과 황화 이온, 염화 이온 등은 토양 광물에 흡수되지 않고 물을 따라 쉽게 이동할 수 있지만, 인산 이온은 점토나 다른 토양 광물에 단단히 달라붙으므로 영양분을 흡수하는 토양 속에 있는 미생물에 의해서만 이동될 수 있다.

• 해롤드 유리(Harold Urey)는 미국의 물리화학자이다.

토양학

과거 토양에 대한 연구는 단순히 토양을 분류하는 수준이었다. 그러나 지금은 토양을 촉매 작용을 일으키는 화학 물질의 공장으로 이해할 정도로 수준이 높아졌다. 토양은 화학 변화를 일으켜 다양한 종류의 광물을 이온으로 변형시켜 공극수토양의 빈틈 사이에 있는 물와 지하수에 공급한다. 이때 물이 중심적인 역할을 할 수 있는 것은 물이 수소 양이온H⁺과 수산기 음이온OH⁻으로 분해되는 성질 때문이다. 물이 가지고 있는 이러한 특성 때문에 토양 속에 포함되어 있는 여러 광물들을 화학적으로 떼어 놓을 수 있는 것이다. 이러한 반응 중에서 가장 중요한 것은 수소 양이온에 의해 장석 광물이 분해되어 칼륨 이온과 알루미늄 이온, 그리고 이산화 규소 등을 생성시키는 일이다. 칼륨은 식물의 중요 영양분으로서 장석의 분해 과정을 통해 공급되지 않으면 토양에서 쉽게 고갈된다. 토양에는 물과 비슷한 역할을 하는 것으로 중탄산 염 이온이 있다. 이것 역시 표토 광물을 분해하여 식물이 무기 물질을 흡수하는 데 도움을 준다.

지형학 연구 토양이 분포하는 곳의 지형을 연구하면 토양의 종류가 특정 지방의 기후와 연관되어 있다는 사실을 알게 되고, 둘의 상관 관계를 나타내는 분류 체계를 만들 수 있다. 물론 이 분류 체계에서 토양의 종류와 특정 지방의 기후 상태를 꼭 일대일로 대응시킬 필요는 없다. 원칙적으로 따지자면 토양의 종류와 기후의 상태는 일대일 대응 함수를 이루어야 하지만, 토양은 성숙하는 데 시간이 걸리고, 반면에 기후, 특히 빙하기에는 더더욱 짧은 시간 동안에 급격하게 변할 수 있으므로 일대일 관계로 연관시키는 일은 불가능하다.

토양이 새로운 기후와 균형을 맞추는 데는 많은 시간이 필요하다. 예를 들어 미국의 캘리포니아 센트럴 계곡Central Valley과 같은 곳에서 약 10만 년 동안 잘 발달된 성숙한 토양은 지금의 기후와 조화를 이루지 못할 수도 있다. 이러한 부조화는 기후와의 조화를

위 토양은 토양을 구성하는 요소들의 다양한 색상과 질감을 나타낸다.
아래 토양의 표본

이룰 때까지 서서히 변해갈 것이다.

토양의 단면 토양의 단면은 지표와 지표 아래에 있는 토양의 모습을 나타낸 것이다. 토양의 단면 속에는 페드ped가 들어 있다. 페드는 일반적으로 흙덩이라고 하는 개개의 토양 단위를 나타낸 것으로 토양 생성 과정에서 형성된 입자의 집합체를 말한다. 페드는 각진 모양에서부터 벽돌, 낟알, 판, 기둥, 세모 기둥 모양까지 무척 다양하다. 또한 페드는 다양한 토양의 구조 단위를 이루고 있다. 토양의 단면은 조직, 색상, 단단함이나 뿌리의 침투 여부 등을 한눈에 볼 수 있게 한다. 토양의 단면에서 볼 수 있는 토양의 종류는 크게 세 가지로, 모래와 미사모래보다 잘지만 진흙보다 굵은 침적토, 진흙이다. 이 세 가지 토양의 함유 비율에 따라 토양은 양토, 식토, 모래흙으로 구분하기도 한다. 모래, 미사, 진흙이 각각 1/3씩 포함된 토양은 양토로 분류되고, 진흙 함량이 50 % 이상인 토양은 식토로 분류된다. 또한 모래 함량이 85 %를 넘으면 모래흙으로 분류된다. 모래흙은 배수 기능이 식토보다 뛰어나기 때문에 식물을 기르기에 더 적합하지만,

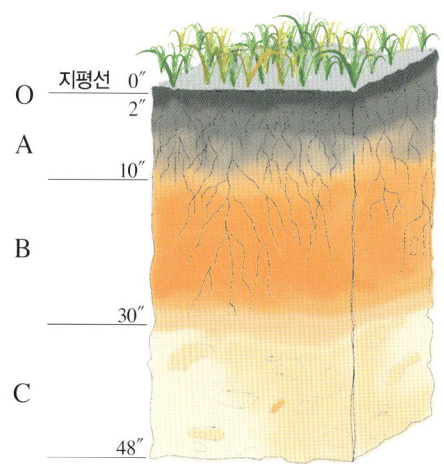

토양 단면. O는 유기물질이 많이 함유된 부식토를 뜻하며, A는 표토로 가장 많은 유기 물질들이 축적되어 있다. B는 심토로서 철과 점토 알루미늄과 유기물의 화합물들이 축적되어 있으며, 마지막으로 C는 모질물로 여기엔 굳거나 통합되지 않은 토양의 어미 격에 해당하는 돌조각이나 모래 등이 섞여 있다.

모래 비율이 너무 높은 모래흙에는 진흙을 첨가함으로써 식물을 기르기에 더 적합한 토양으로 만들 수 있다. 이러한 개념은 옛날 농사꾼들이 즐겨 썼던 격언, 즉 'Pour sand into clay, throw money away ; pour clay into sand, money in your hand*.'을 통해서도 알 수 있다.

토양의 분류 토양 조사를 정확히 하기 위해 토양 분류법을 사용할 필요가 있다. 토양 분류법은 토양을 이루고 있는 가장 특징적인 물질이나 토양의 습기 체제 등의 정보를 이용해 토양을 분류한다. 이외에도 다른 정보를 바탕으로 토양을 분류하는 법도 있다. 하지만 앞에서 말한 토양 분류법이 가장 널리 사용되고 있으며, 이 방법을 이용하면 엔티솔모래 비율이 높고 약하게 발달된 토양과 연토양유기 물질이 많이 함유된 두껍고 어두운 토양 등으로 토양을 식별하는 데 편리하다.

근권은 식물의 뿌리를 둘러싸고 있는 영역으로 토양 중에서 식물의 뿌리가 영향을 미치는 범위이다. 이 영역에는 뿌리뿐만 아니라 진균류나 선충류와 같은 생명들이 살아가고 있다.

유기물과 토양 : 근권
토양의 종류를 분류할 때 기준이 되는 것 중의 하나가 뿌리의 침투 여부이다. 뿌리가 토양에 뿌리 내릴 때 뿌리는 근권(rhizosphere)이라고 하는 토양의 유기물 생태계도 같이 끌고 내려간다. 근권에는 뿌리뿐만 아니라 진균류나 선충류와 같은 작은 동물까지 존재한다. 그들은 서로 공생하며 살아가며 진균류가 이 생태계의 주 영양분 공급자로의 역할을 맡는다. 진균류(fungi)는 산을 이용하여 장석 수정 속에 들어가 광물 영양분을 분리해 내 토양에 공급한다.

<hr />

* 모래를 진흙 안에 뿌리면 돈을 버리는 것이라네, 진흙을 모래 안에 뿌리면 돈이 자네 손에 들어올 것이라네(옮긴이).

금속 성분을 포함한 토양들

토양의 근원 물질, 즉 토양을 만든 성분 물질은 토양이 형성되는 과정 초기부터 토양의 성질을 결정하는 데 큰 영향을 끼친다. 하지만 비슷한 기후 조건을 가진 곳에서는 처음에 토양을 형성한 근원 물질이 달라도 시간이 지남에 따라 토

양이 서로 비슷해진다. 이러한 현상은 습도가 높아 풍화 작용이 활발하게 일어나는 지방에서 더욱 두드러지게 나타난다.

토양의 근원 물질은 바람과 물, 그리고 빙하에 의해 생긴 화강암 표토나 변성 작용을 받은 지층의 구성 물질일 수 있다. 그러나 토양의 성질과 종류를 결정하는 데 가장 중요한 요인은 근원 물질보다는 오히려 기후라고 할 수 있다. 예를 들어 물이 없어 매우 건조한 사막 환경에서는, 근원 물질이 다양한 토양이라 하더라도 결국에는 칼슘 성분이 많은 토양층을 이루게 된다. 이 토양층은 염류피각 층으로 발달된다. 염류피각은 주로 토양 사이의 작은 구멍을 메우는 빗물이나 지하수 등에 의한 탄산 칼슘의 축적으로 형성된 토양층이다. 사막과 같은 건조한 지방에서는 가끔 있는 강수 때에 칼슘이나 나트륨 등과 같은 금속 물질로 된 양이온이 토양 속으로 이동하게 된다. 하지만 사막의 기후가 워낙 건조하기 때문에 수분이 지하로 흘러 들어가기도 전에 증발하거나 흡수된다. 따라서 칼슘이나 나트륨 양이온은 땅 밑으로 흘러들어가지 못하고 칼슘 토양층에 갇히게 된다. 마치 콘크리트처럼 단단해진 염류피각 층은 이와 같은 과정에 의해 생성된 것이다.

지표의 토양층 습도가 높은 기후를 가진 지방에서는 침출 과정이 너무 빨리 이루어져 몇몇 토양층에서는 양이온들을 찾아보기 어려운 일이 생긴다. 대신에 이런 토양층에는 물에 잘 녹지 않는 불용성 물질인 산화 알

위 토양이 어떤 물질로 형성되었는가에 따라 토양의 색상이나 조직이 다르다.
가운데 캘리포니아 주의 샌버나디노 카운티(San Bernardino County)에서 발견된 질산염 염류피각
아래 보크사이트 광물은 심한 풍화 작용을 거친 암석에서 주로 검출된다. 몇몇 지역에서는 심한 풍화 작용을 거친 화산암(보통 현무암)에서 보크사이트 침전물을 발견할 수 있다.

루미늄과 산화 철이 풍부하게 검출된다. 이런 토양층들을 산화 토양층
oxic horizon이라고 한다. 산화 토양층에는 산화 알루미늄과 산화 철이 풍
부할 뿐만 아니라 침출 과정의 산화 단계에서 유기 물질들이 모두 파괴
되기 때문에 유기 물질도 찾아보기 힘들다. 산화 토양층은 기온과 습도
가 높은 열대 환경의 토양에서 가장 많이 생성된다.

기반암을 이루고 있는 암석이 충분한 철과 알루미늄 성분을 가지고 있
다고 가정할 때, 덥고 습한 기후에서는 열대 산화 토양이 형성될 수 있
다. 열대 산화 토양은 홍토라고도 하는데, 이것은 산화 알루미늄이나 산
화 철이 많이 포함되어 토양이 붉게 보이기 때문이다. 홍토에는 광물 물
질과 유기 물질이 부족하기 때문에 농사를 지었을 때 농업 생산량이 그
다지 높지 않다.

기후가 토양의 특성에 영향을 크게 주는 것은 기후의 특성에 따라 침출
의 속도가 달라지고, 토양 안에서 이온의 이동이 달라지기 때문이다. 비
가 아주 적게 내리는 사막과 같은 건조 기후에서는 염류피각이 형성되는
반면에, 비가 많이 내려 습도와 온도가 높은 지역에서는 산화 토양층이
형성되는데, 산화 토양층에는 보크사이트나 고령토 등이 많이 분포한

위 열대 산화 토양은 붉은색을 띠는데, 산화 알루미늄과 산화 철이 많이 들어있기 때문이다.
아래 중국에 있는 고령토 광산. 고령토는 화강암을 이루고 있는 장석이 활발한 풍화 작용을 받아 형성된다. 중국의 이름 있는 자기들은 대부분 고령토로 만든 것이다.

• 고령토 : 화강암질의 암석으로 된 지층에서 장석이 활발한 풍화 작용을 받아 형성되는 밝은 색을 띤 점토

생물학적 풍화 작용

풍화 작용의 속도가 증가한 데는 생명의 출현이 큰 몫을 차지한다. 지구에 줄기가 있는 식물이 출현하자 풍화 작용의 속도가 급격히 증가했고, 이런 현상은 꽃을 가진 식물이 등장했을 때 한 번 더 일어났다.

최초의 생명 지구에 등장한 최초의 생명은 미생물이었다. 그리고 대부분의 과학자들은 수십억 년 전, 생명이 바다에 처음 출현한 지 얼마 되지 않은 시점에 토양 속 생명체가 생명 활동을 했을 것이라 생각하고 있다. 이러한 생각은 상당히 근거가 있는 것이다. 왜냐하면 토양 속에는 미생물 등이 살기에 좋도록 물로 된 얇은 막과 같은 미소 서식 환경이 잘 갖추어져 있기 때문이다. 박테리아와 같은 미생물이 살아가는 데 필요한 광물 영양분들이 토양의 구멍 사이에 있는 수분에 풍부했을 것이다. 왜냐하면 미생물이 만든 중탄산 염 음이온이 토양의 광물을 분해해 광물 영양분이 토양 사이의 수분에 잘 녹아들 수 있도록 했기 때문이다. 이처럼 대지와 토양, 그리고 암석의 표면에 자리 잡은 미생물들은 생물학적 풍화 작용biotic enhancement of weathering이라는 지구화학적 과정의 촉매제로서의 역할을 톡톡히 했다. 비를 맞은 표토는 오랜 시간을 두고 스스로 풍화되었다. 빗방울이 구름에서 지표로 떨어지는 동안 대기 중에 있는 이산화 탄소를 녹이게

위 암석 위의 이끼. 크기가 매우 작은 박테리아부터 덩치가 큰 식물까지 살아 있는 모든 생물은 암석의 풍화에 한 몫을 한다.
아래 바다에 사는 조류. 지구상에서 가장 처음 출현한 생명체는 사진과 같은 미생물이었을 것이다.
오른쪽 노란색을 띤 수정. 표면이 매끄럽고 단단한 수정조차도 미생물의 분해 대상이 된다.

지질학자들이 뉴멕시코 주의 베르날리오 카운티(Bernalillo County) 사막에서 아주 오래 전에 형성된 토양을 발견했다. 지질학자들은 이 토양을 분석하여 지구가 산소를 생성한 연대를 파악하고 있다.

토양 속 공기에 포함된 산소

아주 오래된 토양을 연구하는 이유 중의 하나는 언제쯤 지구 대기에 산소의 축적이 이루어지기 시작했는가를 밝히기 위해서이다. 지질학자들은 산화 작용을 받아 붉은 빛을 띠는 토양의 나이가 약 27억 년이라는 사실을 밝혀냈고, 이 사실로부터 지구의 대기에는 약 27억 년 전부터 산소가 풍부해지기 시작했음을 알게 되었다.

되므로 처음부터 약간의 산성을 띠기 때문이다. 약간의 산성을 띤 비는 장석과 같은 화강암질 광물을 분해했다. 하지만 다른 성분의 광물을 녹이는 데는 훨씬 더 많은 시간이 들었다. 그런데 용해 속도를 증가시킨 결정적인 계기를 제공하는 것이 등장했다. 그것은 미생물이었다. 토양 속에 사는 박테리아와 같은 미생물은 생명 활동을 하면서 상당한 양의 이산화 탄소를 배출한다. 이산화 탄소는 토양 속에 포함되어 있는 물을 산성화시켜 화강암질 광물 외의 광물들도 분해시키는 데 큰 역할을 했다. 박테리아 등의 미생물들은 토양의 광물을 분해시키는 또 다른 화학 물질을 배출하기도 한다. 예를 들어 몸이 가늘고 긴 균류인 진균은 균사에서 산을 분출하여 장석이나 다른 수정들 사이에 구멍을 뚫어 토양 사이를 헤집고 다니기도 하기 때문이다. 어떤 미생물은 매우 단단한 수정 표면 위에서조차 생명 활동을 하여 수정 표면을 분해시키기도 한다.

육지 식물 생물학적 풍화 작용은 약 4억 년 전 고생대 때 있었던 육지 식물의 출현으로 새로운 전환점을 맞았다. 석송류와 양치류 식물들은 뿌리에서 광물 영양분을 흡수하도록 도와주는 균류와 공생 관계를 맺었고, 덕분에 건조한 지역에서도 생존하는 데 성공했다. 그리고 이들은 영역을 넓혀 고지대까지 확장하기 시작했다. 이 과정에서 이들 식물은 엄청나게 많은 나뭇잎들을 지표에 떨어뜨렸고, 이 나뭇잎 쓰레기들이 부패하는 과정에서 상당히 많은 양의 산성 물질을 내 놓았다. 나뭇잎이 만든 산성 물질은 토양에 포함되어 있는 다양한 광물질을 분해시키는 역할을 했다. 이러한 일은 계속되었는데, 석송류와 양치류에서 진화한 속씨식물은 보다 효율적인 방법으로 생물학적 풍화 작용을 했다. 결국 육지 식물이 가져온 생물학적 풍화 작용은 풍화 현상을 활발하게 일으켰고 덕분에 토양은 더욱 성숙해졌다.

고생대 때 번성했던 식물들은 대부분 몸집이 컸다. 하지만 사진의 석송은 몸집이 그다지 크지 않았다.

살아 있는 행성

왼쪽 아름다운 산호 군락. 산호는 따뜻한 해양 환경에서 잘 산다.
위 지구 최초의 생물로 알려진 시아노박테리아
아래 주아리움(Zooarium)은 해저에 솟아있는 굴뚝 모양의 황화물 분출구이다. 이곳에는 새날개갯지렁이의 서식지가 있다.

탄소는 지구 환경을 결정짓는 데 중요한 역할을 하는 물질이다. 탄소 화합물인 메테인과 이산화 탄소 등은 지구의 기후를 조절한다. 또한 이들은 다른 종류의 탄소 화합물과 함께 다양한 유기물을 형성하며 생물의 먹이가 된다. 탄소가 포함된 유기 물질은 대기권과 수권의 이산화 탄소량을 조절하는 유일한 요소라고는 할 수 없지만 가장 큰 변수임은 확실하다.

예를 들어 산호와 같이 탄산 칼슘을 분비하는 해양 생물은 주로 따뜻한 바다에서 잘 자란다. 산호는 따뜻한 해양 환경에서 번성하여 많은 양의 이산화 탄소를 흡수한다. 산호가 자신의 몸을 키우는 데 탄소 성분이 절대적으로 필요하기 때문이다. 그래서 산호의 번성은 바닷물 속에 녹아 있는 이산화 탄소와 나아가 대기에 포함되어 있는 이산화 탄소량을 감소시키는 효과를 가져 온다.

육지에서도 비슷한 일이 일어나고 있다. 따뜻하고 습도가 높은 환경에서는 많은 양의 이산화 탄소를 소비하는 생물들이 서식한다. 이러한 사실에 비추어 볼 때 해양이나 육지에 사는 생물군은 지구의 기후를 안정시키는 데 중요한 역할을 하고 있다는 것을 알 수 있다. 기후가 따뜻해질수록 생물은 더 많은 이산화 탄소를 흡수하고, 따라서 온난화 현상을 야기하는 온실 기체들이 통제할 수 없이 증가하는 것을 자연적으로 막기 때문이다.

지구의 미생물

많은 미생물, 특히 박테리아 무리는 탄소나 질소가 함유된 화합물을 분해시키는 데 탁월한 능력을 갖춘 매우 실력 있는 화학자라고 할 수 있다. 미생물이 지니고 있는 이와 같은 화학적인 능력은 토양 침전물의 화학적 구성 또는 나아가

위 미국 옐로우스톤 국립공원의 간헐천 웅덩이에서 발견된 실 모양의 박테리아와 조류. 이 박테리아는 유황을 산화시킨다.
아래 미생물학의 토대를 닦은 프랑스의 과학자 파스퇴르

그 침전물이 구성하는 암석의 화학적 구성을 바꾸기도 한다. 그러므로 지구화학을 이해하기 위해서는 이와 같은 미생물의 화학적 능력을 먼저 이해할 필요가 있다.

파스퇴르의 영감 프랑스의 위대한 과학자 루이 파스퇴르Louis Pasteur, 1822-95는 1866년과 1876년에 와인과 맥주의 발효에 관한 연구 결과를 발표했다. 하지만 파스퇴르의 발효에 관한 연구를 지구 과학 영역으로 적용한 것은 러시아의 과학자들이었다. 과학사에서는 이것을 동서 과학계의 가장 성공적인 바통 터치 중의 하나로 손꼽기도 한다.

1887년 토양 미생물의 화학적 합성 능력을 처음으로 발견한 사람은 러시아의 미생물학자 세르게이 비노그라드스키Sergei Nikolaevitch Vinogradsky, 1856-1953였다. 그는 미생물이 가지고 있는 화학적 자급 영양 능력을 발견했는데, 이 발견은 지구화학적 연구에 있어 매우 중요한 사건이었다. 화학적 자급 영양이란 미생물이 태양 복사 에너지의 도움을 받지 않고도 물속에 용해된 수소나 황화 수소 그리고 이산화 탄소와 같은 기체로부터 자신이 생존하는 데 필요한 식량을 직접 생산하는 능력을 의미한다. 그리고 이와 같은 발견에서 영감을 받은 러시아의 지구화학자 발드미르 베르난드스키Vladimir Vernadsky, 1863-1945는 파스퇴르가 발견한 치즈와 알코올 음료의 발효에서 일어나는 미생물의 역할을 광범위한 지구 환경에도 적용할 수 있다는 것을 깨달았다.

대기의 영향 1960년대 미국의 고생물학자 프레스톤 클라우

드Preston Cloud, 1912-91는 미생물의 활동이 초창기 지구의 대기권 구성을 크게 변화시켰다는 것을 깨달았다. 초기 미생물들은 물과 이산화 탄소를 원료로 사용하는 광합성 활동을 하여 부산물로서 산소를 만들어냈다. 지구에 가장 흔하게 분포하던 물질인 물과 이산화 탄소, 그리고 햇빛만을 필요로 하는 이와 같은 미생물의 생화학적 과정은 초기 지구의 해양 환경에서 급속도로 퍼져 나갔다. 광합성 활동의 부산물이었던 산소는 화학적으로는 매우 자극적인 물질이었지만 산소와 결합하여 그 자극성을 중화시킬 수 있는 능력을 가진 화합물에 의해 중화되었다. 때문에 초기에는 산소의 축적이 매우 더디게 일어났다.

철광석에서 발견되는 줄무늬들. 이러한 무늬가 들어 있는 암석들은 지구에서 가장 오래된 암석 중의 하나이다.

그러나 시간이 지날수록 시아노박테리아와 같은 광합성을 하는 미생물들에 의해 산소는 점점 더 많이 공급되기 시작하였고, 결과적으로 산소는 지구화학에서 중요한 역할을 하는 구성원으로서 자리를 잡게 되었다.

지금으로부터 약 25억 년에서 18억 년 전에 침전된 줄무늬 모양의 철광석 해양 퇴적암은 이러한 사실을 잘 입증하고 있다. 시아노박테리아에 의해 생산된 산소가 바닷물에 용해되어 있던 철과 반응하여 흔히 우리가 녹이라고 부르는 산화 철을 생성한 것이다. 이 붉은 산화 철은 천천히 바다에 가라앉았을 것이고, 이들은 오늘날 우리가 철을 뽑아내기 위해 채굴하는 철광석의 원료가 되었다. 시아노박테리아는 지금도 서식하고 있으며, 해양 식물과 육지에 살고 있는 식물 등과 함께 여전히 이산화 탄소의 흡수와 산소의 생산을 통해 대기의 구성에 지속적인 영향을 미치고 있다.

산화 환원 반응의 거장들

얕은 바다 속에서 침전되는 물질들은 황세균 때문에 약간 흐리고 노란빛을 띤다. 티오플로카Thioploca라는 학명을 가진 황세균은 다른 종류의 미생물과 함께 해양 침전물에서 황산염을 감소시키고 메테인 생성 반응을 일으킨다. 황세균에 의해서 일어나는 이와 같은 생물지구화학적 과정은 산화 환원 반응에 의해 일어나는 것이다. 산화oxidation는 전자를 제공하는 분자로부터 배출되는 전자가 산화되는 물질의 분자로 옮겨지는 현상을 말한다. 반면에 환원reduction은 산화된 분자로부터 다시 전자를 빼앗는 반응을 말한다. 이와 같은 산화와 환원 반응에서는 생화학적 에너지가 발생하는데 이 에너지를 미생물들이 이용하는 것이다. 미생물이 어떤 과정을 사용하느냐에 대한 결정은 주위 환경이 산화되어 있느냐 환원되어 있느냐에 따라 달라진다.

해저의 대부분 지역에서는 산소가 부족한 대신에 바닷물에 용해되어 있는 황산염이 풍부하다. 이러한 경우 미생물들은 황산염을 환원시키면서 산소를 빼앗아 와서 이용한다. 그리고 사람들이 공기 중에 있는 산소를 흡수하여 생명 활동을 하듯이 미생물들도 비슷한 방법으로 생명 활동을 하는 것이다.

메테인과 메테인 하이드레이트

함수 화합물이란 메테인 하이드레이트와 같이 기체와 물이 함께 뒤섞여 얼음 형태로 된 물질을 말한다. 메테인 하이드레이트와 같은 함수 화합물은 북극 지방과 해저의 지표를 이루는 지층 속에 광범위하게 퍼져 있다. 함수 화합물은 지구의 탄소 순환에서 매우 큰 의미를 갖는다.

함수 화합물 가스의 화학적 구성 해저 깊은 곳에서 채취한 함수 화합물을 아무런 준비 없이 해상의 선박으로 올리면 갑자기 폭발하는 일이 발생한다. 해저의 높은 압력과 낮은 온도에서 함수 화합물에 포함되어 있는 기체는 안정된 상태를 유지한다. 함수 화합물은 물 분자가 얼었을 때 형성되는 다면체 결정이 마치 동물을 가두는 우리와 같은 역할을 하여 메테인과 같은 기체 분자를 가두고 있는 형태의 화학적 구조로 되어 있기 때문이다. 이러한 화학 구조를 포접 구조clathrate structure라고도 한다. 일반적으로 에탄과 같이 큰 질량을 가진 기체 분자들은 포접 구조에 갇히지만 메테인과 같이 비교적 작은 질량을 가진 기체 분자는 쉽지 않다. 그래서 과학자들은 메테인이 어떻게 물이 만든 포접 구조 안에 갇혀 얼음의 형태를 띠는지 꽤 오래 연구했으나 아직 정확하게 밝히지 못하고 있다.

지질학적 사건 함수 화합물은 해저 바닥의 침전물에 매우 넓게 분포하고 있다. 함수 화합물 가스층은 맨눈으로는 확인하기는 어렵고, 수중 청음기를 끌고 다니는 배에서 제작된 해저의 지진파 분석표를 분석하여 쉽게 찾을 수 있다. 해저에서 반사된 초음파로 구성

위 컴퓨터로 만든 미국 몬트레이(Monterey) 협곡의 3차원 영상. 협곡 안에는 메테인을 식량으로 삼는 생물이 분포하고 있다.
아래 메테인을 이용하여 살아가는 박테리아와 함께 있는 복족류

한 해저 지형의 모양을 보고, 함수 화합물이 있고 없음을 결정할 수 있다. 이것은 함수 화합물이 일정한 범위의 압력과 온도를 유지할 수 있는 특정 깊이 안에서 형성되기 때문이다. 그러나 특정 깊이는 가변성이 있다. 바다의 온도에 따라 달라지기 때문이다.

신기하게도 깊은 바다가 아닌 북극의 영구 동토층에서도 함수 화합물이 발견된다. 영구 동토층은 주로 북반구에 분포하는

맥켄지(Mackenzie) 삼각주에서 채취한 암석 표본에는 육안으로 충분히 식별할 수 있는 함수 화합물을 볼 수 있다. 사진에서 흰 얼음처럼 보이는 것들이다. 캐나다의 북극 지방에 있는 맥켄지 삼각주에는 많은 함수 화합물 가스가 집중적으로 분포하고 있다.

데, 많은 양의 함수 화합물 침전물이 시베리아와 알래스카, 그리고 캐나다의 북극 지방에서 발견된다. 만약에 지구 온난화가 계속되어 전 지구적으로 기온이 높아지면 이런 육지의 함수 화합물은 녹아서 엄청난 양의 탄소를 대기 중으로 배출하게 될 것이다. 이러한 현상이 대규모로 일어난다면 온실 효과는 더욱 활발하게 일어날 것이다. 메테인은 이산화 탄소보다 온실 효과가 약 20배 정도 강력하기 때문이다.

함수 화합물 속의 탄화 수소 해저와 육지에 분포하는 메테인 하이드레이트를 모두 합치면 현재 매장되어 있는 석유량보다 많다. 과학자들은 그 양을 약 10,000기가톤이라고 추정하는데, 1기가톤은 10억 톤에 해당하는 양이다. 이와 같이 어마어마한 함수 화합물이 지구 온난화로 인해 짧은 시간 동안에 메테인으로 기화된다면 지구의 기후는 걷잡을 수 없이 큰 변화를 맞이할 것이 분명하다. 지구 온난화가 급격하게 가속화되어 지구의 생물은 모두 멸종 위기에 직면할 수도 있다.

하지만 반대로 함수 화합물 가스를 추출하여 사용할 수 있다면 이것은 석유를 대체할 새로운 에너지 자원이 될 것이다. 그러나 안타깝게도 아직까지 함수 화합물에서 메테인을 추출하는 기술이 완벽하게 발달하지 않았다. 이론적으로는 충분히 가능한 일이지만 에너지 자원으로 사용하려면 함수 화합물을 분해함과 동시에 가스를 추출하는 경제성 있는 방법을 찾아야 한다.

함수 화합물에서 기화되는 메테인에 불이 붙은 모습이다. 눈뭉치처럼 생긴 메테인 하이드레이트에 불을 붙이면 이런 모양이 된다.

불붙은 눈뭉치

함수 화합물은 마치 눈을 뭉쳐 놓은 모양을 하고 있다. 그래서 여기에 불을 붙이면 눈뭉치가 불에 타는 것처럼 보인다.

함수 화합물은 실내 온도에서 분해되고, 이때 배출되는 탄화 수소 가스는 불이 붙어 연소한다. 정돈된 분자 구조를 가진 함수 화합물은 높은 압력과 낮은 온도를 유지시켜 주지 않으면 분해되어 포접되어 있던 기체 분자를 내어 놓기 때문이다. 지표 밑의 침전물에 갇혀 있는 얼음과 닮은 함수 화합물은 새로운 에너지 자원으로서의 가능성을 충분히 가지고 있다. 함수 화합물에서 경제적으로 가스를 뽑아내는 방법을 찾아내는 것이 과학자들의 숙제이다.

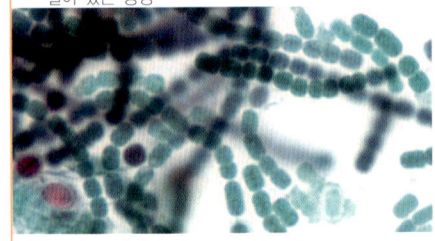

탄소 순환

탄소는 지구에서 다양한 모습으로 존재한다. 바다에 사는 산호, 땅 밑에 묻혀 있는 석유와 석탄, 그리고 대표적인 퇴적암인 석회암, 또 대기

위 시아노박테리아
아래 탄소가 대기권과 수권, 그리고 암석권 사이를 순환하는 모습을 그린 탄소 순환 모형이다. 유동하는 탄소는 빨간색으로 칠해져 있고 저장되거나 혹은 고립된 탄소는 검정색으로 칠해져 있다.

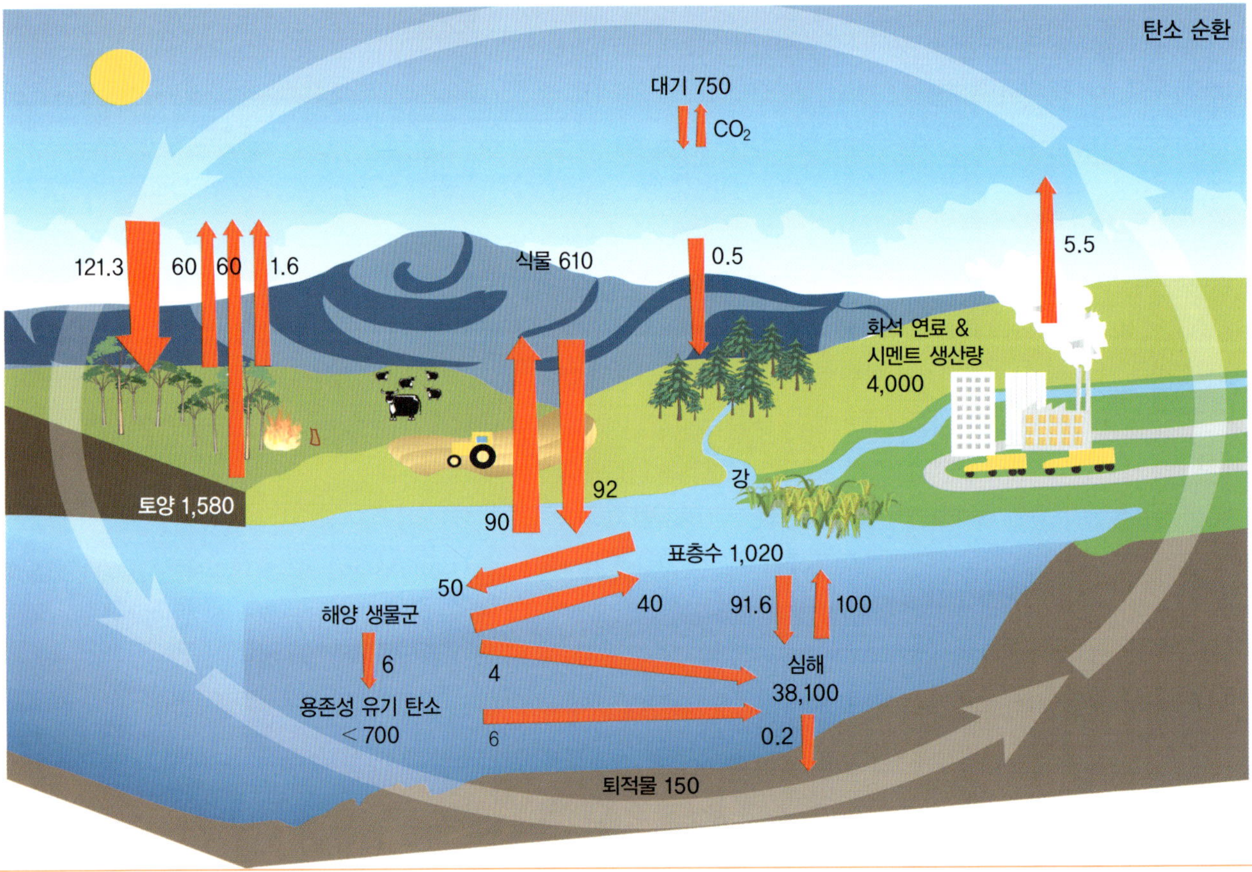

중의 이산화 탄소 등이 바로 그것이다. 이산화 탄소를 비롯한 탄소 화합물은 대기의 온도를 조절하고, 바닷물의 산성도를 조정하고 있다. 대기의 온도와 바닷물의 산성도는 육지와 바다에서 생물들이 원활한 생명 활동을 하는 데 필수적인 요소이다. 따라서 정상적인 탄소 순환이 일어나지 않는다면 지구는 누구도 해결하지 못할 큰 위험에 빠질 수 있다. 즉, 지구는 탄소 함량의 변화에 따라 거대한 온실이나 냉동고가 될 수 있는 것이다.

탄소 순환

대기 750
CO_2

121.3　60　60　1.6　　식물 610　　0.5　　5.5

화석 연료 & 시멘트 생산량
4,000

토양 1,580

90　92

강

표층수 1,020

50　40　91.6　100

해양 생물군

6

용존성 유기 탄소
< 700

4

6

심해
38,100

0.2

퇴적물 150

대기 중 이산화 탄소의 장기적인 감소

초창기 지구 대기의 이산화 탄소 함량은 지금보다 훨씬 높아 기온도 훨씬 높았을 것이다. 하지만 시간이 지남에 따라 기온이 점점 내려갔고, 인간의 관점에서는 살기 좋은 기후로 변화했을 것이다. 여기서 기후가 좋아졌다는 말은 비교적 뒤늦게 생물권에 출현한 인간이 기후에만 맞춰 진화하고 적응해왔다는 의미가 아니다. 대기의 온도가 지나치게 높으면 진핵생물과 같은 복합적 다세포 생물이 살아가기 어렵다. 그러므로 지구 표면의 온도가 어떤 특정 경계선을 지나 낮아지기 전까지 지구 표면의 생물들은 유기물 복합체로서 진화되지 못했을 것이다. 그러므로 기후가 좋아졌다는 것은 인간뿐만 아니라 생물체 모두에게 적용되는 이야기이다.

시아노박테리아와 같은 미생물은 광합성을 통해 유기 물질을 생성한다. 광합성을 하는 동안에 자신이 서식하는 환경으로부터 이산화 탄소를 흡수하고 대

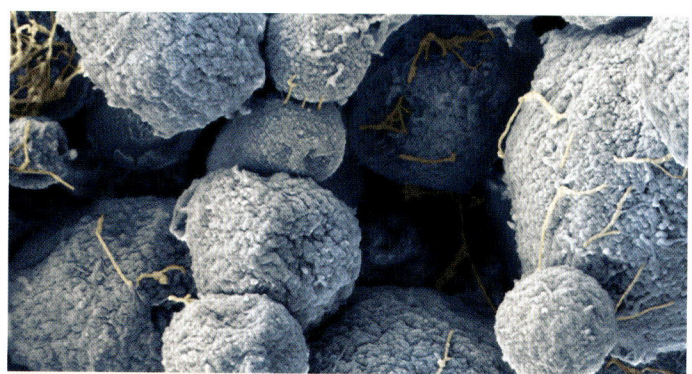

메테인 기체를 생성하는 메타노박테리아(*Methanobacteriaceae*)

팔레오세–에오세의 최대 온도

팔레오세와 에오세에 온도가 가장 높았던 시기는 약 5,500만 년 전으로 추정된다. 당시 온도가 높았던 이유는 유기 물질에 의해 생성된 메테인 가스가 급격하게 증가한 것과 관련이 깊다. 메테인 양이 급격하게 증가한 이유에 대해서는 아직 의문이 풀리지 않고 있다. 과학자들은 원시 박테리아들에 의한 것이거나 함수 화합물의 용해에 따른 것으로 추측할 뿐이다. 이 수수께끼를 푸는 것은 메테인과 다른 온실 기체들이 미래 기후에 미치게 될 영향에 대한 불확실성을 줄여주는 데 큰 도움을 될 것이다.

신 산소를 내놓는다. 이와 같은 일은 두 가지 과정으로 지구의 대기에 있는 이산화 탄소량을 감소시킨다. 첫째, 시아노박테리아에 의해 생성된 유기 물질은 대부분 탄화 수소의 형태를 띤다. 따라서 유기 물질은 결국에는 산화 반응을 일으킬 것이고 이산화 탄소로서 자연에 다시 환원된다. 하지만 이때 생성되는 탄소를 내포한 유기 물질은 미생물에 의해 주로 퇴적물 안에 포함되어 탄소 순환에서 벗어나게 된다. 이와 과정은 최종적으로 대기 중에 산소의 비율은 증가시키고 이산화 탄소의 비율을 감소하게 만든다. 이러한 불균형은 퇴적물이 암석의 형태로 지층 속에 갇혀 있는 한 지속될 것이다. 둘째, 미생물에 의해 생성된 유기산은 물과 대기에서 이산화 탄소를 흡수하는 풍화 작용인 유리Urey 반응을 촉진시켜 대기 중의 이산화 탄소량을 감소시킨다. 이와 같은 미생물의 이산화 탄소 감소 활동은 멋진 조화를 이루며 오랜 세월 지구의 온도를 낮춰 지구가 생물들이 살아가기에 좋은 기후를 만들었다.

코엔의 통찰력

1856년, 스웨덴의 화학자 베르젤리우스Jons Jakob Berzelius, 1779–1848와 그의 동료인 벨기에의 과학자 코르네이유 장 코엔Corneille Jean Koene은 지구의 이산화 탄소 함량이 꾸준히 감소하고 있음을 처음으로 알아냈다. 그 이유는 시아노박테리아와 같은 미생물이나 해양 및 바다에 사는 식물들이 광합성을 하기 위해 이산화 탄소를 이용했기 때문이고, 이들의 개체수가 점점 증가했기 때문이었다. 또한 코엔은 대기 오염이란 상대적인 의미를 지닌 용어이며, 다양한 자연적인 현상이 대기에 포함되어 있는 기체의 비율을 변화시킬 수 있다는 것을 깨달았다. 이러한 변화는 일부 생물들에게는 바람직한 변화이고, 다른 생물들에게는 바람직하지 않은 변화였다.

약 45억 년 전 처음 생성된 지구의 대기는 끊임없이 변화를 거듭했다. 베르나드스키의 생물권 개념에 따르면 이러한 변화에 생물의 압력이 큰 역할을 했고, 때로는 그 압력이 너무 강력해져 그것을 담는 환경의 그릇이 깨져나갈 수도 있다. 앞으로 이러한 현상이 일어난다면 지구에 새로운 지구화학적 체계를 갖추게 될 것이다.

대지를 정복한 식물 1

고생대 중기에 있었던 육지 식물의 출현은 유기 물질의 생성에 크게 기여했다. 덕분에 일종의 퇴적암으로 볼 수 있는 석탄층이 형성되었고, 오늘날 우리는 그 석탄을 연료로 사용하고 있는 것이다. 석탄기carboniferous라고 이름을 얻은 이 시기에 육지의 식물들은 너무 많은 양의 탄소를 대기로부터 가져와 사용하였고, 그 결과 지구는 빙하 시대로 접어들었다. 육지 식물과 토양 속에 사는 수많은 균류와 그들의 공생자들은 중생대를 거쳐 오늘날에도 지구 곳곳에 퍼져 생명 활동을 하고 있다.

균류의 근원 지구의 생물은 크게 동물, 식물, 원생생물, 균류 등 4종류의 영역으로 분류하고 있다. 이 중에서 가장 원시적인 형태의 생물인 균류는 해양에 그 기원을 두고 있다. 하지만 일부 과학자들은 균류가 처음부터 육지에서 발생했고 육지에서 진화 과정을 거쳤다고 주장한다. 안타깝게도 원시 균류 화석 기록이 매우 부족하여 이 논쟁의 정확한 해답을 얻기는 역부족이다. 균류가 바다에서 기원했든, 육지에서 기원했든 그것은 크게 중요하지 않다. 균류는 물관이나 체관을

위 암석 표면을 덮고 있는 이끼들
아래 다양한 식물과 공생 관계에 있는 균류(그림에서는 버섯들)를 묘사한 판화

갖춘 육지식물과 공생 관계를 형성하기 전에는 지구 생물군의 유력한 구성원이 아니었기 때문이다.

균류와 식물의 공생 과학자들은 지금으로부터 약 4억 2천만 년 전 고생대 실루리아기 때부터 균류와 식물의 공생 관계가 형성되었을 것으로 추정한다. 균류와 식물의 공생으로 땅에 들어 있는 많은 영양분이 식물의 뿌리와 줄기를 통해 강력한 태양 복사 에너지의 힘을 빌려 나뭇잎까지 전달되었다. 이 일은 지구에서 생물이 탄생한 이후 가장 큰 생물권의 확장을 가능하게 만들었다. 이처럼 생물권의 위대한 확장의 배후에는 균류의 역할이 있었다. 균류의 삼투 능력은 토양에 포함되어 있던 다양한 광물 영양분을 식물이 흡수할 수 있도록 도와주었다. 다양한 광물질로 된 영양분과 충분한 물, 그리고 태양 복사 에너지의 적절한 조합을 통해 식물은 지구의 대지를 정복했고, 이것은 식물이 대기 중에 있는 이산화 탄소량을 줄이는 데 결정적인 계기가 되었다.

스코틀랜드 라이니(Rhynie) 지역의 라이니 처트. 세로 박편에서 화석 식물의 줄기를 볼 수 있다.

균류와 식물의 공생 관계

원시 균류의 일종인 글로무스(*Glomus*)와 시로시스티스(*Sclerocystis*)는 식물과 공생 관계를 맺은 최초의 미생물이었을 것으로 추정된다. 이 두 종류의 균류 화석이 가장 오래되었으며 비교적 손상되지 않은 습지 식물 생태계의 화석을 가지고 있는 데본기 초기의 처트˚에서 발견되었기 때문이다. 처트를 이루고 있는 작은 석영 결정들이 균류 화석을 보존하는 데 결정적인 역할을 했다. 균류와 식물의 활발한 공생의 결과로 대기 중의 온실 기체가 감소되었고, 이러한 감소로 인해 고생대 말기의 지구에 빙하 시대가 찾아왔을 가능성이 높다.

무연탄 더미

˚ 처트(chert) : 일종의 퇴적암으로 화학적 퇴적 작용으로 형성되는 것으로 알려져 있다(옮긴이).

대지를 정복한 식물 2

석탄과 빙하 작용 약 3억 5천만 년 전에서 2억 5천 5백만 년 전의 고생대 말기에 대규모 빙하 작용이 있었던 것으로 추정된다. 이렇게 생각하는 근거는 그 시기에 균류와 식물의 활발한 공생 관계로 인해 육지 식물이 엄청나게 세력을 확대했기 때문이다. 균류와 식물의 성공적인 공생 관계로 박테리아와 같은 미생물들이 분해할 수 없을 정도로 어마어마한 양의 나뭇잎 쓰레기를 생성했다. 분해 능력을 초과하는 많은 양의 유기 물질들은 퇴적 분지에 축적되어 처음에는 토탄 덩어리를 형성하기 시작하였고, 나중에는 석탄층을 형성했다.

이와 같은 과정에서 많은 양의 이산화 탄소가 대기로부터 제거되었다. 그리고 결국 이산화 탄소에 의한 온실 효과의 감소로 고생대 말기에 지구는 빙하기에 접어들게 된 것이다. 하지만 모든 과학자가 이 의견에 동의하는 것은 아니었으므로 빙하기의 원인을 규명하려는 논쟁은 계속 있어 왔다. 예를 들어 지질학자인 살츠만M. R. Saltzman은 고생대 말기의 빙하기는 초대륙인 판게아Pangea가 형성되는 과정에서 대륙이 이동할 때 해류의 흐름이 막혀서 형성된 것이라고 주장

위 균류의 일종인 버섯
아래 고생대 석탄기(약 3억 4천만 년–2억 8천만 년 전)(상상도)

한다. 그가 이렇게 주장하는 까닭은 미국의 네바다 주에 있는 애로우 Arrow 협곡의 지층에서 발견한 석탄기의 흔적들 때문이었다. 살츠만은 애로우 협곡의 지층에 포함되어 있는 탄소 동위 원소를 분석하여 이곳이 석탄기에 해당하는 시기에 해류의 폐쇄가 일어나 양극 방향으로 따뜻하고 습한 공기의 이동이 촉진되었다는 증거를 찾아내었다. 그는 이러한 공기가 고위도로 이동하여 눈을 뿌렸고, 그 눈이 축적되면서 빙하가 되

었다고 주장한다. 살츠만의 주장이 아니더라도 석탄기 때 번성했던 식물들은 대기 중의 탄소의 비율이 줄어들어 발생한 빙하기에 차가운 기후에 크게 영향을 받은 것으로 추정된다.

기후 변화

지구의 기후 변화는 탄소 순환 과정에서 발생하는 탄소 저장량의 변화와 관련이 깊다. 인간을 포함한 모든 생물은 탄소 저장량 변화에 영향을 끼친다. 하지만 인간이 기후에 미치는 영향이 얼마나 되는가에 대한 것은 좀 더 시간이 지난 후에야 정확한 판단을 내릴 수 있다. 인간이 탄소 저장량을 직접 통제하여 기후를 바꾸는 일을 상상할 수 있을까?

시베리아의 해동 지구 온난화 현상은 지구 곳곳의 기온을 높이고 있는데, 그 중에서도 시베리아 대륙의 기온이 가장 빠른 속도로 상승하고 있다. 그 결과 시베리아의 영구 동토층에 있는 함수 화합물들은 포함하고 있는 기체를 계속 배출하고 있고, 대신 곳곳에 작은 호수를 만들고 있다. 그래서 시베리아는 수천 개의 호수를 보유한 미국의 미네소타 지역처럼 지형의 변화가 일어나고 있다. 그런데 가장 큰 문제는 이러한 과정이 일어나는 속도가 점점 빨라지고 있다는 점이다.

러시아의 과학자 세르게이 키르포틴Sergei Kirpotin은 현재 서부 시베리아 지역 전체가 녹아내리고 있는 중이며, 이것은 전 지구적인 산사태와 같은 일이라고 매우 우려하고 있다. 그러나 길게 보면 이런 현상이 어떤 결과를 초래할지 성급한 판단을 내릴 수는 없다. 왜냐하면 지금 우리가 보고 있는 시베리아의 영구 동토층은 생긴 지 고작 약 11,000년 정도 밖에 되지 않았고, 그 이전 수백만 년 동안 영구 동토층은 생성되었다가 녹았다가 하는 과정을 되풀이 해왔기 때문이다.

축축한 토탄 늪과 바짝 마른 토탄 늪 토탄 늪은 알래스카나 시베리아의 영구 동토층에서 생성되고, 또한 이보다 더운 지방인 캐나

위 시베리아에서 발견되는 작은 호수들. 이 호수들은 함수 화합물이 녹아서 형성된 것으로 추정된다.
아래 지구 온난화를 막기 위한 일환으로 조림 사업을 벌이고 있다.

다 등에서도 생성된다. 토탄 늪은 많은 양의 메테인 가스를 생성하기 때문에 과학자들은 늘 관심을 가지고 연구하고 있다. 마운트 홀요크Mount Holyoke 대학의 과학자 질 버비어Jill Bubier는 다음과 같은 사실을 알아내었다.

변화하는 동안에 토탄 늪이 말라버린다면 위험한 메테인을 발산할 수 있는 능력은 저하된다. 하지만 그 반대로 토탄 늪이 물 때문에 축축하게 젖은 상태에서 기온이 올라가면 많은 양의 메테인이 대기 중으로 배출된다. 메테인이 대기 중에 머무르는 시간은 이산화 탄소에 비해 작지만, 온실 기체로서의 효과는 이산화 탄소의 20배에 해당한다. 따라서 만약에 메테인이 대기에 지속적으로 공급된다면 단기적으로 기온이 증가하여 급격한 기후 변화를 초래할 수 있다.

함수 화합물 이용하기 인간의 관점에서 볼 때 대기와 지구화학 체제의 급격한 변화는 환영받지 못할 현상이다. 인간의 환경에 대한 내성은 어떤 생명체보다 강하지만, 인간에게도 한계는 존재한다. 인간은 어떤 생물보다 기온이나 습도 또는 풍속에 정서적으로 예민하게 반응하기 때문이다.

현재 지구의 기후가 불확실하고 불안정적인 상태에 놓여 있는 것은 분명하다. 우리는 지구 기후 시스템에 큰 붕괴가 오기 전에 지구 스스로가 그것을 막을 수 있는 피드백 시스템을 탄소 순환 체계 안에 갖추고 있기를 바랄 뿐이다. 물론 상황이 우리에게 유리한 방향으로 흘러가도록 우리들 자신도 많은 노력을 해야 하고, 일부에서는 하고 있다. 예를 들어 숲을 다시 살리고, 숲을 잘 지키는 일 등을 들 수 있다. 숲을 잘 관리하여 식물이 번성하면 대기 중의 이산화 탄소를 흡수하고 그 양을 조절할 수 있다. 그러면 지구의 기후가 사람이나 생물들이 살아가기에 적당한 수준으로 유지될 수 있도록 할 수 있다. 또한 철이나 이산화 규소 등의 물질을 잘게 부수어 미립자로 만든 후 바다에 뿌리는 방법도 있다. 이렇게 하면 식물성 플랑크톤의 성장이 촉진되고 이들이 광합성을 활발하게 하여 대기 중 이산화 탄소를 흡수할 것이다.

하지만 오늘날 우리가 직면한 가장 큰 어려움은 함수 화합물 가스가 녹아내리고 있다는 사실이다. 이를 막지 못하면 지구는 점점 더워질 것이 분명하다. 그래서 세상은 함수 화합물에서 배출되는 메테인을 효과적으로 잡아내는 방법을 알려 줄 과학자를 애타게 기다리고 있다. 메테인 가스를 효과적으로 잡아낸다면 우리는 무서운 온실 기체인 메테인 가스로부터 지구를 보호할 뿐만 아니라 어마어마한 양의 청정 에너지를 확보하는 일석이조의 효과를 얻을 수 있기 때문이다.

하와이 마우나로아

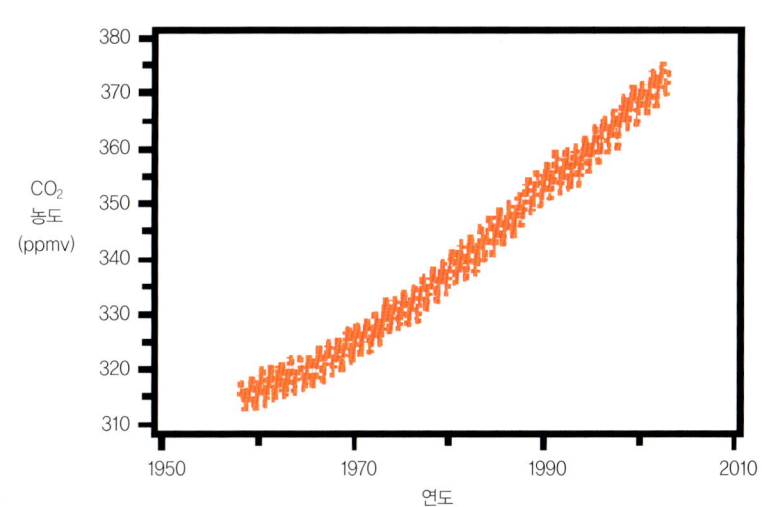

대기 중의 이산화 탄소가 처음 측정되기 시작한 1958년 이후로 꾸준히 상승하는 것을 킬링(Keeling) 곡선을 통해 알 수 있다.

1958년에서부터 2007년 사이의 대기 중 이산화 탄소 농도

1958년 하와이 주의 마우나로아(Mauna Loa) 관측소에서 처음으로 정밀하게 측정된 대기 중 이산화 탄소 농도는 이후 꾸준히 증가하고 있다. 이것은 세계 어느 곳의 기록보다 오래된 것이며 이 정보를 관측하기 위한 장비나 체계는 반세기 동안 변하지 않았다.

화석 기록

왼쪽 유럽과 아시아의 경계를 이루는 카프카스(Caucasus, 흔히 코카서스라고 한다) 산맥의 중생대 지층에서 발견된 거대한 암모나이트 화석
위 신생대의 민물고기 나이티아(*Knightia*) 화석
아래 고생대 석탄기의 식물인 아스테로필라이트(*Asterophyllite*) 화석

퇴적암은 고대 생물의 자취들로 장식되어 있다. 고생물의 화석을 연대별로 추적하면 생물의 진화 과정을 알 수 있다. 또한 암석의 나이를 추정하는 데 결정적인 단서가 된다.

화석은 체화석body fossils, 흔적화석trace fossils, 화학적 화석chemical fossils 등 세 종류로 분류한다. 이 중에서 가장 흔한 화석은 체화석으로 고생물의 껍질, 이빨, 뼈, 나무 조각 등으로, 주로 고생물의 몸 중에서 단단한 부위들이다. 일반적으로 체화석은 광물화되기 쉬운 물질이나, 섬유소나 목질소와 같이 잘 변하지 않는 유기 물질로 구성되거나, 스포로폴레닌과 유기 화합물로 구성된다.

한편 흔적화석은 동물이나 다른 생물의 움직임에 의해 변형된 퇴적물을 말한다. 예를 들어 공룡의 발자국이나 지렁이가 만든 땅속의 작은 굴 등을 들 수 있다. 흔적화석은 암석의 조직으로 남아 있는 화석이기 때문에 암석이 변성되는 과정에서 화석으로 가장 오래 남아 가장 늦게 사라지는 화석이라고 할 수 있다. 화학적 화석은 고생물이 했던 화학적 활동의 흔적이다. 과학자들은 동생同生 생물표시자syngenetic biomarker라는 어려운 용어를 사용하여 나타내기도 한다. 동생同生이라는 용어를 사용하는 이유는 화학 물질이 생성됐을 당시에는 고생물이 아직 살아 있었다는 점을 강조하기 위해서이다. 이와 같은 화학적 화석은 퇴적암에 수십억 년 동안 남아 있을 수 있다.

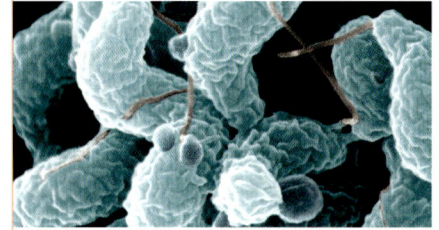

동물군 천이의 원리

지질학적인 발견에서 가장 의미 있는 일 중의 하나는 지구에 살고 있는 생물들이 시대에 따라 변천을 했다는 것을 알아낸 것이다. 일반적으로 하등 생물은 변화의 정도가 미약하지만, 고등 생물일수록 시간의 흐름에 따라 좀 더 빠르고 완벽한 생물학적 재구성을 이루었다. 예를 들어 현대의 박테리아들은 수십억 년 전에 살았던 조상 박테리아들과 매우 흡사하다. 하지만 대부분의 포유류들은 비슷한 종이 최대 5천만 년 전에는 이 땅에 존재하지 않는다. 종의 측면에서 볼 때 포유류는 완전히 재구성되었음을 알 수 있다.

대멸종 선캄브리아대, 고생대, 중생대, 신생대 등의 지질 연대를 거쳐 오면서 기존의 종들은 멸종하고 새로운 종들이 등장하였다. 각각의 동물군은 항상 새로 재구성되었다. 하지만 고생물의 종이 멸종하고 등장하는 비율은 서로 일정한 함수 관계를 갖지는 않았다. 일부 고생물학자들은 지난 5억 년 동안 멸종의 비율은 미세하게 줄어들고 있다고 주장하기도 하지만, 전체 지질 연대 기간 동안에 있었던 고생물의 멸종을 분석해 보면 멸종의 비율은 비교적 일정한 것처럼 보인다. 물론 지질 연대의 짧은 기간 동안에 멸종의 비율이 하늘을 찌를 듯이 높았던 적도 있었다. 예를 들어 고생대 말기인 페름기 때는 약 95 %의 고생물이 멸종을 한 시기도 있었다. 과학자들은 이것을 대멸종mass extinctions이라 하고, 지질 연대를 구분할 때 중요한 경계로 삼는다. 그리고 대멸종은 생물군의 전체적인 재구성이 시작됨을 예고하는 일이 되기도 한다. 예를 들어 중생대 말백악기의 동물들은 신생대 첫 번째 세팔레오세의 동물들과 매우 달랐다. 이 시기에 공룡의 대멸종이 있었고, 이어서 다양

위 전자 현미경으로 본 박테리아. 박테리아는 시간이 오래 지나도 크게 변하지 않는다. 사진은 색깔을 덧입힌 것이다.
아래 중생대를 대표하는 암모나이트 화석. 암모나이트 화석 내부를 채우고 있는 침전물을 자세히 보기 위해 절단하고 윤을 냈다. 침전물이 채워지지 않은 경우에는 가끔 방해석 결정이 들어 있기도 한다.

공 모양을 한 유공충 무리. 유공충은 몸에 석회질이 있는 미생물이다. 유공충은 쉽게 화석화되어 보존되므로 각 지질 연대마다 있었던 기후 변화에 대한 정보를 알려주는 좋은 단서가 된다.

한 종류의 새로운 포유류가 등장했다. 고생대 말인 페름기와 중생대 초인 트라이아스기는 더욱 뚜렷한 생물의 재구성을 보여준다. 이 시기에 지구 해양 생물군은 완전히 새로 구성되었기 때문이다. 이것은 트라이아스기 전과 후의 해양 생물은 완전히 다른 생물이라는 뜻이다.

상대 연령 일부 고생물군은 특정한 지질 연대 기간 동안에만 생존한다. 따라서 이러한 생물 화석이 들어 있는 지층은 지질 연대의 상대적인 순서를 비교하는 자료로 사용할 수 있다. 예컨대 A라는 고생물 화석이 발견된 지층은 지구의 어디에서 발견되던지 간에 같은 지질 시대에 형성된 것이라고 추정할 수 있는 것이다. 실제로 지질학자들은 이러한 방법으로 같은 연대에 퇴적된 지층을 판별하여 구분한다. 영국과 프랑스에서 발견된 사암은 각각 비슷한 종의 고생물 화석을 포함하고 있기 때문에 대략 비슷한 연대의 암석이라고 말할 수 있다. 이러한 기법으로 알아낸 것을 상대 연령relative dating이라고 한다. 상대 연령은 약 두 세기 동안 해양과 육지의 암석과 지층의 형성 시기를 판별하는 데 사용되었다. 만약에 지각 변동을 받지 않아 잘 보존된 화석이 존재한다면 해양 지층을 육지 지층과 연관짓

는 것도 가능하다. 어떤 경우에는 상대 연령으로 해양 지층과 육지 지층의 관계를 직접적으로 밝힐 수 있다. 예를 들어 미국 뉴저지New Jersey 주의 해안에서 발견된 공룡 화석의 경우다. 이것은 공룡의 시체가 바다에 떠내려가 해안의 해양 지층에 보존된 것이다.

표준 화석 어떤 지층이 어느 지질 시대에 형성되었는가를 알려주는 화석을 표준 화석index fossils이라고 한다. 표준 화석은 분포 지역이 매우 넓은 것이 특징이다. 그래서 가장 이상적인 표준 화석은 짧은 지질 시대를 살고, 폭 넓게 분포하는 고생물의 화석들이다. 그리고 지질 연대를 알아내고자 하는 지층에서 비교적 높은 확률로 발견되어야 한다.

현미경으로 확인해야 할 정도로 몸집이 작은 미화석도 1 cm² 당 수천 개의 화석이 발견되므로 표준 화석이 될 수 있다. 좋은 표준 화석은 서로 다른 퇴적 환경에서도 잘 보존되어 있어야 한다. 그러면 석회암과 사암처럼 서로 다른 암석 사이의 직접적인 비교 분석도 가능하기 때문이다. 하지만 이와 같은 조건을 다 갖춘 표준 화석을 발견하기란 쉬운 일이 아니다. 앞에서 말한 것과 같은 조건에 잘 적응하고 살았던 고생물들은 오히려 지질 연대를 걸쳐서 오랜 기간 동안 생존했기 때문이다.

미국 유타 주에 있는 아치즈(Arches) 국립공원의 사암. 지층에서 발견되는 화석을 통해 사암의 연대를 알아낼 수 있다.

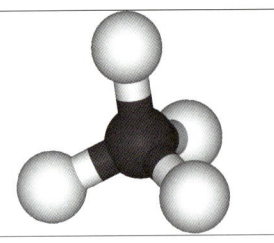

화학적 화석

과학자들은 화학적 화석 속에 들어 있는 고생물의 흔적을 찾기 위해 다양한 기법과 도구를 사용한다. 과학자들은 화석에서 고생물이 살아 있을 때부터 가지고 있던 유기 분자를 분석하고, 고생물이 광합성이나 생명 활동을 유지하기 위해 했던 신진 대사와 연관된 화학 변화를 추적한다. 그리고 탄소 동위 원소 분류 기법을 이용하기도 한다.

그래서 38억 년 된 선캄브리아대의 암석에서 박테리아가 만든 것으로 추정되는 탄소 동위 원소의 흔적을 발견하기도 했다. 이 발견은 현대의 박테리아가 산소가 적은 환경에서는 황산 염에 포함되어 있는 산소를 이용하여 유기 화합물을 생산하여 생명 활동을 하고 있는 것처럼, 38억 년 전에 살았던 고대 박테리아들도 황산 염에 포함되어 있는 산소를 이용해 유기 화합물을 생산했음을 밝혀주는 중요한 증거가 되었다. 과학자들은 이와 같은 발견을 근거로 약 35억 년 전 무렵에 박테리아에 의해 지구 전체적으로 황산 염이 감소하였을 것으로 추정한다. 그리고 가장 오래된 화석인 스트로마톨라이트stromatolite가 약 35억 년 전부터 지구에 존재했다는 것은 우연이 아니었음을 입증했다.

미생물과 메테인 약 28억 년 전에 박테리아에 의해 메테인이 생성되고 흡수되었다는 지구화학적 흔적이 발견되었다. 이러한 사실은 박테리아 화석에 들어 있는 탄소 동위 원소를 추적하여 알아낸 사실이다. 이것은 어떤 종류의 박테리아의 몸에서 배출된 물질을 다른 종류의 박테리아가 식량으로 사용했음을 의미한다. 또한 박테리아에 의해 생태학적 교환 활동이 있었음을 뒷받침하는 증거가 된다.

위 메테인의 분자 구조
아래 스트로마톨라이트 단면. 스트로마톨라이트는 시아노박테리아가 만든 가장 오래된 화석으로 35억 년 전부터 존재했을 것이라 추정된다.

스테레인 스테레인steranes은 중요한 화학적 화석이다. 스테레인은 대여섯 개로 연결된 탄소 고리를 가지고 있으며 콜레스테롤을 포함하는 유기 분자 물질이다. 이 화합물은 확실한 생물학적 기원을 가지고 있다. 과학자들은 스테레인을 진핵생물이 유성 생식할 때 생성되는 것으로 생각한다. 따라서 스테레인은 유성 생식의 바이오마커 생물학적 표시자로 간주할 수 있다고 믿는다.

진핵생물은 세포 안에 핵과 세포 소기관을 가진 생물로서 그들의 조상인 박테리아보다 훨씬 진화된 생물이다. 그러므로 약 27억 년 전의 암석에서 스테레인의 바이오마커 기록이 발견된다면, 진핵생물이 비록 박테리아만큼은 기원이 오래된 것은 아니지만, 지구에 이들이 나타난 시기가 상당히 오래 전임을 알 수 있다. 그러나 아직은 확실한 진핵생물의 화석 기록이 18억 년 전의 것밖에 남아있지 않다. 따라서 진핵생물의 지구 출현 시기를 앞당기는 일은 신중을 기해야 한다.

타르와 호박 가장 오래되고, 가장 확실한 유성 생식 바이오마커는 약 16억 년 된 원생대의 암석에서 발견되는 U자 모양의 탄소 화합물이다. 중생대와 신생대의 잘 보존된 화석에서는 손상되지 않은 단백질이 검출되기도 한다. 사진의 화석은 송곳니가 있는 고양잇과 포유류로 뼈

호박 속에 막시목에 속하는 곤충들이 들어 있다. 고대의 개미로 보이는 이 곤충은 송진에 갇혀 화석이 되었다.

가 타르 속에 묻혀 있었기 때문에 박테리아에 의한 부식이 일어나지 않았다. 덕분에 잘 보존된 단백질과 DNA를 얻을 수 있었다.

뿐만 아니라 호박 속에도 많은 종류의 화학적 화석이 들어 있다. 열대 나무가 해충 따위로부터 자신을 보호하기 위해 사용하는 송진이 굳어서 된 호박 그 자체가 화학적 화석이기도 하다. 균류, 곤충 등의 작은 생물들이 나무를 지나가다가 송진에 갇혀 호박 안에 보존되면 아주 상태가 좋은 훌륭한 화석이 된다. 이때 이러한 생물들이 분비하는 화학 물질들도 함께 호박 안에 보존된다. 수천만 년이 지난 호박 안에서 잘 보존된 곤충의 몸통뿐만 아니라 곤충에 붙어 살았던 박테리아도 발견되었다.

플라이스토세에 북아메리카에 서식했던 송곳니를 가진 고양잇과 동물 스밀로돈 캘리포니쿠스(*Smilodon californicus*)의 머리뼈 화석이다.

박테리아 화석

박테리아의 체화석은 30억 년이 넘는 나이를 가지고 있는 암석에서도 발견된다. 하지만 가장 오래된 박테리아 화석으로 제시된 것들은 항상 과학적으로 논쟁의 여지가 많다. 그래서 아직 어떤 과학자도 최초의 박테리아 체화석을 제시하지 못하고 있다.

박테리아 화석의 기록을 분석할 때 부딪히는 가장 큰 문제는 박테리아가 대부분의 암석에 비교적 잘 살기 때문에 어떤 특정한 암석에서 생성됐다고 단정하기 힘들다는 점이다. 특히 그것이 가장 오래된 박테리아 화석이라면 사람들의 관심을 끌게 되어 많은 논란을 일으키게 되므로 더욱 더 그렇다.

미생물 매트 30억 년 이상의 나이를 가지고 있다고 판단되는 박테리아 화석의 박테리아는 현대의 시아노박테리아와 구조가 닮았다. 실제로 시아노박테리아는 30억 년 전의 지구에 살았을

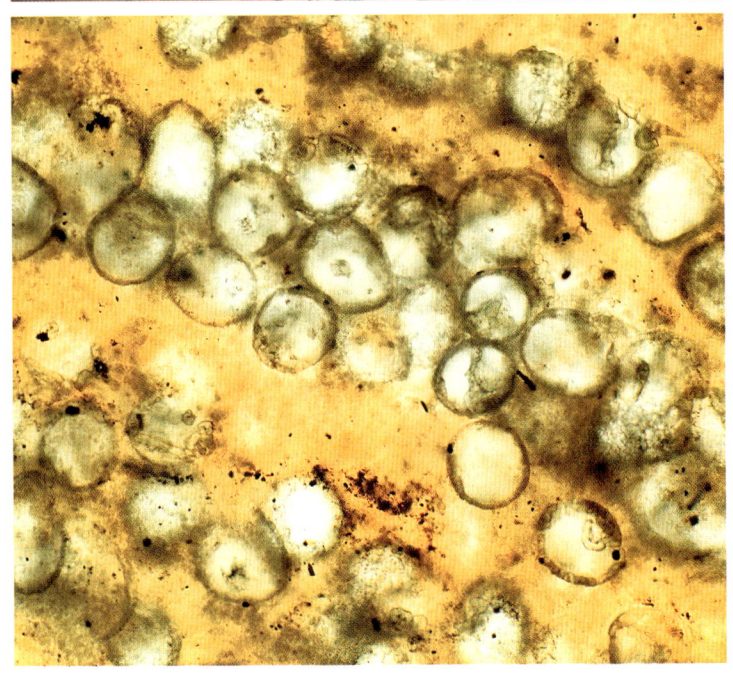

위 멕시코의 쿠아트로 시에네가스(Cuatro Cienegas)의 바닷속에 있는 스트로마톨라이트. 주사기로 스트로마톨라이트의 화학적 분석을 위한 샘플을 채집하고 있다. 이곳은 원생대 바다와 유사하여 많은 조사가 이루어지고 있다.
가운데 해양 연구선 피세스 5(Pisces V)호의 샘플 수집용 기계가 주황색 미생물 매트 샘플을 채취하고 있다. 이때 다른 기계는 해저 화산 분출구의 온도를 측정한다.
아래 클로렐로프시스 콜로니아타(*Chlorellopsis coloniata*)라는 민물 시아노박테리아 화석의 현미경 사진이다. 이 화석은 에오세(5천 5백만–3천 8백만 년 전)의 암석에서 발견된 것이다.

이스트 다이아맨트(East Diamante) 화산의 암석 표면에서 실 모양 박테리아의 미생물 매트 위를 덮고 있는 녹색과 붉은색 조류들. 광합성과 화학 합성을 하는 생물들의 공존 관계를 엿볼 수 있다.

가능성이 매우 높은 미생물이다. 시아노박테리아는 물속 환경에서 개체 수가 풍부해지면 해저 바닥이나 호수 바닥에 직물이나 펠트의 형태를 가진 얇은 막을 형성하는데, 이러한 얇은 막을 미생물 매트microbial mats라고 한다. 이 매트는 어떤 물속 환경에서건 화학 물질이나 쇄설 퇴적암의 퇴적 상태에 큰 영향을 미칠 수 있기 때문에 지질학적으로 매우 중요하다. 특히 실 모양의 박테리아는 얽힌 그물 모양을 형성하여 침전 조각을 가두거나 방해석 광물을 침전시킬 수 있다.

스트로마톨라이트 미생물 매트가 가장 잘 발달한 것이 스트로마톨라이트라고 하는 선캄브리아대 화석이다. 가장 오래된 스트로마톨라이트는 약 35억 년의 나이를 가지고 있으며 육안으로 확인할 수 있는 가장 오래된 화석 중 하나이다. 박테리아 체화석과 마찬가지로 가장 오래된 스트로마톨라이트 역시 과학적으로 많은 논쟁을 일으켰다. 대부분의 과학자들은 오스트레일리아 해안에서 발견한 스트로마톨라이트가 고생물이 만든 화석이 맞으며, 따라서 지구 생명체 중에서 가장 오래된 것이라고 인정하고 있다. 또한 서로 모양이 다른 스트로마톨라이트는 이를 만든 시

아노박테리아와 같은 미생물들이 다른 환경 속에서 살았기 때문이라고 생각한다. 이러한 사실로 볼 때 해안 근처의 얕은 해양 환경에서 형성된 미생물 매트와 침전물 사이의 상호 작용이 주변 자연 환경 조건에 따라 모두 달라지는 것이라고 생각할 수 있다.

우주 화석?

지구에서 가장 오래된 화석을 발견하는 것은 우주 생물학에 있어서도 매우 중요한 일이다. 우주생물학은 한마디로 지구 너머의 생명을 찾는 학문이다. 지구의 가장 오래된 화석을 평가하는 기준과 논쟁들이 화성과 같은 외계 환경의 평가에 대해 적용될 것이며, 실제로 현재에도 일부 적용되고 있다. 오늘날 지구에서 발견되는 원생대 고생물의 화석인 스트로마톨라이트가 만약에 화성에 있다면 지구에서 보낸 탐사 로봇이 이를 발견할 수 있을 것이다.

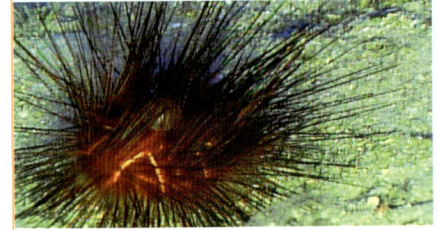

무척추동물의 화석 기록

오늘날 바다에는 35문phyla˙이 넘는 생물들이 살고 있다. 그러나 약 10억 년 전 즈음에는 바다에 생물이 매우 드물었고, 전혀 생물이 살지 않았던 시기도 있었다. 그런데 약 6억 년 전부터 바다에 큰 변화가 일어나기 시작했다. 이때부터 동물과 동물처럼 생긴 바다 생물체의 화석이 나타나기 시작한다.

클레멘테 층 6억 년 전의 것으로 추정되는 화석은 박테리아 화석이나 스트로마톨라이트 화석과 비슷하며 과학자들 사이에서 많은 논란의 대상이 되고 있다. 이 시대 이전에 발견된 체화석이나 흔적화석으로 보고된 동물 화석의 경우는 위화석이거나 시대가 잘못 측정된 것들이다. 멕시코 북쪽에 있는 해양 퇴적암은 약 6억 년 전에 생존했던 다양한 동물 군집에 대한 증거로 볼 수 있다. 하지만 약간의 시간적 오차가 있을 수 있으므로 약 2천만 년 전후로 보면 될 것이다. 클레멘테 층이라고 하는 이 해양 퇴적암 지층을 이루는 암석들은 원생대 말의 것이고, 그 안에 다양한 체화석과 흔적화석을 포함하고 있다. 이 화석들은 가장 오래된 동물들이거나 서로 연관이 있는 것들이거나 아니면 두 가지 경우 모두에 해당할 수 있다.

클레멘트 층에서 발견된 화석들 중 일부는 에디아카란스Ediacarans라는 이름의 집단

위 아름다운 아스트로피카 마니피카(*Astropyga magnifica*)성게. 멕시코 만 주변에서 채집된 것이다.
왼쪽 극피동물로 분류되는 성게의 화석으로, 극피동물은 중생대 중기에 번성했던 종이다.
오른쪽 오늘날의 극피동물을 상징하는 불가사리

화석이 된 수많은 완족류. 극피동물이나 다른 생명 형태들과 함께 최초의 완족류 화석은 약 5억 4천2백만 년 전의 캄브리아기 생물 대폭발기의 지층에서 많이 발견된다.

단이었음은 확실하다고 믿고 있다.

캄브리아기의 폭발적인 생명체 탄생 캄브리아기가 시작될 무렵 지질학적으로 큰 변화가 일어났다. 약 5억 4천2백만 년 전 무렵으로 기록되는 이 시기에 우리에게 친숙한 동물들이 폭발적으로 이 땅에 등장했다. 이 시기의 지층에서 최초의 달팽이와 대합조개, 극피동물, 삼엽충, 그리고 완족류 등의 화석이 대규모로 발견된다. 오르도비스기와 그 후의 시기에 해당하는 지층 중에서 바다 밑에서 형성된 것에서는 매우 많은 조개 껍데기가 발견된다. 그리고 이 시기에 번성했던 극피동물의 뼈 조각들은 나중에 석회암을 이루는 중요한 원료가 되었다.

달팽이와 성게들 무척추 해양 동물은 고생대 때 엄청나게 많은 종으로 번성했으나, 고생대 말 페름기에 있었던 대멸종 시기에 그 종의 수가 급격하게 줄었다. 그러다가 중생대 중기 무렵에 다시 그 수가 회복되었다. 중생대 말기에 공룡들은 대멸종을 겪었지만 해저에 사는 무척추동물들은 상대적으로 적은 수만 멸종했다. 예를 들어 네오가스트로포드neogastropod라고 하는 중생대 달팽이들은 백악기와 제3기의 대멸종의 영향을 거의 받지 않고, 신생대에 이르기까지 꾸준히 다양한 종을 번식시켰다. 그리고 성게류도 마찬가지였다. 이들은 몸체를 덮고 있는 많은 수의 짧은 가시들을 움직임으로써 숨고 먹는 일을 동시에 해낼 수 있었기 때문에 신생대에 크게 번성할 수 있었다.

에 속하는 고생물들이다. 에디아카란스는 해양 고생물 집단으로 잎이나 팬케이크처럼 생긴 몸체를 가지고 있다. 에디아카란스의 일부는 때로 길이 1 m 이상으로 크게 자란 경우도 있다. 에디아카란스 종들 사이에는 서로 비슷한 점들이 많이 있다. 하지만 이들이 어떤 멸종된 생물에서 유래되었는지, 아니면 연체동물이나 절지동물처럼 우리에게 잘 알려진 동물 종의 특이한 모양의 생물인지 확실하지 않다. 그럼에도 불구하고 과학자들은 에디아카란스 집단이 가장 오래되고 복잡한 다세포 생명체 집

---

* 문(phyla) : 생물 분류 체계의 단계. 가장 큰 단계는 계(kingdom)로 동물계, 식물계, 균류계, 원생생물계, 원핵생물계 등 다섯 계로 구분하고, 그 다음 단계가 문이다. 각 문은 다시 강으로, 강은 목으로, 목은 과로, 과는 속으로, 속은 종으로 나누며 그 순서는 다음과 같다. '계 → 문 → 강 → 목 → 과 → 속 → 종' 이다(옮긴이).

뼈˙의 기원

생물의 뼈는 한때 생물의 몸을 이루었던 구성 물질들의 광물질화라는 생화학적 작용에 의해 형성된 것이다. 생화학적인 과정으로 형성된 광물 대부분은 지질학적으로 매우 중요하다. 왜냐하면 생물체의 광물화된 단단한 부분은 암석 속에서도 보존성이 매우 뛰어나기 때문이다. 그러나 이와 같은 일반 법칙에는 예외도 있다. 꽃가루 알갱이로 구성된 스포로폴레닌sporopollenin이라는 유기 물질이나 해양 미생물의 포자 주머니인 디노플라겔라테스dinoflagellates 등의 유기 물질

등은 퇴적암 속에서 높은 열만 받지 않았다면 10억 년도 넘게 견딜 수 있기 때문이다. 반면에 천청석˙˙과 같이 뼈를 이루는 광물들은 물에 매우 빨리 녹으므로 해저로 가라앉아 화석이 될 기회조차 갖지 못하기도 한다.

미생물의 뼈 미생물 화석의 역사는 약 30억 년 전으로 거슬러 올라간다. 하지만 다양한 종류의 미생물 뼈는 그보다 훨씬 늦은 시기에 나타난다. 화석의 기록에서 가장 오래된 미생물의 뼈는 지구 자기장을 이용하여 이동한 것으로 추정되는 박테리아 화석의 몸속에서 발견되는 아주 작은 자철광 결정들이다. 이 화석 결정들은 끝이 뭉툭한 모양을 가지고 있는데 이들

위 반짝반짝 빛나는 회색과 푸른색의 천청석 결정들
아래 현미경으로 본 규조 껍데기 화석

이 정말 생화학적인 과정을 거쳐 결정이 되었는지에 대해서는 많은 논란이 있다. 어떤 지질학자들은 이들 자철광 결정들이 생화학적이지 않은 방법으로 형성되었을 수도 있다고 주장한다. 좀 더 복잡한 미생물들은 자기장의 방향을 감지해서 이동하는 박테리아들처럼 자기장에 적응하기 위해 산화 철을 이용하거나 자철광 결정의 고리인 아니소네마*Anisonema*를 몸 안에 가지고 있다.

여러 종류의 해양 원생생물들은 천청석 외에도, 방해석탄산 칼슘, 아라고나이트탄산 칼슘이 바늘 모양을 한 것, 중정석황산 바륨, 석고수화된 탄산 칼슘 등을 뼈를 이루는 물질의 원료로 사용한다. 특히 규조는 오팔같이 유백광을 내는 뼈로 잘 알려져 있다. 이와 같은 물질 중에 황산 염 광물로 된 천청석, 중정석, 석고 등이 많다는 사실에 관심을 가질 필요가 있다. 이것은 바닷물 속에 나트륨과 칼슘 이온에 이어 황산 염이 가장 풍부하기 때문일 것이다.

동물의 뼈 동물은 원생생물과 같은 미생물들처럼 생화학적 작용으로 광물질을 많이 생산하지 못한다. 또한 그 종류도 다양하지 않다. 그래서 동물은 커다란 덩어리 뼈로 이와 같은 부족한 점을 보

위 팔라우(Palau)의 석회암 섬은 버섯 모양을 하고 있다. 밑둥치가 해조류에 의해 깎였기 때문이다.
아래 그레이징 스네일의 작은 이빨들은 자철광으로 만들어진 것이다. 전복의 경우도 마찬가지이다.

충한다. 예를 들어 커다란 석회암 광맥은 주로 산호 같은 강장동물들이 한 생화학적 작용으로 형성된 광물질로 된 것들이다. 또한 해면동물은 뾰족한 바늘 모양을 닮은 뼈를 탄산 칼슘으로 만든다. 이와 비슷하게 연체동물들은 여러 종류의 탄산 칼슘과 자철광을 이용하여 뼈를 만드는데, 내부의 껍데기는 주로 아라고나이트로, 외부의 근육을 덮는 껍데기는 방해석으로 만든다. 연체동물은 자철광을 이용해 혓바닥에 치설이라고 하는 작은 이빨들을 만든다. 그레이징 스네일grazing snail과 같은 연체동물들은 이 치설을 이용하여 암석 표면을 뚫고 바깥 구멍 공간과 암석 표면 사이에 서식하는 녹조와 박테리아를 빨아들여 섭취한다. 열대 지역의 석회암 섬은 버섯 모양으로 되어있는데, 이것은 해수면 높이에서 해조류들이

집중적으로 자라면서 섬을 깎아내리기 때문이다. 이 경우 한 종류의 생화학적 광물화 과정이 다른 종류의 생화학적 광물화 과정을 침식하는 것으로 볼 수 있다. 또한 동물들은 인산 칼슘 등을 이용해 뼈를 만들어내기도 한다. 인회석으로 만든 뼈는 약 5억 4천2백만 년 전 캄브리아기 때 동물들의 몸에서 활발하게 형성되었다. 인산의 광물화 과정은 오늘날에도 동물 뼈의 특징이며 이것은 우리와 동물의 뼈와 이빨에서 찾아볼 수 있다.

· 여기서 말하는 뼈란 동물의 몸을 지지하는 큰 뼈뿐만 아니라 아주 작은 크기의 미생물의 몸을 지지하는 내부의 단단한 구조물을 포함한 것이다(옮긴이).
·· 천청석 : 방사극충류라는 해양 미생물이 사용하는 황산 스트론튬의 결정체

SYSTEMA NATURÆ

IN QUO
NATURÆ REGNA TRIA,
SECUNDUM.
CLASSES. ORDINES. GENERA. SPECIES.

생물의 분류와 수렴적 진화

생물의 진화를 올바르게 연구하기 위해서는 현대와 고대의 생물 또는 멸종한 생물에 대한 분류 체계를 갖추는 일이 중요하다. 현재 사용되는 생물 분류 체계 방법은 두 가지가 있는데, 그것은 린네식 분류법과 분기도 분류법이다.

린네식 분류법 린네식 분류법에서 가장 기본이 되는 분류학적 단위는 종이다. 종들은 속이라는 무리에 속하며, 각각의 속은 적어도 한 개 이상의 종을 포함하여야 한다. 각각의 종들에게는 속과 종의 이름이 주어진다. 이를테면 인간은 호모 사피엔스*Homo sapiens*에 해당한다. 이때 호모는 속이고 사피엔스는 종이다.

속과 종은 린네식 분류법에서 하위 분류에 해당한다. 린네식 분류법에는 이 보다 높은 단계의 상위 분류가 있다. 속은 과에 속하게 되며, 과는 목에 속하고, 목은 강에 속하고, 강은 문에 포함되고, 문은 계에 속하게 된다. 이러한 분류법은 오랜 시간 동안 진화 관계를 나타내는 데 사용되었고 이러한 목적으로 아주 유용하게 쓰였지만, 단점도 있다.

예를 들어 어떤 생물은 진화 단계는 때때로 린네식 분류법에서 경계에 속할 때가 있었고, 상과, 아목, 상문 등 임시변통의 분류군을 너무 많이 양성해낼 수밖에 없었다. 이러한 임시변통의 분류군들은 복잡한 용어로 혼란을 줄 수 있었다. 이러한 일이 생긴 것은 처음 분류법이 만들어졌을 때 몇몇 주요 진화 관계들에 대한 이해가 부족했기 때문이다.

분기도 분류법 분기도˚를 이용한 분기학적 분석은 린네식 분류법의 대안으로 만들어졌다. 분기학적 분석에서는 진화 과정에 있어 주요 특징들을 바탕으로 분류한다. 예를 들어 '몸체의 털'이라는 특징이 파충류로부터 포유류를 구별해내는 데 사용될 수 있을 것이다. 모든 포유동물은 털을 가지고 있으며 파충류 중에는 털을 가진 것이 없기 때문이다. 또 다른 예로는 '젖먹이'와 같은 것이다. 모든 포유류는 젖을 먹고 자라지만 파충류는 젖을 먹지 않는다. 세 가지 이상의 다양한 생물종을 표현할 때 이

위 린네의 생물 분류법인 이명법을 다룬 책 《자연의 체계 (Systema Naturae)》의 표제지
아래 분류학의 아버지로 불리는 칼 폰 린네 또는 카롤루스 리네우스(Carl von Linné or Carolus Linnaeus, 1707-78)의 초상화

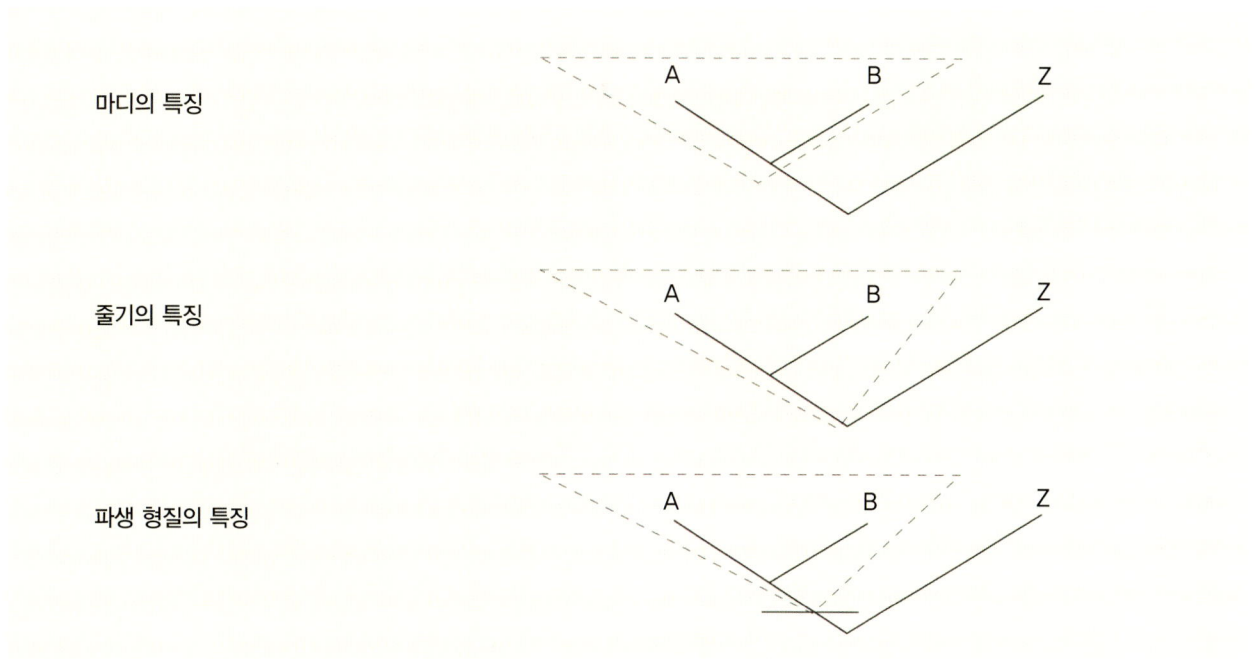

마디의 특징

줄기의 특징

파생 형질의 특징

분기학적 분류 체계에서는 마디의 특징, 줄기의 특징, 파생 형질의 특징 등 분기군을 결정하는 세 가지 방식이 있다. 마디의 특징으로 분류한다면 A와 B의 가장 최근의 조상과 그 모든 후손들, 줄기의 특징으로 분류한다면 Z의 조상이 아닌, A와 B의 가장 오래된 공통적인 조상의 모든 후손들, 파생 형질의 특징으로 분류한다면 특정한 특징을 갖춘 A와 B의 가장 최근의 공통된 조상과 그 모든 후손들을 나타낸다.

러한 특징들을 바탕으로 한 진화 관계를 나타내는 그림을 구성해볼 수 있다.

수렴적 진화

진화 과정에서 때때로 다양한 종류의 생물들이 삶의 문제를 비슷한 방법으로 해결하는 것을 알 수 있다. 이렇게 같은 방식으로 문제를 해결하다보면 몸의 변형이나 행동에 있어서 유사한 결과를 가져올 수 있다. 이처럼 닮은 모양이나 행동 양식을 갖게 되는 것을 수렴적 진화 convergent evolution라고 한다. 수렴적 진화는 진화 과정에 있어서 아주 널리 퍼져 있어서 각기 다른 혈통이 그 환경에 의해 생물학적 문제들에 봉착했을 때 같은 방식의 해결책을 내놓도록 강요받았음을 보여주는 진화라고 할 수 있다.

수렴적 진화는 분기학적 분석에서 심각한 문제를 줄 수 있다. 왜냐하면 같은 과가 아닌 생물들이 행동의 유사성을 바탕으로 분류된다면 잘못된 분기학적 분석을 초래할 수 있기 때문이다. 예를 들어 '따뜻한 피[온]' 라는 특징으로 분기학적 분석을 하면 새와 포유류를 같은 곳에 분류하는 큰 실수를 가져온다. 왜냐하면 새와 포유류는 각각 서로 다른 진화 과정을 통해 따뜻한 피를 갖게 되었기 때문이다.

그러므로 린네식 분류법의 목표와도 같은 분기학적 분석의 목표는 다양한 진화의 경로를 설명하는 것, 다시 말해 진화 과정에 있어서 주요 분기점을 밝혀내는 일이 될 것이다.

새들은 포유류처럼 따뜻한 피를 가졌지만 각각 다른 과에서 진화된 것이므로 수렴적 진화라고 한다.

* 분기도 : 다른 말로는 '계통수도' 라고도 한다. 생물 계통의 분지 순서를 나타내는 그림 계통도이다. 생물이 어떤 단계를 거쳐 진화를 했는지 한눈에 알 수 있다(옮긴이).

척추동물의 화석들

척추가 있는 동물들이 분류상 척추동물 무리 전체를 구성하고 있는 것은 아니다. 척추동물의 전 단계로 척색동물이 있다. 척추동물과 척색동물 모두 생물의 분류 단계로는 모두 문에 해당한다.

초기의 척색동물 척색동물문에 속하며 가장 오래된 것으로 추정되는 동물의 화석은 중국과 캐나다 북서쪽에 분포하고 있는 고생대 캄브리아기 초기와 중기의 암석에서 발견되었다. 캄브리아기 중기에 형성된 것으로 생각되는 버제스 셰일Burgess Shale에서 피카이아Pikaia 화석이 발견되었는데, 이 화석에는 뼈가 없는 V자 모양의 근육들과 나선형으로 감싼 단단한 막대 모양을 한 척색이 있었던 흔적이 보인다. 중국에서 발견된 피

1909년, 미국의 고생물학자 찰스 두리틀 월콧(Charles Doolittle Walcott)이 브리티시 콜롬비아 주에서 발견한 버제스 셰일 화석동물군

카이아와 같은 종에 속하는 것들은 몸통 전체가 부드러워서 화석의 형태로 나타나기 어려운 고생물이지만 주변 퇴적 환경이 좋아 화석으로 발견될 수 있었다.

몸 안에 단단한 부분이 있는 척색동물은 고생대 캄브리아기 말기에 나타나기 시작했다. 작은 딱지와 이빨을 가진 물고기 같은 고생물이 화석의 기록에 나타난다. 단단한 부분으로써 이빨을 가지고 있었던 이러한 생물들 중 하나는 코노돈트Conodont였는데, 이것은 분류상 척추동물에 가깝다. 코노돈트는 뱀장어같이 생긴 바다의 육식 동물이었고, 작은 물고기들을 잡아먹기에 알맞은 날카롭고 뾰족한 이빨을 가지고 있었다. 코노돈트는 캄브리아기와 트라이아스기를 나누는 데 매우 중요한 표준화석이다. 왜냐하면 코노돈트의 분포 범위가 매우 광범위하기 때문이다. 이것은 이들이 헤엄치면서

위 최초의 척추동물은 도롱뇽과 같은 양서류였다.
아래 버제스 셰일에서 발견된 피카이아 화석은 가장 오래된 척색동물 중의 하나이다. 이것은 척추동물 조상 중 하나이다. 여기서 말하는 척추동물에는 물론 인간도 포함된다. 피카이아는 바다 여기저기를 헤엄쳐 다니며 먹이를 찾아 먹었을 것이다.

바다 밑 여러 곳을 돌아다녔음을 의미한다. 이들은 아주 빠른 진화를 거쳤으며, 고생대 초기의 삼엽충 무리들처럼 지질학적 시간을 구분하는 데 중요한 자료가 되었다.

어류의 나이 실루리아기에는 턱이 없는 물고기 무리와 턱이 있는 물고기들이 바다에 함께 분포했다. 그러다가 데본기에 이르러서 바다에는 정말로 다양한 종류의 어류들이 생겨났다. 그 무렵 어류들은 육지의 줄기 식물이 생산하는 유기 물질이 풍부한 강어귀로 서식지를 바꾸었다. 식물이 만든 영양 물질을 먹은 어류들은 진화 속도가 빨라졌을 것이다. 폐어, 잉어와 송어의 조상, 그리고 다른 종류의 뼈 있는 어류들이 대표적이었다. 강어귀는 영양 물질과 먹이가 풍부하기는 했지만 어류들은 그 환경에서 살기 위해서는 대가를 치러야 했다. 예를 들어 그 곳에서는 박테리아들의 활동이 매우 왕성하여 물에 용해되어 있는 산소가 부족했다. 그래서 어류들은 아가미로 호흡하기가 힘이 들었다. 덕분에 데본기의 강어귀 또는 해안가의 어류들은 아가미와 더불어 폐로도 숨을 쉴 수 있게 되었다.

그러나 그 후 물고기가 폐로 호흡하는 경우는 많이 사라지게 되었는데, 이것은 많은 종의 어류들이 다시 물속 깊은 곳으로 되돌아갔기 때문이었다. 예를 들어 금붕어의 부레는 데본기 금붕어 조상의 폐에서 진화된 것이다. 잎사귀와 같은 지느러미를 가진 실러캔스Coelacanth라는 물고기 종은 중생대에 멸종한 것으로 여겨졌지만 1930년대 아프리카의 해안에서 살아 있는 채로 발견되었는데, 이들의 폐는 지방을 저장하는 창고로 변형되어 있었다.

네 발 달린 동물 데본기에 잎사귀 모양의 지느러미를 지닌 물고기들의 또 다른 무리는 네 발 달린 척추동물의 시초가 되었다. 그래서 이들은 육지에서도 살 수 있는 네 발 달린 동물로 진화했다. 이들 중 최초는 양서류였는데, 이들은 얕은 진흙 위를 변형된 지느러미로 이동하였고, 나중에는 땅 위에서도 이동할 수 있게 되었다. 양서류는 처음에는 물에서만 번식했다. 그들의 알은 물기를 필요로 했기 때문이었다. 하지만 이들 양서류 중 한 무리는 최초의 파충류로 진화하였고, 이 파충류는 마른 땅에 단단한 알을 낳아 번식했다. 이러한 번식 방법은 오늘날 대부분의 파충류, 조류, 그리고 오리너구리와 호주의 바늘두더지 등 몇몇 포유류에서도 볼 수 있는 매우 혁신적인 번식 방법이었다.

실러캔스가 헤엄치는 모습. 실러캔스는 잎사귀 같은 지느러미를 지닌 생존하고 있는 어류 중에서 파충류와 포유류 등 네 발 달린 동물의 시조가 되는 고생물이다.

관다발식물 화석

지층에서 발견되는 관다발식물 화석의 종류는 다양하다. 화학적 화석을 남긴 프리스테인pristane과 파이테인phytane 등이 있으며, 데본기 말에 풍부하게 형성된 석탄이 있다.

식물과 영양분 관다발식물 화석이 풍부한 시기는 어류가 번성하기 시작한 시기와 비슷하다. 아마 당시의 어류들이 빠른 속도로 불어나는 식물에서 영양분을 섭취했던 절지동물을 먹이로 삼았기 때문이었을 것이다. 고생물학자인 리차드 K. 밤바크Richard K. Bambach는 육지에서 식물군의 증가는 바다에서 영양 물질의 증가를 가져왔다고 주장한다. 그는 새롭게 등장한 생물들이 식물을 먹이로 하고, 그로 인해 생긴 유기 물질이 토양에 스며들었고, 이들이 물에 용해되어 강물을 따라 흘러갔기 때문이라고 설명한다.

공생 시스템 녹조류에서 발달한 초기의 관다발식물은 고생대 중기 무렵

위 석탄기의 페코프테리스(*Pecopterix*) 잎 화석
아래 석송류는 온도가 높은 지역에서도 잘 산다. 뉴질랜드의 타우포의 달이라는 이름을 가진 분화구에서 많이 서식하고 있다. 석송류와 비슷한 식물이 석탄기에 매우 번성했다.

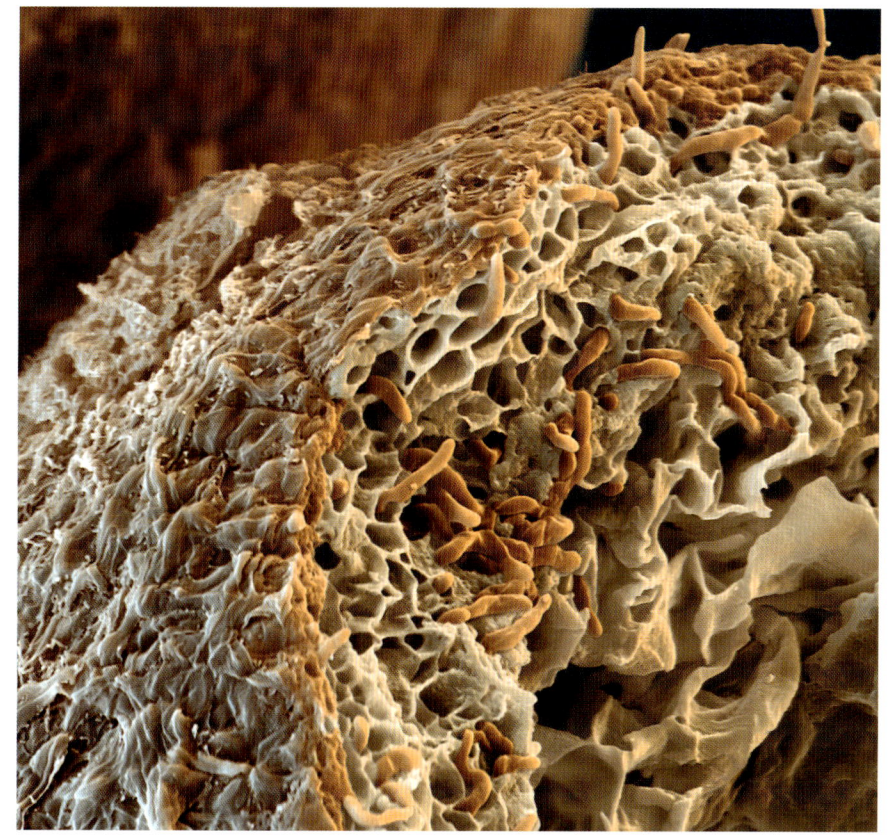

전자 현미경 사진 속에 보이는 균근은 토양 속에 서식하는 균류와 관다발 식물 사이의 공생 관계를 보여준다.

로 이루어진 것이다. 민물 환경에서 형성된 라이니 처트는 상대적으로 찾아보기 힘들지만 라이니와 같은 초기 관다발식물의 화석과, 이들의 생식을 맡았던 포자들이 잘 보존되어 있으며 그 위에 서식했던 작은 동물 화석도 포함하고 있다.

라이니 처트에서 발견된 화석은 관다발식물과 균류의 공생 관계가 4억 년보다 훨씬 오래 전부터 있었음을 보여준다. 균류 화석은 잘 보존되어 있어 스크레로시스티스 *Sclerocystis*와 글로무스 *Glomus* 등 두 종류로 분류할 수 있을 정도이다. 라이니와 비슷한 구조를 가진 관다발식물과 공생 관계에 있었던 다양한 균류들은 계속 진화하여 오늘날의 나무와 비슷한 모양과 크기를 가진 나무가 되었다.

부터는 쇠뜨기나 석송류와 같은 모양을 한 식물로 진화했다. 마른 고지에도 번식을 했던 식물들은 고생대 말기의 지층에 화석으로 남아 있으며, 중생대 말기에는 식물의 적응력은 더욱 뛰어나 진화를 거듭했다. 관다발식물의 이와 같은 성공적인 생존은 그것들이 균근菌根이라는 흙속의 곰팡이와의 관계 덕분이었다. 관다발식물과 균근의 공생은 실루리아기의 바라과나티아*Baragwanathia*, 석송류로 몸집이 큰 식물에서 있어 왔던 일로 중요한 영양분 교환 활동이었다. 공생 관계에서 균류는 식물에게 풍부한 영양분과 흙속의 광물을 전해주며, 식물은 광합성 작용으로 만든 당분을 전해 주었다. 과학자들은 이와 같은 공생 시스템을 하이퍼시Hypersea라고 한다.

라이니 처트
관다발식물과 균류가 공생 관계에 있었다는 가장 직접적인 증거는 스코틀랜드의 에버딘Aberdeen에서 발견된 약 40억 년 전에 형성된 것으로 보이는 라이니 처트Rhynie chert에서 나왔다.

처트는 화학적 퇴적암으로 해저에 침전되는 아주 미세한 석영 결정으

라이니 처트 박편에서 고생대 생물 라이니아 마요르(*Rhynia major*)의 줄기를 볼 수 있다. 과학자들은 라이니 처트에 대한 연구를 통해 식물과 균류의 공생 관계를 처음으로 밝혀주는 중요한 증거를 얻었다.

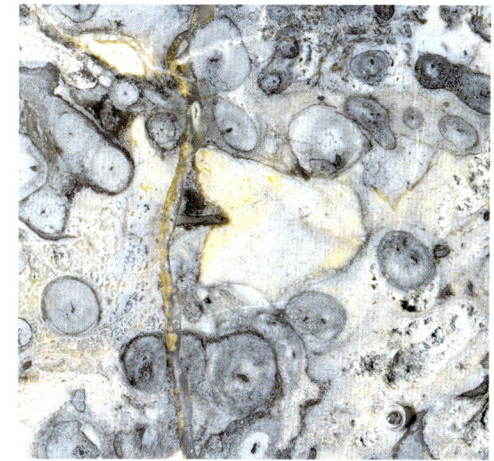

다양성의 역사

과학자들은 한 종 또는 몇 개의 종에서 지구의 생명은 시작하였으며, 오랜 세월이 지나는 동안 종의 수가 계속 늘어나고 있다고 생각한다. 그럼에도 불구하고 과학자들은 종의 실제적인 다양성 증가의 형태에 대한 확실한 증거를 아직 밝혀내지 못하고 있다.

필립의 구상 1860년 지질학자 존 필립John Phillips 은 자신이 쓴 《지구의 생명 Life on Earth》이라는 책에서 지질학적 시간에 따른 지구 생명체의 다양성에 대한 자신의 구상*을 밝혔다. 그의 구상에

따르면, 지구 생명체의 다양성은 고생대에는 전반적으로 적었다. 특히 고생대 말인 페름기와 중생대 초기인 트라이아스기 사이에는 매우 적었다. 그러다가 중생대에 증가하였는데, 고생대보다 두 배나 높았으며, 중생대 말인 백악기와 신생대 제3기 사이 기간 동안에는 매우 가파르게 감소했다가 신생대에 다시 많아지기 시작하여 중생대 최고기의 반 정도로 회복했다.

존 필립

셉코스키 곡선 필립의 다양성에 대한 구상은 100년 동안이나 주목을 받지 못했다. 그러나 1970년대 지질학자들은 시간의 흐름 속 생명의 다양성에 대한 문제에 큰 관심을 가지게 된 후부터는 다시 관심을 받을 수 있었다. 캘리포니아 대학의 진화생물학자인 제임스 발렌타인 James Valentine은 분류학적 개념에서 필립과 비슷한 구상을 담은 책을 출간했다. 발렌타인은 과의 단계와 종의 단계에 해당하는 광범위한 고생물학적 자료를 이용하여 시카고 대학의 고생물학자 잭 셉코스키Jack Sepkoski, 1948-99의 다양성 곡선을 정량적으로 나타내려고 시도했다. 그는 지난 5억 년 동안 늘어나거나 줄어든 3가지 동물군을 예로 들었다. 셉코스키의 다양성 곡선은 각 동물군은 캄브리아기부터 늘어났으며, 각각 동물군에 해당하는 변천 형태가 있었다는 것을 보여주고 있었다. 동물군에는 전형적 팽창이 있었는데, 가장 중요한 것은 각각의 동물군에는 평형 상

위 현재 바다에 살고 있는 두족류이다. 이들은 캄브리아기에 최초로 나타난 두족류의 후예이다.
아래 고생대의 삼엽충 화석. 삼엽충은 해양 동물로 약 6억 년 전에 생겨나 3억 5천년 동안 번성했다.

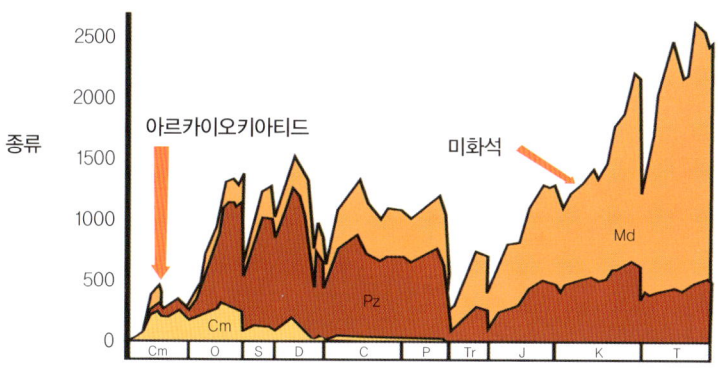

위 멸종 현상은 여러 종류의 종이 비교적 짧은 기간 내에 빠르게 감소하면서 생긴다. 이러한 현상은 거대한 유성이 지구와 충돌할 경우에도 생길 수 있으며, 과학자들은 공룡의 멸종이 이에 의한 것일 수도 있다고 생각한다.
아래 셉코스키 곡선을 보여주는 그래프. 지질학적 시간의 경과에 따른 종 단계 해양 생물의 다양성을 보여준다.

셉코스키는 발렌타인과 필립의 구상에 동의를 했고, 다양성은 시간이 흐름에 따라 증가하고 신생대에 이 증가는 눈에 띄었다고 했다. 셉코스키의 연구를 통해 얻은 멸종 통계표는 캄브리아기에는 여섯 개의 군이 백만 년 단위로 멸종하였으며, 신생대에서는 그것보다 약간 적은 숫자의 군이 멸종했다는 것을 보여 주었다. 그리고 생물군의 멸종 현상은 2,600만 년의 주기성을 갖고 있는데, 그 이유에 대해서는 계속 논의를 하고 있다.

태와 최대 한도가 있다는 점이었다. 대부분 동물군은 경쟁에 의한 대멸종만 없었다면 다양성에 대한 표준은 일정했다.

• 여기서 구상이란 영화의 각본이나 드라마의 시나리오 같은 것을 뜻한다(옮긴이).

공룡 사례 연구 1

공룡은 생물군 집단의 이동과 분포를 추적하고 지질학적 시간의 경과에 따른 생물의 진화를 연구하는 데 매우 유용한 사례이다. 공룡의 기원과 분포, 멸종의 이유, 그리고 지금 공중에 날아다니는 조류와의 유연 관계를 밝히는 일은 고생물학자들에게는 가장 매혹적인 주제이다.

공룡의 기원 공룡은 쥐라기와 백악기 동안에 존재했으며, 약 1억 6,300만 년 동안이나 지구상에 번성했다. 가장 초기의 공룡들은 곤드와나 대륙에서 기원을 찾을 수 있는데, 에오랍토르 루넨시

위 캐나다 드럼헬러(Drumheller)의 공룡 골짜기에서 발견된 공룡 뼈 화석
아래 미국의 유타 주 세인트조지(St. George)에서 발견된 수각룡의 발자국 화석으로 쥐라기 초기의 것으로 추정되고 있다.
오른쪽 중생대 쥐라기의 스테고사우루스와 브라키오사우루스(상상도)

스*Eoraptor lunensis*나 브라질의 이시구알라스또 층에서 발견된 헤레라사우루스 이시구알라스또*Herrerasaurus ischigualasto*와 산타마리아의 스타우리코사우루스 프리체이*Staurikosaurus pricei* 등이 있다.

아르헨티나에서 발견된 트라이아스기 말의 지층에서는 뒷다리가 길고, 공룡과 많이 닮은 파충류인 마라스추우스*Marasuchus* 화석이 들어 있었다. 이 고생물은 중생대 초기에 서식했던 파충류의 후손으로 나중에 공룡의 조상이 되었다. 파충류와 공룡의 차이점은 두 발로 설 수 있는 뒷다리이다. 두 발로 설 수 있는 뒷다리는 빠른 움직임을 뜻하여, 이것은 나중에 공룡의 다양화에 중요한 요소가 되었다.

공룡의 다양성 트라이아스기에서 백악기까지 있었던 공룡의 다양성을 보인 중심적인 세 지역은 중생대의 세계 지도를 보면 알 수 있다. 공룡의 수가 증가했던 시기는 초대륙인 판게아가 분리되어 북쪽과 남쪽에는 바다가 있는 현재의 지구 모습과 비슷한 대륙 분포를 했던 백악기였다. 따라서 공룡 다양성의 첫 번째 중심 지역은 지금의 남아메리카, 남아프리카, 남극 대륙의 기원이 되는 곤드와나 대륙이라고 할 수 있다.

공룡 사례 연구 2

리오자사우루스*Riojasaurus*나 마쏘스폰딜루스 *Massospondylus* 같은 원시 용각류는 남아프리카나 아르헨티나의 후기 트라이아스기의 암석에서 발견되고 있다. 그리고 원시 조각류인 헤테로돈토

사우루스Heterodontosaurus와 아브릭토사우루스Abrictosaurus는 초기 쥐라기인 남아프리카에 나타난다. 티라노사우루스Tyrannosaurus rex를 포함한 큰 육식 공룡 집단인 테타누레는 남극 대륙에서 대표적으로 발견되었다.

공룡 다양성의 두 번째 중심 지역은 유럽이다. 케라토사우루스와 같은 육식 수각룡이나 네 다리를 사용한 안킬로사우루스와 같은 초식 공룡, 그리고 두 발로 걸었던 파키케팔로사우루스와 같은 초식 공룡의 화석이 유럽에서 발견되었다.

깃털이 있는 조류

1802년, 사우스 해들리South Hadley에 살았던 프리니 무디Pliny Moody가 처음으로 공룡 발자국을 발견했는데, '노아 갈매기Noah's Raven'의 발자국이라고 생각하였다. 그 후 공룡과 조류의 관계에 대한 연구가 시작되

위 현대 조류의 조상으로 중생대에 공중을 날아다닌 파충류인 프테라노돈(pteranodons) 등과 같은 익룡을 생각할 수 있는데 사실은 다르다.
가운데 티라노사우루스의 머리 뼈
아래 아르케오프테릭스. 최초의 조류 화석으로 추정된다.

었다. 연구 초기에는 공룡을 지나치게 크고 느린 파충류로 보는 시선이 우세했다. 하지만 요즘에는 공룡을 대단히 활발하고 성공적으로 환경에 적응하는 생물이며, 또한 둥지를 치고 새끼를 보호하는 조류의 특성을 가지는 동물로 보는 시선이 우세하다. 중국의 초기 백악기 지층에서 발견한 마이크로랩터Microraptor는 깃털이 있는 네 다리를 가지고 있었다.

이와 같은 특징은 최초의 조류 화석으로 알려진 아르케오프테릭스Archaeopteryx에서도 공통적으로 발견되었다. 그래서 대부분의 고생물학자들은 공룡은 멸종되어 사라진 것이 아니라 우리들 곁에서 조류의 형태로 살아가고 있다고 주장한다.

수각룡은 오늘날 조류의 직접적인 조상이다(상상도).

• 공룡은 골반(엉덩이)을 이루고 있는 장골, 치골, 좌골 등 세 뼈의 구조를 기준으로 도마뱀의 골반과 비슷한 구조를 한 용반목과, 새의 골반과 비슷한 구조를 한 조반목으로 나눈다. 용각류와 수각류는 용반목에 속하고, 조각류는 조반목에 속한다. 용각류는 일반적으로 덩치가 크고 목과 꼬리가 매우 긴 공룡으로 브라키오사우루스나 디플로도쿠스와 같은 대형 초식 공룡이 주로 해당한다. 반면에 수각류는 대부분 육식 공룡으로 튼튼한 뒷다리로 서서 초식 공룡을 사냥하며 뛰어 다녔고 티라노사우루스, 알로사우루스 등이 이에 해당한다. 조각류는 뒷다리가 잘 발달하여 두 발로 걸었던 초식 공룡으로 마이아사우라와 이구아노돈 등이 있다(옮긴이).

지질학 발전에 기여한 사람들

탈레스

Thales, 기원전 640–546

그리스의 철학자. 생물이 해양에서 시작하여 육지로 점차 옮겨 갔다는 과학적 추론을 가장 먼저 한 사람이다.

아리스토텔레스

Aristotle, 기원전 384–322

그리스의 철학자 및 박물학자. 최초로 생물을 특성과 형태적 특징에 따라 분류했다.

알베르투스 마그누스

Albertus Magnus, 1193/1205–80

독일의 신학자이자 철학자. 《광물》이라는 저서에서 광물 광석의 기원에 관한 흥미로운 논문을 썼다. 광맥에서 사금을 침전시켜 구분해내는 방법을 연구했다.

레오나르도 다 빈치

Leonardo da Vinci, 1452–1519

이탈리아 출신의 화가 및 발명가. 산악 지역에서 발견한 화석이 한때는 바다에 살았던 고생물이라고 주장했다.

니콜라스 스테노

Nicolaus Steno(Nils Stensen), 1638–86

덴마크의 박물학자 및 성직자. 이탈리아의 투스카니에서 층서학을 발전시켰다. 화석으로 발견된 상어 이빨과 지금 살아 있는 상어의 이빨의 유사점을 밝혀내어 화석으로 발견된 이빨의 주인공이 과거에 살아 있었음을 증명했다.

미하일 바실리예비치 로모노소프

Mikhail Vasilevich Lomonosov, 1711–65

러시아의 박물학자. '현재가 과거의 열쇠다' 라는 개념을 지질학에 적극적으로 적용한 과학자이다. 과거에 있었던 많은 자연 현상들이 오늘날에도 똑같은 과정을 겪고 있다고 생각했다.

장 에티엔 귀타르

Jean-Étienne Guettard, 1715–86

프랑스의 지질학자. 프랑스 오베르뉴(Auvergne) 지방에 있는 화산의 특징을 연구했다. 1746년 최초로 지질학 지도를 출판했다.

제임스 허튼

James Hutton, 1726–97

스코틀랜드 출신의 지질학자. 시카(Siccar)에서 발견한 부정합을 토대로 지구를 덮고 있는 지각의 형성 과정을 연구했다. 지구가 형성된 시간이 매우 길다는 생각을 했으며, 《지구의 이론(Theory of the Earth)》이라는 책을 써 지질학의 기초를 닦았다.

아브라함 고틀롭 베르너

Abraham Gottlob Werner, 1749–1817

프러시아 출신의 지질학자. 1777년에 전 지구적으로 적용할 수 있는 지층의 층서를 밝히는 일을 했다.

장 밥티스트 라마르크

Jean-Baptiste Lamarck, 1744–1829

프랑스의 박물학자. 생물학적 특성은 유전적으로 물려받기보다는 후천적으로 습득될 수 있다는 주장을 폈다.

조르주 퀴비에

Georges Cuvier, 1769–1832

프랑스의 박물학자. 비교 해부학을 이용하여 고생

조르주 퀴비에

물의 특징을 밝혔다. 특정 동물은 멸종했으며, 화석을 통해 유대류 존재를 확인하는 등 화석 연구에 중요한 일을 많이 했다.

윌리엄 스미스
William Smith, 1769-1839

영국의 지질학자. 지층이 형성되는 과정을 보여 주는 최초의 지질도를 출판하였다. 멀리 떨어져 있는 지층의 화석과 암석의 유사점을 이용하여 지층의 상관 관계를 밝혀내기도 했다.

찰스 라이엘
Charles Lyell, 1797-1875

스코틀랜드 출신의 지질학자 및 변호사. 허튼이 주장한 '현재는 과거에 대한 열쇠다' 라는 생각을 토대로 여러 지질 현상을 통일적으로 설명하여 근대 지질학을 확립하였다. 지질학의 아버지로 불린다. 1830년 《지질학 원리(*Principles of Geology*)》라는 책을 출간했다.

자크 조셉 에블망
Jacques Joseph Ebelmen, 1814-52
프랑스의 광업기술자 및 화학자. 탄산 염과 규산 염 암석과 토양의 풍화 작용에서 식물이 중요한 역할을 하고 있음을 증명했다.

코르네이유 장 코엔
Corneille Jean Koene, 1817-65
벨기에의 화학자. 지질학적 시간의 흐름을 통해 대기의 이산화 탄소 농도가 급격하게 줄어든 것은 식물의 광합성 작용이 중요한 역할을 하고, 또한 광합성으로 생성된 탄소 유기물이 땅에 묻히기 때문이라고 주장했다.

에두아르트 쥐스
Eduard Suess, 1831-1914
오스트리아의 지질학자. 1861년에 초대륙 곤드와나, 1893년에 중생대의 테티스 대양의 존재를 증명했다. 《지구의 얼굴(*The Face of the Earth*)》이라는 저서를 통해 '생물권' 이라는 개념과 용어를 처음으로 소개했다.

애덤 세지윅
Adam Sedgwick, 1785-1873
영국의 지질학자. 1855년 처음으로 고생대의 캄브리아기를 정의했다. 그는 과학적 진실과 믿음을 강조하여 '진실은 항상 그

자신과 일치해야 한다' 고 말했다.

로더릭 머치슨
Roderick Murchison, 1792-1871
영국의 지질학자. 실루리아기를 정의했고, 영국과 러시아 사이의 고생대 지층에 대한 연구를 했다.

루이 아가시
Louis Agassiz, 1807-73

스위스 출신의 미국인 고생물학자 및 지질학자. 어류 화석에 대해 선구적인 연구를 했고, 최근에 있었던 대빙하기가 북쪽 대륙들에 지대한 영향을 끼쳤음을 주장했다.

찰스 다윈
Charles Darwin, 1809-82
영국의 박물학자 및 생물학자. 할아버지 에라스무스 다윈(Erasmus Darwin)의 이론을 넓혀 자연 선택에 의한 진화 이론을 주장하여 유명해졌으며, 산호섬의 기원이나 지렁이들의 토양 교란 능력과 같은 다양한 주제로 연구를 한 훌륭한 지질학자이다.

에드워드 드링커 코프

Edward Drinker Cope, 1840–97

미국의 고생물학자. 백악기의 북아메리카 지층을 탐색했고, 56여 종의 공룡 화석을 발견했다. 지질학적으로 시간이 경과함에 따라 생물의 진화는 몸이 큰 방향으로 이루어진다는 '코프의 법칙'을 주장했다.

토머스 크라우더 체임벌린

Thomas Chrowder Chamberlin, 1843–1928

미국의 고생물학자. 천문학자 포레스트 R. 몰턴과 함께 지구의 형성에 관해 미행성체 가설을 세웠다.

찰스 두리틀 월콧

Charles Doolittle Walcott, 1850–1927

미국의 고생물학자. 스미스소니언 협회와 미국 지질 조사의 서기관으로 일했다. 월콧은 캐나다 브리티시 콜롬비아에 있는 버제스 셰일 층에서 캄브리아기 화석들을 발견했다.

안드리자 모호로비치치

Andrija Mohorovicic, 1857–1936

크로아티아 출신의 지구물리학자. 1909년 자그레브(Zagreb) 주변에서 지진이 발생했을 때, 지진파를 관측하여 지구의 맨틀과 지각 사이에 불연속면이 있다는 사실을 최초로 알아냈다.

루이 돌로

Louis Dollo, 1857–1931

벨기에의 고생물학자. 돌로는 벨기에에 있는 이구아노돈의 뼈 화석 발굴 작업을 통해 명성을 얻었다. 생물의 진화적 변화는 되돌릴 수 없는 것이라는 개념을 담고 있는 '돌로 법칙'을 주장했다.

블라디미르 베르나드스키

Vladimir Vernadsky, 1863–1945

러시아의 지구화학자. 생물권이 지각에서 일어나는 다양한 풍화 활동의 촉매제 역할을 한다고 주장했다. 또한 '생명의 속도'를 계산하기도 했다.

조셉 바렐

Joseph Barrell, 1869–1919

미국의 지질학자. 층서학적 분석과 방사선 연대 측정을 혼합하여 상대적, 절대적 연

찰스 D. 월콧

루이 돌로

대 측정 기술의 연결점을 확립했다. 이 방법은 오늘날 지질학에서 광범위하게 사용되고 있다.

미그논 탈봇

Mignon Talbot, 1869–1950

미국의 고생물학자. 화석으로 발견된 공룡인 포도케사우루스(*Podokesaurus holyokensis*)의 뼈 화석을 재구성하는 작업을 체계적으로 하여 공룡 뼈 화석을 재구성하는 기술적인 발전에 큰 공헌을 했다.

알렉스 뒤 투와

Alex du Toit, 1878–1948

남아프리카 출신의 지질학자. 《우리들의 방랑하는 대륙(*Our Wandering Continents*)》이라는 책을 통해 곤드와나 대륙이 대륙 이동으로 떨어져 나갔음을 주장했다.

밀루틴 밀란코비치

Milutin Milankovitch, 1879–1958

세르비아 출신의 천체물리학자. 기후의 변화를 지구의 궤도적, 회전적 요소의 주기적 변화와 연관지어 설명했다.

알프레드 로타어 베게너

Alfred Lothar Wegener, 1880–1930

독일의 기상학자 및 지질학자. 저서 《대륙과 바다의 기원(The Origin of Continents and Oceans)》을 통해 대륙 이동설을 강력하게 주장했다. 현재의 대륙은 분리되기 전에 하나의 큰 대륙인 초대륙판게아로 있었다고 말했다. 그린란드에서 대륙 이동설을 증명하는 자료들을 탐사하는 도중에 사망했다.

로이 채프먼 앤드류와 그의 반려자

피에르 테이야르 드 샤르댕

Pierre Teilhard de Chardin, 1881–1955

프랑스의 예수교 신부이자 지질학자. 지질학 탐험가, 고생물학자로 중국의 지질 연구로 유명하다. 사후에 《인간의 현상(The Human Phenomenon)》이라는 책을 발간했다.

로이 채프먼 앤드류

Roy Chapman Andrews, 1884–1960

미국의 탐험가. 영화 '인디애나 존스'의 실제 모델이기도 하다. 인류의 기원을 찾기 위해 고비 사막을 탐험했고, 오비랍토르(Oviraptor)라는 공룡의 알을 발견하여, 인류 최초로 공룡 알 화석을 발견한 사람이 되었다.

레이몬드 다트

Raymond Dart, 1893–1988

오스트레일리아의 고인류학자. 1924년 남아프리카에서 자신에게 보내온 화석에서 오스트랄로피테쿠스 아프리카누스(Australopithecus africanus) 두개골을 발견하였다.

해리 해몬드 헤스

Harry Hammond Hess, 1906–69

미국의 지질학자. 감람암 복합체에 관한 연구와 달의 표본에서 휘석 광물에 관한 연구로 유명하다. 1960년 맨틀의 대류가 대륙을 이동시키고, 해양저를 확장시키는 힘이 될 것이라는 가설을 주장했다.

루이스 월터 앨버레즈

Luis Walter Alvarez, 1911–88

스페인의 물리학자이며 노벨상 수상자. 백악기–팔레오세의 경계에 해당하는 지층에

피에르 테이야르 드 샤르댕

서 이리듐을 발견했다. 이리듐의 존재를 통해 1980년 중생대 백악기 말에 있었던 대멸종이 유성의 충돌에 의해 일어났다는 주장을 아들과 함께 했다.

프레스톤 E. 클라우드 주니어

Preston Ercelle Cloud Jr., 1912–91

미국의 지질학자 및 선캄브리아대의 고생물학자. 선캄브리아대의 광대한 호상철광층을 연구한 후, 그것들이 광합성 작용에 의해 방출된 산소가 바닷물에 녹아 있는 철 성분과 산화 반응을 하여 해저에 산화철의 상태로 존재한 것이라고 주장했다.

매리 타르프

Marie Tharp, 1920–2006

미국의 해양 지질학자. 중앙 해령에 꼭대기에 V자의 지형을 발견하고, 해저 지형도를 작성하였다. 이 지형도는 판 구조론을 정립하는 데 큰 역할을 했다.

지질학의 중대 사건들

탈레스

기원전 1150년
튜린의 파피루스에 인류 최초의 지질도가 그려지다.

기원전 600년
철학자 탈레스가 만물의 근본은 물이고, 지구도 물에서 나왔다고 주장하다.

기원전 332년
철학자 아리스토텔레스가 최초로 살아 있는 생명에 대한 분류를 하다.

기원전 250년
아르키메데스가 지각 평형설을 발견하다.

1245년
마그누스가 사금(砂金)을 금과 구별하다.

1667년
스테노가 층위학 원칙을 확립하다.

로버트 후크가 만든 현미경으로 본 미세 화석들

1703년
로버트 후크가 화석이 연대 측정을 하는 데 유용할 것이라고 제안하다.

1746년
튜린의 파피루스 이후 귀타르가 처음으로 지질도를 만들다.

1777년
아브라함 베르너가 전 지구적 층서학을 확립하다.

1785년
제임스 허튼이 지구가 형성된 시간이 매우 길었다고 주장하다.

1801년
스트라타 스미스가 지층 속의 동물 화석을 분석하여 영국의 지질학적 단면도를 만들다.

1802년
플리니 무디가 매사추세츠 주 사우스 해들리에서 공룡 발자국을 찾다.

이구아노돈의 두개골 화석

1821년
영국의 아마추어 매리 멘텔이 최초로 공룡 뼈 화석을 발견하다. 그녀의 남편인 기디언 멘텔(Gideon Mantell)이 이구아노돈이라 부르다.

1830년
찰스 라이엘이 저서 《지질학 원리(Prin-ciples of Geology)》를 출판하다.

1837년
루이 아가시가 대 빙하기의 개념을 발전시키다.

1838년
토마스 미첼이 오스트레일리아의 첫 지질도를 출판하다.

1845년
자크 에블망이 현대 화학 기호법을 발명하고, 풍화 작용에 의한 광석의 화학적 분해를 연구하다.

1855년
애덤 세지윅이 고생대 캄브리아기를 정의하다.

1856년
코르네이유 장 코엔이 지질학적 시간의 경과에 따라 식물로 인해 대기의 이산화 탄소량이 대폭 감소했음을 발견하다.

1859년
찰스 다윈이 《종의 기원(On the Origin of Species)》을 출간하다.

1861년
에두아르트 쥐스가 곤드와나 대륙의 이름을 정하다.

1878년
카리브 해와 멕시코 만의 수심 측량 지도가 출판되다.

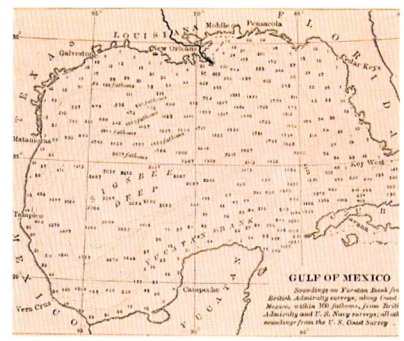

최초의 현대적인 수심 측량 지도

1890년

그로브 K. 길버트가 고대 호수인 보네빌(Bonneville)을 발견하다.

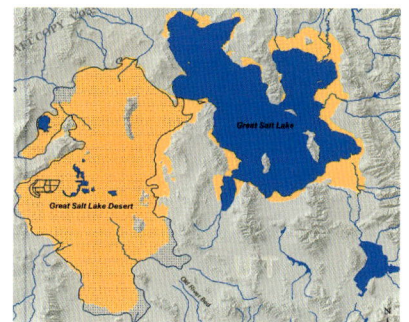

빙하 호수 보네빌(주황색)

1895년

앙투안 앙리 베크렐이 우연히 우라늄 광석에서 방사능을 발견하다.

1900년

노만 L. 보웬이 화성암이 마그마의 순차적 결정 작용으로 이루어진다는 것을 밝힌 보웬 반응계열을 발표하다.

1905년

토머스 C. 체임벌린과 포레스트 R. 몰턴이 지구의 형성에 대한 미행성체 가설을 제안하다.

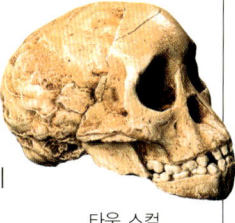

타웅 스컬

1909년

찰스 D. 월콧이 버제스 셰일 층에서 화석을 발견하다.

1909년

모호로비치치의 불연속면이 발견되다.(모호)

1911년

미그논 탈봇이 포도케사우루스(Podokesaurus holyokensis)의 두개골 화석을 정확하게 재구성하다.

1915년

알프레드 베게너가 《대륙과 바다의 기원(The Origin of Continents and Oceans)》이라는 저서를 출간하고, 판게아라는 초대륙의 존재를 주장하다.

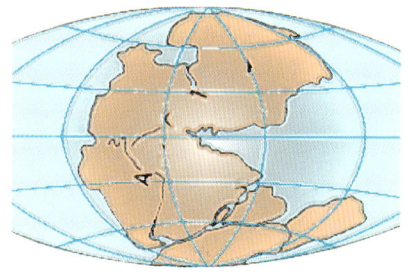

판게아

1916년

에른스트 웨픽(Ernst J. Öpik)이 달의 분화구의 기원에 대해 운석 충돌설을 주장하다.

1921년

알렉산드르 오파린(Aleksandr Oparin)과 할데인(J. B. S. Haldane)이 생명은 대기를 구성하고 있는 여러 성분의 화학적 결합에서부터 진화한 것이라고 주장하다.

1923년

로이 채프먼 앤드류가 고비 사막에서 공룡 알을 발견하다.

1924년

레이먼드 다크가 타웅 스컬(오스트랄로피테쿠스 아프리카누스)을 발견하다.

1925-27년

독일의 선박 메테르 호가 대서양 해저를 조사하다.

1935년

찰스 팔라체가 결정 화학에 관련하여 광석 형성 과정을 설명하는 논문을 출판하다.

1947년

윌라드 리비(Willard F. Libby)가 방사성 탄소 연대 측정 기술을 발견하고 나중에 이것으로 노벨상을 수상하다.

지진 예상도

1948년

울리치가 최초로 지진 예상 지도를 출판하다.

1953년

사무엘 엡스틴(Samuel Epstein)과 그의 공동 저자들이 유공충 화석에 있는 산소 동위 원소를 이용하여 기후 변화를 추적하다.

밀러-유리 실험 장치

1953년

스탠리 밀러는 시카고 대학의 해롤드 유리 교수의 지도 아래 초기 지구의 상태에 대한 가정을 모의 실험을 하다.

1955년
패터슨(C. Patterson)과 틸튼(G. Tilton), 잉그램(M. Inghram)이 지구의 나이를 계산하다.

마우나로아 관측소

1955년
브루스 해먼(Bruce Hamon)과 닐 브라운(Neil Brown)이 CTD를 발명하다. CTD(Conductivity-Temperature-Depth)는 수심에 따른 염분과 온도의 변화를 측정하는 장비이다.

1956년
독일의 고생물학자 아돌프 세일라처는 선캄브리아기 전역에 나타난 흔적화석에서 심한 변화(폭발적인 생명체의 탄생)가 일어났음을 증명하다.

1956년
영국의 지구물리학자 스탠리 키스 렁컨은 고대 대륙 위치를 결정하는 데 고지자기학을 이용하다.

1957년
제임스 E. 러브룩이 가스크로마토그래피에서 사용되는 전자 포착 탐지기를 발명하

다. 이 발명으로 대기 가스 측정에 혁명을 일으키다.

1958년
하와이의 마우나로아 관측소에서 이산화탄소량을 정확히 측정하고 온실 효과 연구에 필수 자료로 사용하다.

1960년
해리 헤스가 대륙 이동의 원인으로 맨틀의 대류설을 주장하다.

1961년
로간(B. W. Logan)이 스트로마톨라이트가 미생물 매트임을 밝히고, 스트로마톨라이트 화석의 의미를 알리다.

1963년
대서양 중앙 해령의 분화로 새로운 화산섬인 서트시(Surtsey)가 아이슬란드 해안에 나타나다.

서트시 섬

1964년
브라이언 할랜드(Brian Harland)가 선캄브리아대 말에 있었던 전 세계적인 빙하작용을 발견하다.

1965년
바푼(E. S. Barghoorn)과 타일러(S. A. Tyler)가 선캄브리아대의 처트에서 발견된 미생물 화석을 분석하다.

1968년
프레스톤 클라우드가 호상철광층의 암석으로 대기에 산소가 등장한 시기를 계산하다.

1969년
아폴로 11호가 달에서 암석을 가져오는 임무를 수행하다.

달 표면에서 암석 채집 활동을 하고 있는 닐 암스트롱

1971년
매리너 9호가 다른 행성의 궤도를 도는 첫 번째 우주 탐사선이 되어 화성에서 해협을 발견하다.

1973년
판 구조론과 지구 자기 역전 출간(앨런 콕스)

1977년
심해 탐사 잠수정인 앨빈 호가 갈라파고스 중앙 해령 열곡에서 놀라운 심해 생물의 세계를 밝혀내다.

앨빈 호

1977년

사이먼 콘웨이 모리스(Simon Conway Morris)가 캄브리아 중기에 살았던 지렁이 화석을 버제스 셰일에서 발견하다.

1978년

월터 피트만 3세(Walter Pittman III)가 해저 산맥의 확장 속도와 세계 해수면 높이의 연관성에 대해 말하다.

1980년

루이스와 월터 앨버레즈가 공룡의 멸종 원인으로 지구와 운석의 대충돌설을 제기하다.

1983년

완전한 코노돈트 화석이 스코틀랜드 한 박물관 서랍에서 발견되다.

1984년

화성의 암석으로 추정되는 앨런 힐스 운석 84001이 남극 대륙의 빙하 표면에서 발견되다.

1987년

할키리어 에반겔리스타(Halkieria evangelista) 지렁이의 완전한 화석이 그린란드에서 발견되어 캄브리아기의 작은 화석들을 연구하는 데 중요한 계기가 되다.

1990년

로디니아가 초대륙으로 인정받다.

1990년

해양의 대순환이 일어나는 과정을 실험하다.

1992년

조셉 커스크빈크(Joseph Kirschvink)가 원생대의 거대 빙하 작용에 대해 설명하다.

1992년

폴 C. 세리노(Paul C. Sereno)가 초기 공룡으로 알려진 헤레라사우루스 이치구알라스토(Herrerasaurus ischigualasto)를 남미에서 발견하여 분석하다.

헤레라사우루스 이치구알라스토

1993년

린 마굴리스(Lynn Margulis)가 저서 《세포 진화의 공생(Symbiosis in Cell Evolution)》를 출판하다.

AH84001

1994년

《하이퍼시 : 육지의 생물(Hypersea : Life on Land)》이라는 책이 출간되어 해양 생물이 어떻게 육지로 이동하여 정착했는지를 설명하다.

1995년

가장 오래된 동물의 화석이 멕시코의 소노라(Sonora)에서 발견되다.

2000

우주 왕복선 엔데버(Endeavor) 호가 찍은 많은 사진들이 지구의 지형 연구에 큰 도움을 주다.

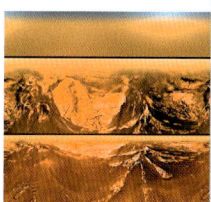
타이탄의 표면

2002

해양의 대순환이 일어나는 과정을 살피는 실험이 완료되다.

2004

토성 탐사선 카시니-호이겐스(Cassini-Huygens) 호가 타이탄 표면에서 해협을 발견하다.

세계를 바꾼 지도

1801년 무명의 영국 지질학자 윌리엄 스미스(William Smith)는 〈영국과 웨일스의 일반 지층 지도(General Map of Strata in England and Wales)〉라고 이름붙인 지도를 완성했다. 이 지도에는 서로 다른 지층을 연결하는 평행선이 그려져 있었다. 이 선들은 남서쪽의 데본샤이어(Devonshire)에서 북동쪽의 요크(York)와 북해 연안까지 이어져 있는데, 이것은 대부분 영국에 분포하고 있는 쥐라기 시대의 지층을 나타내었다. 이 지도는 1745년 귀타르가 제작한 백악기의 영국과 프랑스의 지층 지도를 토대로 제작된 것이었다. 스미스가 만든 이 지도는 지질학계에서는 '세계를 바꾼 지도'가 되었다.

윌리엄 스미스

영국의 지층

1799년 윌리엄 스미스는 영국의 배스(Bath) 지역 지질도를 출판했다. 이어 1815년에는 영국과 웨일스, 스코틀랜드의 지층을 그린 완성된 지질학적 지도를 출판했다. 이 지도는 최근에 만든 지질도와 비교해도 손색이 없을 정도로 정확했다. 스미스의 작업이 매우 정확했음을 보여주는 것이다.

스미스는 서머셋(Somerset)의 한 토지에서 광산의 가치를 평가하는 일을 하던 중에 한 지역의 지층과 다른 지역의 지층을 연관시켜 연구하는 일의 중요성을 깨달았다. 그는 먼스 핏(Mearns Pit)에서 지층에 포함되어 있는 화석과 그 주위에 분포하는 암석 사이에는 연관성이 있음을 발견했고,

귀타르가 만든 광물학 지도

튜린의 파피루스

귀타르와 스미스의 지도는 기원전 1150년에 고대 이집트에서 제작되어 유일하게 잔존하는 지형학적 지도인 튜린의 파피루스에 그려진 지도와 많은 부분에서 공통점이 있었다. 1814년에서 1821년 사이에 프랑스의 총독이 발견한 이 지도에는 화강암, 사문암, 화산암 등의 분포가 나타나 있고, 심지어는 채석장과 금광까지 그려져 있었다.

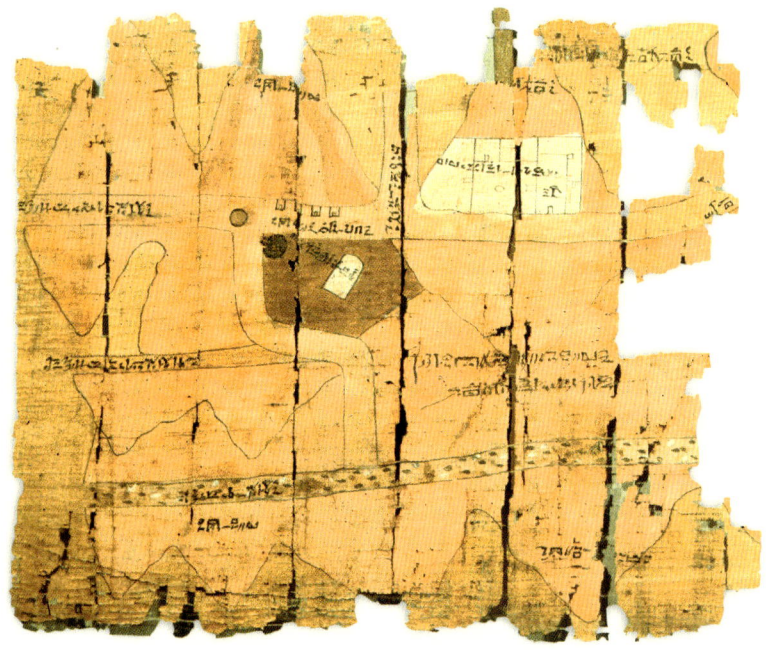

튜린의 파피루스에 그려진 지도의 일부

이를 이용하면 지층이 형성된 순서를 정할 수 있음을 알게 되었다.

스미스는 출판되지 않은 논문 중의 하나인 〈하이 리틀톤(High Littleton) 행정구에 있는 먼스 콜리어리(Mearns Colliery)의 지하 지질 조사 원본 스케치와 관찰 기록〉에는 다음과 같은 관찰 기록을 남겼다. "암석의 층위가 내 눈길을 끌었다. 나는 지층의 배열이 내가 조사하는 석탄층의 형성 과정에 어떤 영향을 주었는지에 대해 설명할 수 있었다." 이 작업은 지층이 쌓인 순서를 이용하여 암석의 분포를 파악하고자 했던 스미스의 연구에 많은 영향을 주었다.

영국 지질학의 아버지

비천한 신분으로 태어난 윌리엄 스미스가 과학의 발전에 큰 기여를 했다는 것을 인정받기까지는 오랜 세월이 걸렸고, 스미스는 인내심을 가지고 기다려야 했다. 1831년 스미스는 지질학자들에게 주는 월러스턴(Wollaston) 상의 첫 번째 수상자가 되었다. 그 후 그는 윌리엄 '지층' 스미스, 혹은 '지층 스미스'라고 불리다가 나중에는 영국 지질학의 아버지로 불리게 되었다.

지도 작성 프로그램

1745년부터 지질학적인 지도, 즉 지질도의 개념이 유럽과 북아메리카에 빠르게 퍼져나갔다. 원래 지층 사이의 연결점과 광산의 위치를 보여주기 위해 만들어졌던 지질도에는 단층 흔적, 습곡, 지층의 형태(주향과 경사) 등 중요한 특징을 나타내는 기호가 추가되었다.

최근에 GPS와 같은 첨단 기술은 이 분야에 지질도를 정확하게 만드는 데 많은 기여를 했지만, 아직도 지질도를 만드는 데에는 숙련된 현장 지질학자의 손길이 절대

윌리엄 스미스가 만든 〈영국과 웨일스의 일반 지층 지도〉

적으로 필요하다. 지층 스미스가 세상을 바꾼 지질도는 빠른 속도로 세계를 망라한 지질도로 발전하고 있는 중이다.

세계 지질도

세계 지질도는 세계의 모든 지질학자들이 함께 한 열성적인 노력의 산물이다. 그러나 아직 지구의 많은 지역들, 특히 중앙아시아, 아프리카, 그리고 얼음으로 덮인 남극 대륙은 다른 지역처럼 자세한 지질을 보여주지 못하고 있다. 따라서 세계 지질도는 좀 더 많은 시간이 지나야 완전한 지질도가 될 수 있을 것이다.

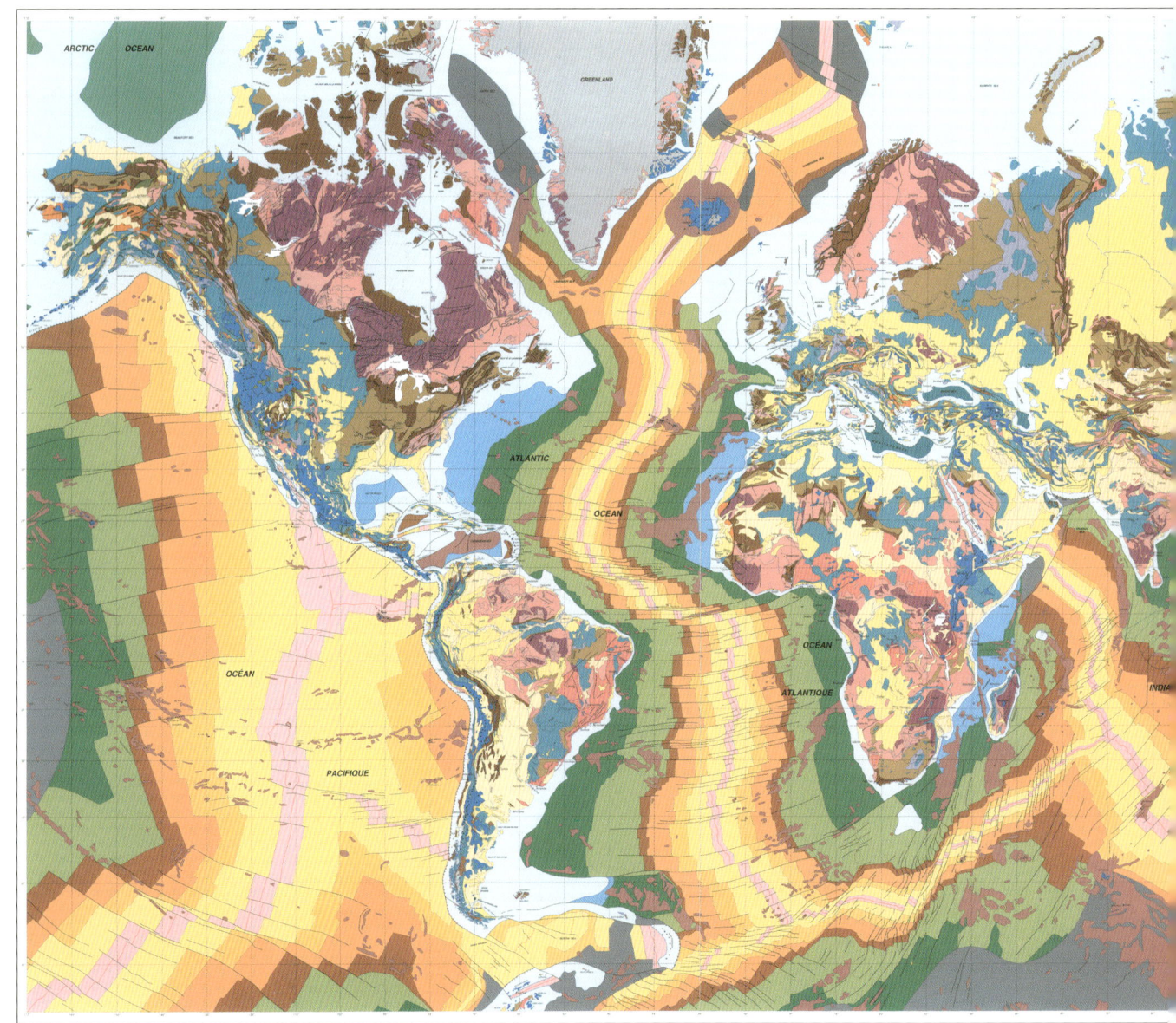

세계 지질도

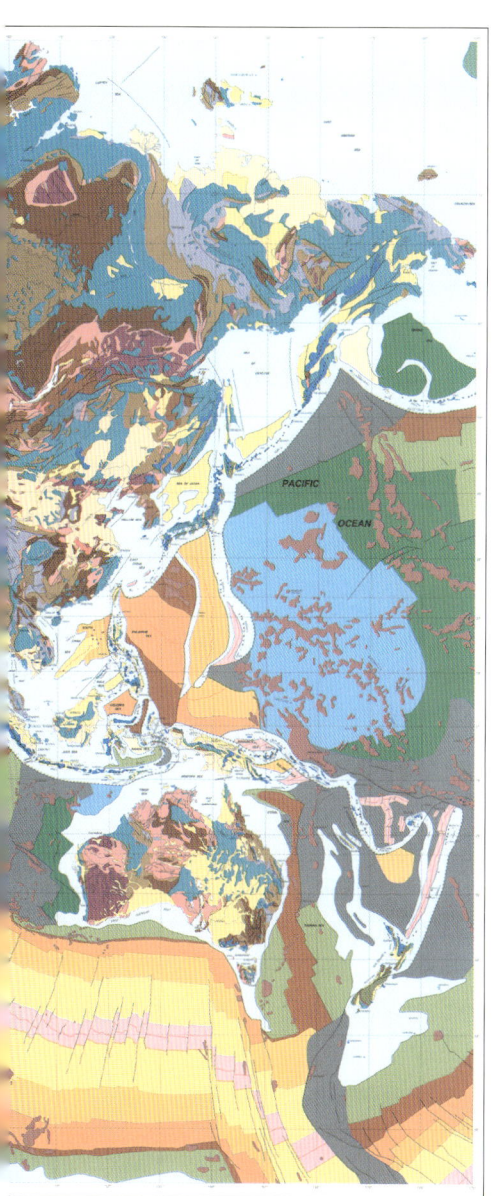

해양 분지

세계 지질도의 가장 놀라운 특징은 해양 분지를 지질도에 나타냈다는 것이다. 중앙 해령과 대칭을 이루고 있는 인상적인 줄무늬는 지질학적인 시간으로 볼 때 중생대 쥐라기부터 순차적으로 각기 다른 시점에서 연속적으로 분화된 염기성 화성암의 띠를 나타낸다. 이 줄무늬들은 미국인 해양 지질학자 마리 타르프(Marie Tharp)에 의해 최초로 그려졌다. 쥐라기보다 오래된 많은 해양 지각의 암석들은 판의 섭입에 의해 대부분 사라졌지만 몇몇 지역의 작은 해양 지각 표본들은 아직까지 보존되어 있기도 하다.

대륙의 지질도

대륙의 지질도는 각 대륙의 내부에 있는 안정된 지역(대륙괴)과 가장자리의 유동적인 지역으로 나뉘는 특성이 있다. 대륙괴는 약 10억 년이 넘는 대륙판들이 붙어서 이루어진 것이다. 폴 호프만(Paul Hoffman)은 북미 대륙괴에 관한 지질도를 보고 '판이 합쳐진 아메리카'로 불렀다.
대륙괴는 한때 활성화된 지각 변동 지역이었다. 그러나 10억 년 동안 활동이 없는 상태를 이루고 있다. 가끔 단층 활동의 흔적이 보이기도 하지만 대부분 큰 규모의 지각 변동은 대륙의 가장자리에 이루어진다.

드물게, 때로는 엄청난 규모로 일어나는 단층 활동은 지진이 동반되기도 하는데, 주로 판과 판이 만나는 지역에서 일어난다. 이러한 곳은 대규모 습곡 산맥이 형성되는 곳이고, 대륙이 섭입하거나 충돌하는 곳이다. 북아메리카의 알래스카 지역에서 반복적으로 일어났듯이, 일부 섬이나 대륙형 소암반이 대륙의 가장자리와 충돌할 경우 새로운 지각이 대륙의 가장자리에 더해지는 일이 생기기도 한다.

지질 시대 단위

지질학적 시간은 대(代), 기(紀), 세(世), 기(期)로 구분된다. 과학자들은 지질도를 이용하여 특정 지질 시대에 퇴적한 암석의 분포를 금방 파악할 수 있다. 중생대에 생성된 모든 암석들은 중생대층이라는 암석에 속하고, 데본기에 퇴적한 암석들은 데본기 퇴적암을 이루고, 마이오세에 퇴적한 암석은 마이오세 퇴적암을 이룬다. 같은 지질학적 시간대에 형성된 암석은 퇴적암 혹은 화성암이든 상관없이 같은 지질 시대 단위로 분류하기 때문이다.

지질 연대

지질 연대는 우리가 지구에 대해 얼마나 많은 이해를 하고 있는지를 상징하는 과학적 결과물이다. 이것은 인간의 많은 연구와 노력으로 이룩한 중요한 산물이지만 아직 미완성 단계이므로 앞으로 지속적인 연구 대상이 될 것이다.

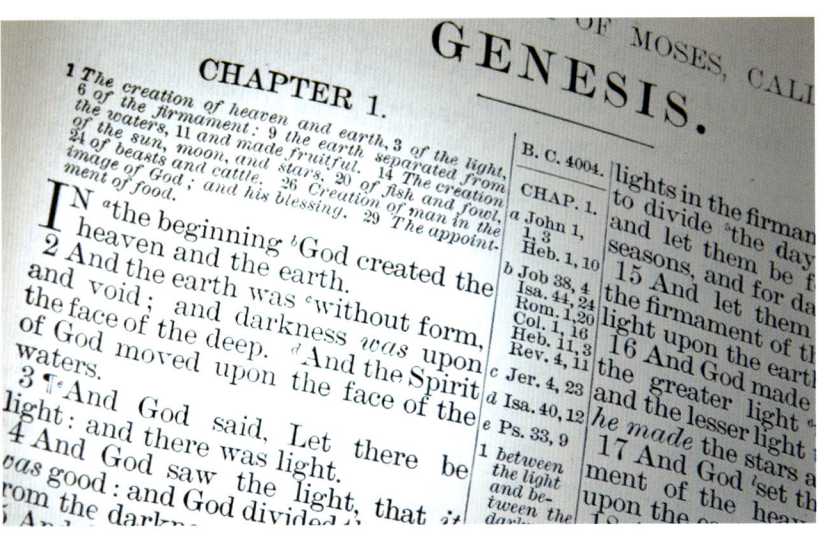

성경 기원

과학의 한 영역으로 지질학이 발달하기 전, 지구의 나이는 성경을 참고하여 계산하였다. 성경은 뚜렷하게 지구의 나이를 밝히지 않았지만, 성경 문헌들을 통해 대략적이고 상대적인 연대를 추정했다. 따라서 성경은 원시의 카오스 시대와, 동물 전 시대, 인류 전 시대로 나누었다. 초기의 박물학자들은 성경에 기록된 대홍수를 기준으로 지구의 역사를 크게 두 시대로 나누곤 했다.

베르너의 연대기

현대 지질학에서 연대를 나누기 시작한 것은 아브라함 고틀롭 베르너(Abraham Gottlob Werner)부터였다. 베르너는 수성

론자로서 화성암과 변성암을 비롯하여 지구의 모든 암석은 바다에서 침전 작용에 의해 생겨난 것이라고 믿었다. 이런 일이 가능하려면 노아의 대홍수가 반복적으로 일어나야 했다. 큰 오류가 있는 학설이었음에도 불구하고, 베르너는 이 이론에 기초하여 지질 연대를 만들었다. 그리고 그가 만든 지질 연대는 모든 과학자들이 응용하는 최초의 지질 연대가 되었다. 베르너와 그의 제자들은 모든 지질 연대를 1기, 과도기, 2기, 3기, 4기로 나누었다.

지질학적 시대

18세기에 이르러 지질 연대는 좀 더 세분화되었고, 따라서 새로운 명칭이 생겼다. 고생대, 중생대, 신생대 등으로 크게 세 개

의 지질학 연대가 생겼는데, 이러한 지질 연대는 베르너의 지질 연대에서 과도기, 2기, 3기에 해당한다. 오늘날 기(紀)로 알려진 지질 연대도 이 무렵부터 사용되기 시작했다. 이들 연대 중 일부는 러시아의 페름 분지에서 이름을 딴 페름기와 같이 암석이 많이 알려진 지역의 이름을 본떠서 만들어졌다. 또한 캄브리안이나 오르도비스와 같이 고대 웨일스 지역에 살았던 종족의 이름을 사용한 것도 있다. 그리고 석탄기와 같이 암석의 특징과 퇴적 시기와 관계된 것도 있다. 지질 연대는 좀 더 세분화하여 '세'로도 나누어지고, 이는 다시 '기(期)'로 나누어진다.

절대 연령

초기에 지질 연대의 구분은 지층의 상대적 나이를 결정하는 데 필수였다. 이와 같은 비교 연대 측정법은 특정 퇴적암에 포함되어 있는 고생물의 화석을 연구하는 것을 기초로 이루어졌다. 오늘날 흔히 사용하고 있는 암석의 절대 연령 측정, 즉 암석의 나이를 숫자로 나타내는 기술은 당시만 해도 상상하기 어려웠다. 하지만 방사성 동위원소의 반감기를 이용하는 절대 연령 측정과 이를 뒷받침하는 첨단 기계들의 발달로 암석과 화석의 연대 측정은 점점 발전하고 있다.

이언 eon	대 era	기 period			세 epoch	백만 년 m.y.
현생이언 Phanerozoic	신생대 Cenozoic	신 제4기 Quaternary			홀로세 Holocene	
					플라이스토세 Pleistocene	1.5
		신 제3기 Neogene			플라이오세 Pliocene	
					마이오세 Miocene	23
		고 제3기 Paleogene			올리고세 Oligocene	
					에오세 Eocene	
					팔레오세 Paleocene	65
	중생대 Mesozoic	백악기 Cretaceous				
		쥐라기 Jurassic				
		트라이아스기 Triassic				250
	고생대 Paleozoic	페름기 Permian				
		석탄기 Carboniferous	펜실베이니아기 Pennsylvanian			
			미시시피기 Mississippian			
		데본기 Devonian				
		실루리아기 Silurian				
		오르도비스기 Ordovician				
		캄브리아기 Cambrian				540
선캄브리아대 Precambrian		원생대 Proterozoic				2500
		시원대 Archean				3800
		시생대 Hadean				4600

작업 도구들

지학 망치

지학 망치는 셰일이나 층을 이루는 다른 암석을 쪼갤 때 사용하고, 화석을 발굴 하는 데 필수 도구이다.

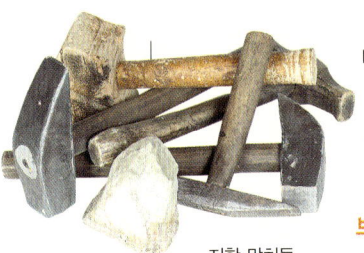

지학 망치들

디지털 카메라

현장을 탐구할 때 증거 자료를 수집하고 표본을 촬영하는 데 필요하다.

고도계

고도를 측정하는 장치로 산악 지형에 특히 유용하다.

조디악 보트

다이너마이트

화석을 덮고 있는 견고한 지층을 폭파시킬 때 사용한다. 사용할 때 매우 주의해야 한 다.

포인트 카운터

특정한 광석이나 화석이 분포하는 지점의 수를 기억하는 장치이다.

끌

지학 망치와 함께 사용되어 암석을 쪼개는

데 사용한다. 플라스 틱 손잡이가 달려 있는 것이 좋다.

브런튼

지질학자의 나침반으 로 지층의 방향을 측정한다.

작은 배/조디악(Zodiac)

섬이나 해안선에 접근하기 어려운 지역들 에 진입할 때 사용한다.

투명판(Secci disk)

해양이나 민물에 빛을 투과시키기 위해 사 용한다.

버니어 캘리퍼스

화석과 광물 퇴적물을 정확하게 측정하기 위해 사용한다.

돋보기(10X, 20X)

현장에서 광물이나 화 석을 확인하기 위 해 사용한다.

쌍안 현미경

실험실에서 표본 분석을 할 때 사용한다.

고니오미터

결정의 표면 각도를 측정한 다.

버니어 캘리퍼스

치과용 도구

모암을 제거하여 화석 표본을 잘 나타내 보이게 할 때 사용한다.

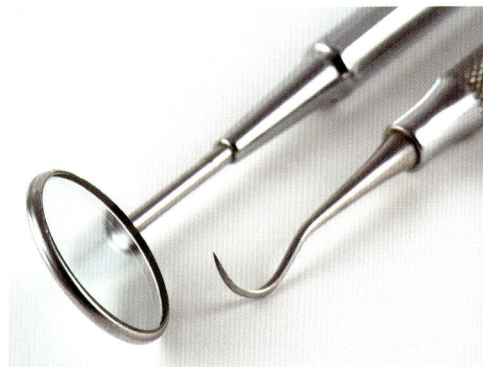

치과용 도구들

줄자

지층과 다른 종류의 암석 크기를 측정할 때 사용된다. 미터계와 영국단위계가 함께 표시되어 있어야 한다.

현장 현미경

현장에서 퇴적물 알갱이와 미생물을 관찰 할 때 이용한다. 자가 발전 장치가 달려 있 다.

덮개가 있는 메모판

험악한 날씨로부터 현장 메모와 지도를 보호하기 위해 사용된다.

진공 착암기

암석을 쪼개는 데 사용한다.

래피도그래프 펜

컴퓨터 그래픽의 시대이지만, 지질도나 화

석과 광물 스케치에 여전히 유용하게 사용하는 펜이다.

래피도그래프 펜

자석 펜
암석의 자성을 실험할 때 사용하는 펜이다.

현장 표본 마커
지워지지 않는 잉크로 암석 표본을 표기한다.

휴대용 암석 톱
현장에서 암석을 정밀하게 자르기 위해 사용한다. 연료로는 휘발유를 사용한다.

회유 수조
물에 의해 퇴적되는 물질을 연구하는 데 사용한다. 고생물의 특성을 연구할 때도 사용한다.

소형 쌍안경
가까운 거리의 암석을 관찰할 때 사용한다.

쌍안경

지형도
지형을 알려주는 지도이다.

지형도

스텔라 소프트웨어
지구화학계를 연구하는 데 필수 프로그램이다.

영상 처리 및 제도 소프트웨어
사진을 표기하고 층위학적 단면을 그리는 데 필수 프로그램이다.

암석 분쇄기
암석 표본을 분쇄하여 지구화학적 분석을 하는 데 사용한다.

입체 위성 사진
지구 표면의 입체 영상을 만들기 위해 사용하는 사진으로 지질도 제작에 매우 유용하다.

중력 낙하 시추기
배나 보트 위에서 물 밑에 있는 퇴적물 표본을 수집하는 데 사용된다.

표본 가방
현장에서의 표본을 보호하고, 보관하여 실험실로 운반할 때 사용한다. 암석 표본에는 삼베 헝겊이 좋고 젖은 표본에는 플라

스틱이 좋다.

접이식 삽
현장에서 흙이나 다른 부스러기를 제거하는 데 사용한다.

총채
셰일이나 다른 암석 표면의 먼지나 흙을 털어내는 데 사용한다.

고지자기 표본 드릴
전기 톱과 같은 장치로 퇴적암이나 화성암에서 원통 모양으로 암석을 잘라내어 분석하는 데 사용한다.

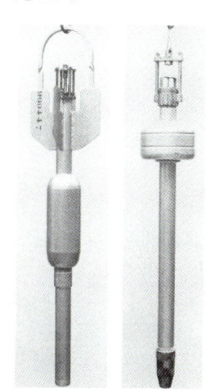
중력 낙하 시추기

야곱 막대기

야드 자 같은 막대기로 꼭대기에 복각계 바늘이 달려 있어 기울어진 지층의 층위학적 두께를 측정하는 데 사용한다.

GPS

휴대용으로 위성을 이용하여 현장의 정확한 위치를 알 수 있다.

암석 현미경

암석의 박편을 보는 현미경으로 광물의 이중 굴절 등의 여러 가지 특성을 살피는 데 사용한다.

암석 현미경

현미경용 비디오 카메라

암석 현미경의 영상을 촬영하여 한 번에 많은 사람들이 볼 수 있게 한다.

전자 주사 현미경

전자 광선으로 지질학적 물체의 표면을 고도로 확대한다.

데이터 기록 장치

소형 휴대 장치로 온도나 빛의 강도와 같

은 환경적 데이터를 저장하고 기록하며 전송할 수 있다.

음극선 발광 현미경
(Cathodoluminoscope)

암석 특성을 살필 때 사용하는 현미경으로 광물을 얇게 만들어 그 속에 에너지를 흡수하는 성분과 에너지를 활발하게 해 주는 성분이 각각 포함되어 있는지를 알아낸다.

잠수정

바다나 수심이 깊은 강에서 사용하는 소형 잠수함이다.

화산 탐사 로봇

바퀴가 네 개 달린 로봇 탐사기로 카메라와 센서들을 부착하여 최근까지 활동했던 화산을 탐사한다. 인간이 가기에는 위험한 곳에 들어 갈 수 있다.

전자 마이크로프로브

지질학적 물체를 화학적으로 분석하는 데 사용한다.

알파 양성자 엑스선 분광계

행성과 달, 유성, 소행성의 표면의 구성 물질을 분석하는 데 사용한다.

모세보이어(Moessbauer) 분광계

철이 함유된 철 광물의 산화를 분석하는 데 사용한다.

박편 제작 장치

암석을 자르고 가는 데 필요한 장치다.

암석 박편

전자 현미경

초미세 구조로 된 화석을 크게 확대하여 볼 수 있는 현미경이다.

퇴적물 체

퇴적물 표본을 크기 별로 분류하기 위해 사용한다.

화성 탐사 로봇에서 사용하고 있는 모세보이어 분광계와 알파 양성자 엑스선 분광계

퇴적 물질을 분류하는 데 사용하는 여러 종류의 체

체 흔들기
퇴적물 표본의 빠른 분류를 위해 체를 흔드는 장치다.

질량 분광계
이온의 단위 전하당 질량을 계산하여 동위 비율을 연구하는 데 사용한다.

엑스선 발생 장치
강한 엑스선을 퇴적물이나 다른 표본 속으로 통과시키는 데 사용한다.

엑스선 회절 장치
광물의 원자 구조를 분석하여 종류를 알아낼 때 사용하는 장치이다.

가이거 계수기
베타와 알파 입자의 방출을 측정하여 광물이나 암석의 방사능 수치를 측정한다.

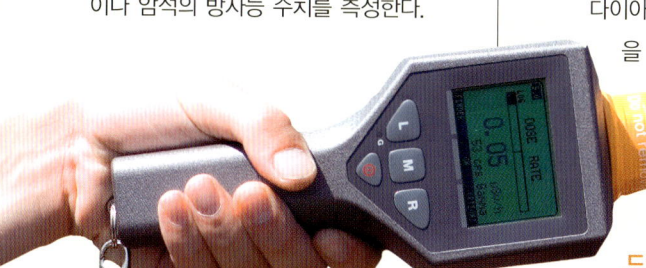

가이거 계수기

안전 고글
빠른 속도로 암석을 자를 때 눈을 보호하기 위해 사용한다.

쇠망치
큰 암석을 부수거나 석영암이나 에클로자이트 같은 단단한 암석의 표본을 채집하는 데 사용된다.

에너지 분산 분광계
전자 현미경에서는 방출되는 광선을 비추었을 때 형성되는 엑스선 에너지를 구분할 수 있는 장치이다. 물체의 광물 구성을 알아내기 위해 사용한다.

박스 표본 채취기
퇴적물과 물 접촉면의 표본들을 배 위에서 채취하기 위한 기구이다.

흙 표본 채취기
손도구로 얕은 흙 표본을 채취하기 위한 기구이다.

자외선 램프
광물이나 암석에서 나오는 유해 물질을 검사하기 위한 도구이다.

암석 톱
다이아몬드가 박힌 절단기로 암석을 자르는 데 쓰인다. 다양한 암석 표본을 얻기 위해서는 여러 가지 크기가 필요하다.

드릴 장비
암석이나, 퇴적물, 흙 표본을 채취하기 위해 사용한다. 이는 배, 육지 혹은 얼음 표

안전 고글

면 위에도 세울 수 있다.

지진계
지진 파동을 기록하고 검사하기 위한 기구이다.

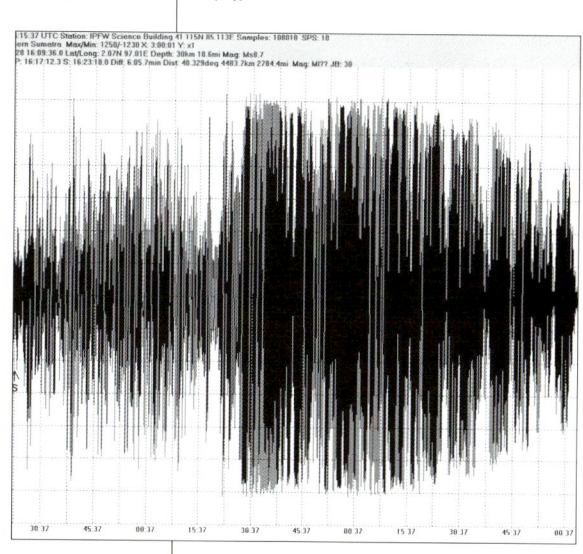

지진파

현장용 모자
현장에서 안전을 위해 착용한다.

물의 순환

왼쪽 퇴적물이 강과 바다의 흐름에 따라 어떻게 가라앉았는지 실험하기 위해 과학자들이 모래 탱크를 만든 후, 그 위로 물이 흐르게 하고 있다.
위 산악 지역의 깨끗한 물은 소중한 천연 자원이다.
아래 오염된 삼림 지대의 강물이 주황색을 띠는 이유는 금속 산화물이 축적되어 있기 때문이다.

최근 전 세계적으로 수질 오염이 심각하다. 그래서 사람들은 오염되지 않은 물을 '새로운 기름'이라고 부르며 소중하게 여긴다. 물이 오염되지 않도록 하고, 깨끗한 물을 이용하기 위해서는 주의 깊은 관리가 필요하다.

물을 깨끗하게 관리하고 이용하기 위해서 가장 먼저 해야 할 일은 지표 위와 아래로 흐르는 물에 대한 연구이고, 더 나아가 지구에서 일어나고 있는 물의 순환 과정을 아는 것이다.

지하수는 눈으로 볼 수 없기 때문에 과학자들은 몇 가지 모델을 만들어 지하수의 순환과 그 특성을 파악하고 있다. 대표적인 모델로 수학적 모델, 컴퓨터 모델, 모래 탱크 모델 등이 있다. 컴퓨터의 발달과 더불어 지속적으로 발전하고 있는 수학적 모델은 피에르-시몬Pierre-Simon과 마르키 드 라플라스Marquis de Laplace, 1749-1827, 헨리 다르시Henry Darcy, 1803-58, M. 킹 허버트M. King Hubbert, 1903-89 등이 만든 공식을 토대로 한다. 이들 공식을 이용하면 지하수의 흐름을 컴퓨터 모델을 통해 모의 실험하듯 연구할 수 있다.

그러나 허버트 F. 완드Herbert F. Wand와 메리 P. 앤더슨Mary P. Anderson 등은 '현장의 실제 현상을 실험실 치수로 줄여야' 하는 모델은 본질적으로 한계가 있다고 주장하고 있다. 한편 지하수 흐름을 연구하기 위한 모델을 분석하는 데는 지진파의 굴절을 조사하는 지구물리학적 지식이 많은 도움을 준다.

물의 순환

육지에 있는 민물들, 즉 강물, 호수 물, 지하수, 그리고 빙하를 이루고 있는 물을 모두 합쳐도 바다에 있는 물의 양에 비하면 그 양은 매우 적다. 양동이에 가득 들어 있는 물을 바닷물이라고 한다면, 민물은 한 컵 정도의 물에 불과하다. 그럼에도 불구하고 민물은 물의 순환 과정에서 매우 중요한 의미를 지닌다. 인류의 생명을 비롯하여 지구에 살고 있는 수많은 생명체들의 생존에 결정적인 역할을 하고 있기 때문이다. 바다에서 증발한 물은 수증기가 되어 대기로 가고, 수증기는 공기와 함께 이동하다가 큰 산맥을 만나면 더 높은 고도로 올라간다. 수증기를 포함한 공기가 상승하면 단열 냉각에 의해 식게 되므로 공기 중 수증기는 비나 눈이 되어 다시 땅과 바다로 떨어진다.

하늘에서 내린 물 공기 중의 수증기가 냉각되어 비나 눈이 되어 땅으로 내리면, 물은 토양으로 침투하게 된다. 그중 일부는 식물이 뿌리를 통해 흡수하고, 또 일부는 지하수가 되어 낮은 곳으로 흘러간다. 과학자들은 물이 토양에 흡수되어 분포하는 지역을 세 종류로 구분하는데, 순환대, 모관대, 그리고 포화대이다.

순환대 vadose zone는 물이 토양의 빈 곳을 따라 흐르는 지역을 말하고, 모관대 capillary zone는 물이 토양과 암석 분자에 붙어 있는 곳으로, 포화대 위로 띠를 이

이동

응결

강수

증산

증발

지표면으로 흐르는 물

지하수로 침투

식물의 흡수

지하수의 흐름

위 물의 순환에서 가장 중요한 요소는 비로 내리는 물이다.
아래 물의 순환을 간단하게 나타낸 그림이다.

루며 형성된다. 포화대phreatic zone는 포화 상태의 토양수 사이로 지하수가 자유롭게 흐를 수 있는 지역을 의미하는데, 주로 지하수층 아래에 있다. 지표면에서 지하수면까지의 깊이는 지역에 따라 다르며, 이 깊이는 강수량을 결정하는 지역의 기후에 따라 정해진다.

지하수 땅 밑으로 흐르는 지하수의 유속은 지층의 지질학적 구조와 깊은 관계가 있다. 지질학에서는 이들의 관계를 밝히기 위해 새로운 연구 분야가 만들어졌다. 1937년 C. F. 톨만C. F. Tolman이 쓴 지하수에 관한 책에서, 톨만은 '모든 지질학적 구조는 물의 순환과 관련이 있다'라고 주장했다.

이와 같은 톨만의 주장은 오늘날에도 적용되는데, 암석이 가지고 있는 열량, 암석의 화학적 특성 등이 물의 순환에 어떤 영향을 미치는가에 따라 암석에 어느 만큼의 물이 침투할 수 있는지를 판단하기 때문이다. 뉴멕시코 주에 살았던 옛 사람들은 지하수의 흐름을 찾기 위해 그 지역의 퇴적 지형을 주의 깊게 살폈다고 한다. 그들은 과거에 퇴적 물질이 어떻게 쌓였는가를 보고, 현재의 물의 흐름이 어떻게 될 것인지를 미루어 짐작했던 것이다. 즉, 그들은 '과거를 현재의 열쇠'로 생각하는 지혜를 가지고 있었다는 말이다.

중국 서부에 위치한 곤륜(Kunlun) 산맥과 알툰(Altun) 산맥 사이의 지형을 찍은 위성 사진이다. 충적기의 선상지 퇴적물을 뚜렷하게 볼 수 있다.

충적기의 선상지와 표토

충적기의 선상지에는 강수에 의해 용해된 탄산 칼슘을 함유하고 있는 암석이나 토양으로 된 표토가 발달한다. 형성이 잘된 표토는 단단하여 물이 잘 침투하지 못한다. 표토는 보통 형성되는 주변의 토양보다 연한 색조를 띠고 있고 견고하여 주변의 토양과 구별을 쉽게 할 수 있다.

뉴잉글랜드의 히치콕 빙하호. 2천 년 전에 이곳은 두꺼운 빙하로 덮여 있었다.

지하수 오염

물을 오염시키는 오염원을 추적하는 일은 식수를 보호하는 데 큰 도움이 된다. 깨끗한 물을 찾고 보호하는 일은 지질학적 도움이 필요한 일이다. 만약에 물을 오염시킬 수 있는 물질이 지

위 물의 오염도 측정
아래 물 위로 퍼져 있는 기름띠. 수질 오염은 생물과 인간의 삶에 막대한 영향을 준다. 따라서 인간은 이와 같은 수자원의 오염에 대해 매우 민감하다.

하수에 섞여 들어간다면 과학자들은 재빨리 오염원을 추적하고 오염을 봉쇄해야 한다.

유출을 추적하다 지하수에서 오염 물질이 발견되면 지하수의 수면 높이와 흐르는 방향을 먼저 파악해야 한다. 지하수면이 항상 수평은 아니다.

그러므로 제일 먼저 지하수면의 경사를 알아내야 하고, 이어서 지하수가 흘러가는 방향을 판단해야 한다. 다음으로 중요한 일은 오염원이 움직이는 평균 속도를 알아내는 것이다. 이 값은 오염원이 오염되지 않은 지역으로 가는 데 얼마나 많은 시간이 걸리는 지 계산하기 위해서 꼭 알아야 한다. 마지막으로 오염원의 유출을 정지시키고 봉쇄하는 전략을 세워야 한다.

가스 누설 땅 밑에 기름이나 가스 탱크가 묻혀 있는 주유소가 있다고 생각해 보자. 탱크는 시간이 지남에 따라 녹슬 수 있다. 그러면 기름이나 가스와 같은 내용물을 토양으로 유출시키게 될 것이다.

유출이 일어나는 시점에서 기름은 경사를 따라 직선으로 내려가 지하수로 들어갈 것이다. 지하수면 바로 위는 일종의 기름 저장소가 될 것이고, 그 아래에서는 용해된 기름 성분들이 지하수로 흘러 들어갈 것이다. 그러면 기름과 용해된 기름 성분들은 지하수의 내리막 흐름을 따라 흐를 것이다. 이때 지하수가 흐르는 방향을 어떻게 알아낼 수 있을까? 얕은 대수층에서 지하수의 흐름은 지표면에서 물의 흐름과 같다. 그러므로 지표면의 지형도를 분석하면, 실제로 지하 작업을 하기 전에 방향을 어느 정도 예상할 수 있을 것이다. 특히 착암기를 사용하는 경우 지하 작업은 비용이 많이 들 수 있으므로 표면 지

분수처럼 물이 솟아오르는 우물은 큰 수압을 받는 깊은 곳에 그 뿌리를 두고 있다. 따라서 자연적인 샘이나 인공 우물이 생성되면 스스로의 힘으로 표면까지 물이 올라갈 수 있다.

분수 우물

분수 우물은 지하수의 물이 수압에 의해 자연적으로 물이 위로 솟아오르는 것을 말한다. 분수 우물을 만드는 수압은 지하수가 빠르게 흘러가는 것을 막는 역할을 하기도 한다.

형과 물의 흐름을 잘 검토하여 지하의 오염원을 찾는다면 비용을 줄이는 데 많은 도움이 될 것이다.

개선 방법 기름과 같은 탄화 수소 물질의 유출로 오염된 지하수는 오염원에서 지하수면으로 흐르면서 스스로 희석되기도 한다. 그러나 우리들은 깨끗한 물에 의존하여야 하며 우리의 신체는 탄화 수소 오염에 대해 내성이 강하지 못하다.

탄화 수소 물질로 식수 공급이 위협 받게 된다면 인공 펌프로 오염 물질을 표면으로 퍼 올린 후 가열해서 없애거나, 아니면 토양의 미생물을 증가시켜 탄화 수소를 분해시켜 없애야 한다.

NRCS(미국자연자원보호청)의 환경보호가와 지역 대학생이 펜실베이니아 주의 한 강에서 근처 광산에서 흘러오는 철 산화물로 오염된 강을 조사하고 있다. 광산-수질 개선 프로젝트는 철 산화물을 제거하여 깨끗한 물만 남길 것이다.

우물 만들기

지하에 있는 깨끗한 물을 끌어올려 사용한 것은 인류의 생존 및 문명의 발전에 매우 중요한 일이었다. 인류 문명은 이와 같이 깨끗한 물이 얼마나 잘 공급되는가에 크게 의존하기 때문이다. 우물은 일반적으로 어디를 어떻게 파고 들어간 것인지, 아니면 끌어올리는 물의 근원이 어디인지에 따라 크게 인력 우물, 시추 우물, 타설 우물, 착정 우물 등 네 가지로 구분할 수 있다.

인력 우물 인력 우물은 사람이 직접 땅을 파서 만든 우물이다. 인력 우물은 내벽이 없는 우물과 내벽이 있는 우물 등 두 가지로 나눌 수 있다. 내벽이 없는 인력 우물은 가장 원시적인 형태의

위 돌로 둘레를 친 우물
오른쪽 시추 우물을 파는 과정을 나타내는 단면도
아래 사람이 직접 파서 만든 인력 우물로, 이 우물은 약 100년이 되었다.

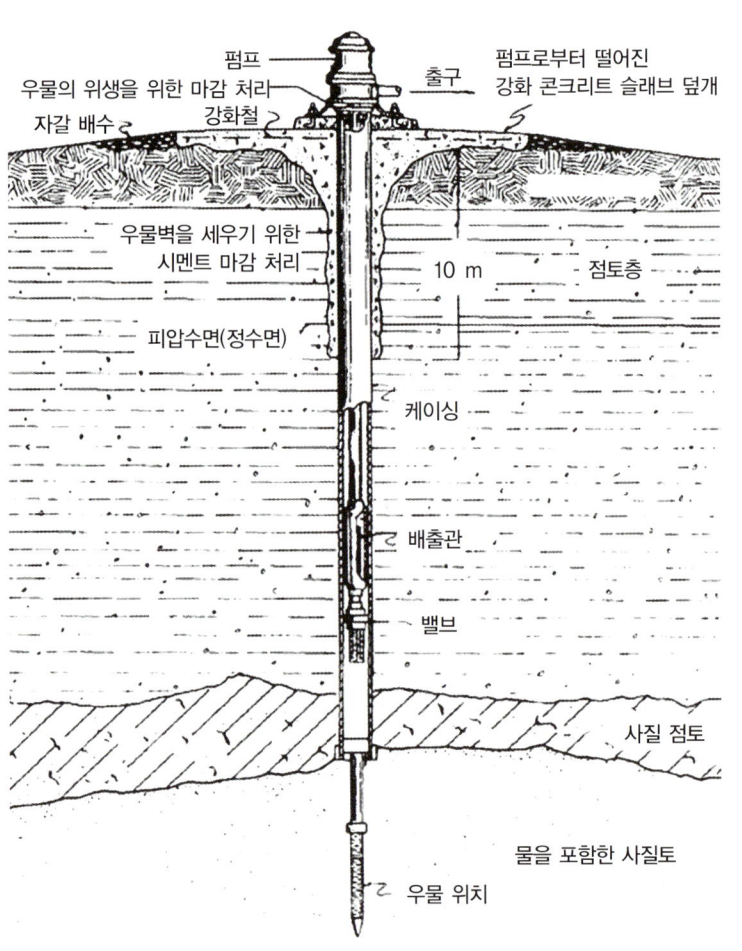

펌프
우물의 위생을 위한 마감 처리
자갈 배수
강화철
출구
펌프로부터 떨어진 강화 콘크리트 슬래브 덮개
우물벽을 세우기 위한 시멘트 마감 처리
10 m
점토층
피압수면(정수면)
케이싱
배출관
밸브
사질 점토
물을 포함한 사질토
우물 위치

우물로 지하수면까지 땅을 파서 줄에 매달린 양동이로 물을 끌어올리는 것이다. 그러므로 인력 우물에는 정체를 알 수 없는 물질이나 동물이 떨어져 그 속에서 부패할 수 있으므로 비위생적이다. 반면에 내벽이 있는 우물은 좀 더 현대적인 우물이라고 할 수 있다. 보통 우물의 밑에는 자갈로 만든 필터층이 있다. 그 위로 내벽을 둥글게 쌓아 올리고, 콘크리트로 만든 뚜껑을 덮는다. 우물 덮개에 보통 두 개의 구멍이 뚫려 있다. 하나는 펌프를 설치할 곳이고, 나머지는 물을 소독할 염소의 양을 조절할 밸브를 설치하기 위한 것이다.

시추 우물과 타설 우물 시추 우물은 인력 우물과 비슷한 구조로 되어 있다. 강관 안으로 반지름이 좀 작은 시추 공이 들어가 있어 우물의 역할을 한다. 시추 공 밑에 필터가 있다면 좀 더 좋은 물을 공급할 수 있다.

　타설 우물은 강관을 지하수면이 있는 위치까지 깊게 박아 관 끝 부분으로 물이 흘러 들어가게 한다. 우물은 지하수가 충분한 대수층 속으로 완전하게 박혀야 한다. 그런 후에 관

착정 우물을 파기 위해 중장비를 사용하기도 한다.

에서 물이 방출되는 부분에 튜브를 끼운다. 관에서 물이 방출되는 부분은 콘크리트로 단을 만들기도 한다.

지하수를 끌어올려 사용한다. 그러므로 보통 동력 펌프로 물을 끌어올린다.

착정 우물 인력 우물, 시추 우물과 타설 우물은 비교적 얕은 부분에 있는 지하수를 이용하는 우물들로 사람의 힘으로 움직이는 수동 펌프에 의해서도 물을 끌어올릴 수 있다. 반면에 착정 우물은 훨씬 깊은 곳에 있는

폐수와 오수 처리

1856년 앙리 다르시Henry Darcy는 《디종의 공공 분수The Public Fountains of the City of Dijon》라는 책에서 물을 방류할 때 사용되는 다르시 법칙과 그 실험에 대한 설명을 했다. 다르시 법칙을 통해 토양 속을 흐르는 물의 용량은 물이 흐르는 토양층의 경사와 단면의 넓이에는 비례하지만 길이에는 반비례함을 밝혔다. 물을 처리할 때 물이 흐르는 토양이나 다른 미립자는 물을 정화시키는 데 필수적인 요소이므로 물이 토양 속을 어떻게 흐르는가를 이해하는 일은 매우 중요하다.

수조 지하수가 풍부하지 못한 지역에서는 수조에 빗물을 저장하여 사용하기도 한다. 하지만 수조의 물은 지하수보다는 깨끗하지 못하다는 단점이 있다. 하늘에서 내리는 빗물이 모인 수조의 물은 자연적으로 흙을 여과하여 미생물을 제거하는 지하수의 장점을 가지지 못하기 때문이다.

그러나 모래 여과 장치가 있는 수조는 깨끗한 물을 만들 수 있다. 콘크리트로 만든 수조는 대개 지표면 바로 아래에 묻는다. 그리고 수조 위에 모래 여과 장치, 모래 필터를 만든다. 모래 여과 장치는 가장 아래에 약 12 cm의 자갈을 깐다. 그리고 그 위에는 약 9 cm의 얇은 자갈을 깔고, 다시 그 위로 약 9 cm의 굵은 모래를 깐다. 마지막으로 가장 위에는 약 60 cm의 필터용 모래를 깐다. 모래 여과 장치는 원기둥 모양 안에 갇혀 있고 강화 콘크리트로 만든 두 겹의 층으로 되어 있는데, 윗부분은 빗물의 입구로 작용하는 세로 홈통이 통과하고 아랫부분은 수조로 물을 공급하는 관이 통과한다. 물을 끌어올리는 펌프에 연결된 파이프는 수조의 물속에 담근다. 그런 후 수조가 오폐수 등에

위 물에 흠뻑 젖은 토양에서 물이 흘러나오고 있다. 토양이 물을 간직할 수 있는 능력에 한계가 있기 때문이다.
아래 수조는 물을 모으는 전통적인 방법 중의 하나이다.

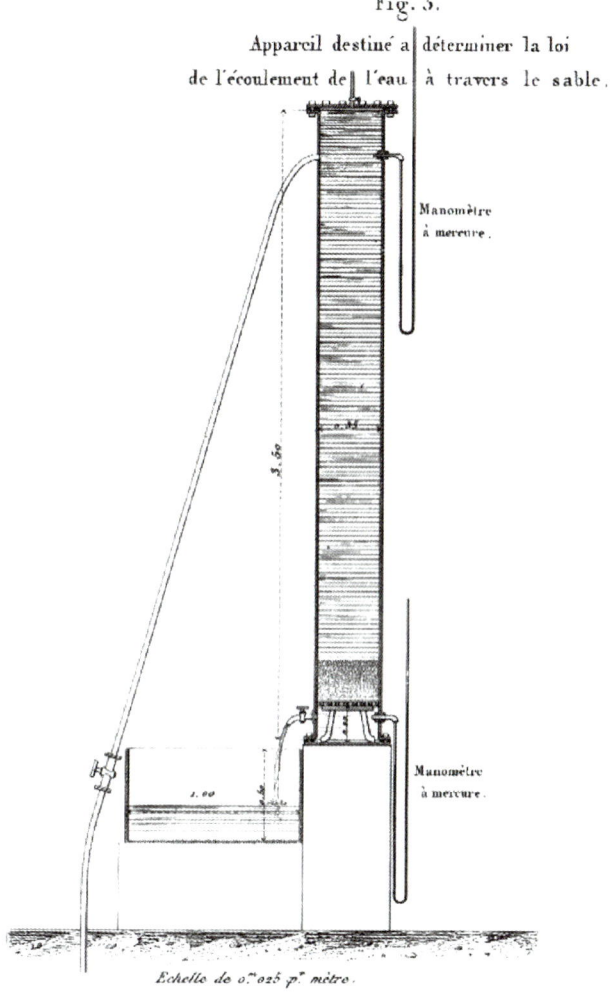

Fig. 3.

Appareil destiné a déterminer la loi
de l'écoulement de l'eau à travers le sable.

Manomètre
à mercure.

Manomètre
à mercure.

Echelle de 0.⁰025 p.ʳ mètre.

1856년에 그린 다르시 관

다르시 관

위 그림은 《디종의 공공 분수》라는 책에 나오는 모래 말뚝이다. 모래 말뚝 옆에 압력계가 설치되어 있다. 이것은 지구과학에서 실험의 정량화에 대한 교과서적인 예를 보여주는 유명한 장치이다.

오염되지 않도록 뚜껑을 잘 덮는다.

하수 처리법의 발달 인간은 유기 물질을 많이 배출하는데, 대부분은 인간의 장에서 나오는 대장균 박테리아로 오염되어 있다. 염소는 이러한 박테리아를 박멸하는 데 사용된다. 약 30 g의 염소산 염은 약 380 L의

물을 소독할 수 있다. 하지만 염소가 분해한 물질은 금붕어나 다른 생물에게 유해한 물질이 되기도 한다.

현재 개발되고 있는 새로운 하수 처리법은 인간이 배출하는 냄새나는 박테리아 쓰레기를 효율적으로 해결하는 데 초점을 맞추고 있다. 폐수 정화에 힘쓰는 한 교육 및 연구 단체Ocean Arks International는 하수를 처리하는 데 효율적인 방법을 개발했는데, 여기에는 7가지 서로 다른 물탱크를 사용한다. 미처리 하수를 각 탱크에 차례로 지나가게 하면, 각 탱크는 각각 미생물군을 가지고 있는데, 이 미생물들이 하수에 있는 각종 유기 물질과 오염 물질들을 차례로 정화시킨다. 그러면 놀랄 정도로 깨끗한 물이 7번째 탱크에서 흐르게 되는 것이다.

원형 오폐수 처리 시설. 박테리아나 다른 미생물들이 유기 물질을 분해하여 강으로 흘러들어가기 전에 물을 정화시킨다.

카르스트 지형과 석회 동굴

카르스트 지형은 습기가 많은 석회암 지층에서 발달한다. 카르스트 지형은 산성을 띤 지하수가 만든 석회 동굴이나 돌리네와 같은 지역이 붕괴되어 형성되기도 한다. 장년기의 카르스트 지형에서는 석회암이 침식되어 울퉁불퉁한 모양을 한 암석들이 하늘을 향해 뻗어 있는 것처럼 보인다.

카르스트 지역의 물의 순환

빗물이 대기를 통과하면 이산화 탄소가 용해되므로 자연적으로 약간의 산성을 띠게 된다. 이렇게 산성을 띤 비가 석회암이나 백운암 지층에 떨어진다면 암석의 탄산 칼슘 성분이 산성을 띤 물과 화학 작용을 하게 되는데, 그러면 석회암이나 백운암의 일부가 용해된다. 그 결과 지하에 동굴이 형성되는데, 이것이 바로 석회 동굴이다.

카르스트 지역과 농작물

카르스트 지역의 놀라운 배수 시스템은 농업에 막대한 영향을 끼친다. 따라서 카르스트 지역의 토양은 대체로 식물 재배에 좋은 조건을 가지고 있으며, 강수량도 매우 풍부하다. 물이 없으면 카르스트 지형이 형성될 수 없기 때문이다.

위 아이티 섬 나바사(Navassa)에 있는 카르스트 지표면. 암석 분해가 시작되어 불규칙한 표면을 나타내고 있다.
가운데 뉴욕 주에 있는 하우 동굴(Howe Caverns)로 입구에 석회암의 단층이 보인다.
아래 프랑스의 에로(Herault) 지역에 있는 카르스트 절벽. 이곳은 많은 야생 동물과 초기 인류의 좋은 은신처가 되었다.

석회 동굴 내부에 발달한 종유석. 체코의 모라비아 카르스트 지역의 푼카(Punka) 석회 동굴이다. 또 다른 형태의 동굴 침전물인 석순은 땅에서부터 위로 올라간다.

하지만 지표 밑으로 물이 너무 빨리 흘러서 지표면에 있는 건조한 상태의 토양을 그대로 두고 지나칠 수도 있다. 또한 지하수가 지하의 배수 시스템에 차단되어 토양과 퇴적 물질을 통과하는 속도가 느리면 자연적인 여과나 정화가 잘 되지 않아 카르스트 지역이 오염되기도 한다. 뿐만 아니라 카르스트 지역의 동굴이나 돌리네에 마구잡이로 쓰레기를 버리기 때문에 늘 환경 오염의 대상이 된다. 마지막으로 중장비 농기구가 돌리네 등에 빠져 농부들이 큰 손실을 입기도 한다. 따라서 카르스트 지역을 관리하기 위해서는 특별한 주의가 필요하다.

석회 동굴 카르스트 지역에는 자연의 신비를 담은 석회 동굴들이 발달한다. 산성을 띤 지하수에 의해 석회암이 천천히 용해되어 형성된 석회 동굴 안에는 아이러니하게도 물에 녹아 없어진 탄산 칼슘이 다시 침전되어 만든 동굴 생성물 등이 내부를 멋지게 장식하고 있다. 대표적인 것이 종유석, 석순, 석주이다. 종유석은 동굴의 천정에서 과포화 상태의 탄산 칼슘 용액을 한 방울씩 떨어지면서 형성된다. 또한 바닥으로 떨어진 물방울은 석순을 만드는데, 이것은 대나무 순처럼 밑에서 위로 천천히 자란다. 석주는 오랜 세월이 지난 후 종유석과 석순이 만나서 붙은 기둥 모양의 동굴 생성물이다. 석회 동굴 내부에는 보통 지하 강이 흐르는데, 여기에는 특이한 종류의 물고기, 절지동물 등이 살고 있다. 이들은 수백만 년 동안 햇빛을 보지 못하여 시력을 잃었다. 뉴욕 주의 하우 동굴 안 스틱스Styx 강처럼 보트를 탈 수 있는 강이 있기도 하다.

18세기 중국의 비단에 그려진 그림. 카르스트 풍경에 대한 영감을 나타낸다.

중국의 카르스트
많은 그림들이 상상력을 동원하여 그린 것처럼 보이지만 중국에는 그런 지형이 실제로 존재하는데, 대부분 카르스트 지형을 그린 것이다. 장년기의 탑 카르스트 지형은 원래 석회 동굴의 벽이었는데, 동굴이 무너지면서 견고한 동굴 벽들만 남고 주변의 기반암은 허물어져 생성된 것이다.

해양의 순환

물의 양으로 볼 때, 가장 많은 양의 물을 운반하고 있는 것은 해류로, 지구에서 이와 비교할만한 대상은 없다. 거대한 양의 물을 운반하는 해류는 대륙의 온도, 강우 형태 등 여러 가지 지구의 기후 체계를 조절한다.

해류는 크게 표층 해류와 심층 해류로 나눈다. 표층 해류는 바람에 의해 형성되는데, 지구가 자전하기 때문에 생기는 가상적인 힘인 코리올리의 힘 때문에 둥근 궤도를 그리며 움직인다. 반면에 심층 해류는 밀도가 높은 물과 그 위에 밀도가 낮은 물 사이의 순환에 의해 움직이고 있다. 심층 해류의 밀도는 염분과 온도에 의해 결정된다.

초기 연구 지중해 해수면 아래에는 따뜻하고 염분이 높은 해류가 지브랄타Gibraltar 해협 방향으로 흐르고 있다. 이 해류는 해협을 빠져나와 대서양 동쪽의 대륙 경사면을 타고 수천 킬로미터를 흐른다. 고대 페니키아의 항해자들은 이에 대해 알고 있어서 이 해류를 이용하여 이동했다.

1513년 후안 폰세 데 레온Juan Ponce de León이 발견한 멕시코 만류는 대서양 횡단 항해에 많은 기여를 했다. 멕시코 만류는 적도 부근을 흐르는 해류와 함께 사람들이 유럽에서 북미로 가는 남쪽 노선과 북미에서 유럽으로 돌아가는 노선을 이용할 수 있도록 해 주었다.

위 바다는 지구 표면의 3/4를 차지하고, 바다 표면에서는 지구에서 일어나고 있는 물의 순환 과정에서 가장 많은 양의 물이 이동하고 있다.
가운데 탐험가 후안 폰세 데 레온은 멕시코 만류를 발견하였다.
아래 벤자민 프랭클린(Benjamin Franklin)이 그린 멕시코 만류의 흐름도. 이 해도(海圖)는 유럽과 미국 사이의 해상 교역에 크게 기여했다.

캐나다와 미국의 북동쪽 연안을 흐르고 있는 멕시코 만류를 찍은 위성 사진. 멕시코 만류는 난류로 색상이 좀 연하게 보인다. 사진의 중심부는 고리 모양으로 흐르는 해류가 보인다.

주요 해류

해류는 남반구와 북반구로 나뉘어 흐른다. 북반구에서 해류는 시계 방향으로 순환한다. 예를 들어 멕시코 만류는 북대서양 순환의 북서쪽 부분에 해당한다. 반면에 남반구에서 해류의 흐름은 시계 반대 방향이다.

어업 생산량을 크게 좌우하는 것은 용승류로, 용승류가 솟아오르는 지역에는 어업권이 발달한다. 주요 용승 지역으로는 남미 서쪽 연안의 멸치 어업권을 들 수 있다. 용승류가 발달하는 지역은 대개 대양의 동쪽 지역인데, 이곳에는 물의 온도가 낮아 산소가 풍부하고, 영양분이 많은 물이 분포하여 물고기의 종과 수가 많다.

멕시코 만류에서 떨어져 나온 고리 모양의 해류

멕시코 만류같이 따뜻한 해류가 북대서양 지역과 같이 차가운 지역으로 흐를 경우, 바닷물의 온도 차이로 인해 주변의 바닷물은 움직임에 변화가 생긴다. 바닷물의 색과 온도는 경계선을 기준으로 쉽게 구분할 수 있다.

멕시코 만류는 대양을 횡단하는 지구에서 가장 큰 컨베이어 벨트로, 따뜻한 바닷물을 북유럽으로 운반하여 그곳의 겨울 기후를 보다 따뜻하게 해주는 역할을 한다. 지표를 흐르는 사행천과 같이 멕시코 만류는 곡선 모양의 고리를 만드는데, 고리 모양의 해류가 되면 멕시코 만류에서 떨어져 나간다. 고리 모양의 해류는 주변의 차가운 물과 섞이는데, 이때 그 안에 있던 바다 생물들은 급격한 환경의 변화를 이기지 못하고 죽기도 한다.

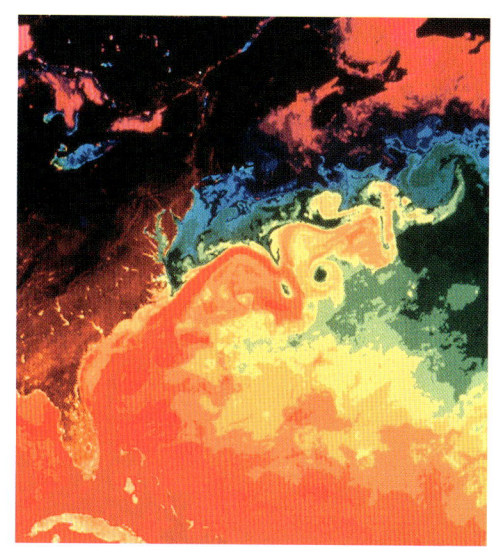

미국 동부 해안의 수온을 나타낸 컴퓨터 영상이다. 왼쪽 아래 붉은색으로 표시된 곳에 있는 난류 중심부와 해안을 따라 흐르는 고리 모양의 해류를 볼 수 있다.

빙하 작용

왼쪽 알래스카에 있는 멘덴홀(Mendenhall) 빙하의 모습
위 위성에서 본 남극 대륙
아래 그린란드의 빙하
그린란드와 남극의 만년설은 지구가 아직 빙하기에 있음을 증명
하고 있다.

지난 수십 억 년 동안 되풀이 되었던 빙하기는 지구의 기후에 많은 영향을 끼쳤다. 빙하기 동안에 형성되었던 빙하에는 지구 대기 구성 물질에 대한 변화의 기록이 남아 있다. 또한 빙하는 지각 변동, 암석의 풍화, 지구의 기후 변화 등에도 많은 영향을 준다.

우리는 지구가 빙하기에 접어든 후, 다시 빙하기를 벗어나는 과정을 이해할 필요가 있다. 약 20억 년 전부터 불과 몇 천년 전까지 지구에는 많은 빙하 작용이 있었다. 지구 온난화가 진행되는 중에서도 그린란드와 남극을 덮는 만년설이 존재하는 것에서 알 수 있듯이 우리는 아직 빙하가 작용하고 있는 시기^{빙하기}에 있기 때문이다.

빙하와 빙하기를 연구하는 과학자들의 가장 중요한 연구 주제는, 왜 빙하 작용은 일어나는가? 빙하 작용이 일어나는 시기는 언제인가? 또 그 시기는 언제 끝나는가? 이다. 과학자들은 첫 번째 질문에 대해 두 가지로 생각하고 있다. 첫째는 빙하 작용이 지구의 물리적 화학적 작용에 의해 제어된다는 생각이고, 두 번째는 빙하 작용이 지구의 생물권에 의해 제어된다는 생각이다.

초기의 빙하 작용

아마추어 지질학자인 피터 돕슨Peter Dobson 이 코네티컷 계곡Connecticut Valley에서 빙하의 흔적을 발견하고, 스위스 출신의 기술자인 이그네이스 베네츠Ignace Venetz가 빙하 작용에 대한 설명을 하고, 스위스 출신의 미국 지질학자인 루이 아가시Louis Agassiz, 1807-73가 1837년 스위스 뉴샤텔Neuchâtel에서 있었던 자연과학학회에서 빙하에 대한 연설을 하기 전까지 빙하기는 사람들에게 널리 알려지지 않았던 개념이었다. 지구에 빙하기가 존재했다는 사실을 알리는 데 큰 공헌을 한 돕슨은 영국에서 미국으로 가는 배에 몰래 올라타 큰 통 안에 숨어서 불법 입국을 하여, 1825년 미국 과학저널*American Journal of Science*에 빙하의 증거가 되는 암석의 발견에 대한 의견을 발표했다. 그로 인해 과학자들은 지구에 빙하기가 여러 차례 있었다는 사실을 인식하게 되었다. 최근에는 빙하기와 빙하기 사이의 시간적 간격에 대한 연구의 중요성이 부각되었다. 과학자들은 하얀 지구White Earth 가설 혹은 눈덩이 지구Snowball Earth 이론을 소개하였고, 이로 인해 현생 이언 이전에 지구는 빙하기에 있었음을 알 수 있었다.

위 1840년에 출판된 아가시의 책 《빙하기에 대한 연구(Études sur les glaciers)》에 있는 삽화 '체르마트의 빙하(Glacier de Zermatt)'
아래 루이 아가시. 1837년에 빙하기의 존재를 처음으로 주장했다. 과학자들은 처음에는 그의 생각에 회의적인 반응을 보였으나, 곧 지지했다.

최초의 빙하 작용 최초의 빙하 작용은 미생물의 광합성 작용과 원시 대기에서 생성된 산소량의 증가와 관련이 깊을 것으로 생각된다. 코르네이유 J. 코엔과 J. J 에블망 등은 19세기 중반, 탄소 순환에 대한 연구를 하던 중에 중요한 사실을 알게 되었다. 암석의 풍화 작용과 식물의 광합성 작용은 대기 중에 분포하고 있는 이산화 탄소량을 제어할 수 있다는 것이었다. 알다시피 이산화 탄소는 중요한 온실 기체이다. 대기 중에 이산화 탄소의 양이 많으면 지구의 기온은 높아지고, 이산화 탄소의 양이 적으면 지구의 기온은 떨어져 빙하기에 접어들 수 있다. 뿐만 아니라 지구의 표면을 덮고 있는 판의 위치 또한 중요한 역할을 한다. 지금까지 알려진 것 중 가장 최초의 빙하기는 휴론기Huronian로 약 22-24억 년 전으로 추정된다.

로마군디-자툴리 현상 휴론기는 탄소 순환의 혼란으로 인해 발생한 급격한 기후 변화로 시작한 빙하기로 생각된다. 약 20-24억 년 전 탄소 동위 원소의 비율이 걷잡을 수 없이 혼란스러웠던 흔적이 발견되었다. 과학자들은 이를 발견한 대학과 발견자의 이름을 따 로마군디-자툴리Lomagundi-Jatuli 현상이라고 부른다. 안타깝게도 과학자들은 왜 이런 현상이 생겼는지를 아직 그 원인을 정확하게 밝히지 못하고 있다. 이 무렵 철의 산화 작용으로 색이 붉게 변한 토양이 만든 적색층이 최초로 등장했고, 이것은 대기에 산소가 충만했음을 알려주는 증거였다. 과학자들은 이 적색층을 토대로 당시에 생화학적인 산화와 환원이 활발하게 일어났음을 짐작하고 있다. 그리고 이 일은 이산화 탄소의 감소를 유발했고, 덕분에 지구의 기온이 감소하여 최초의 빙하기가 시작된 것으로 추정하고 있다. 즉, 지구의 첫 빙하기는 탄소의 생물학적인 이용 때문에 발생한 것이라는 말이다.

곤드와나 지층의 형성 생물에 의한 활발한 산화와 환원 작용이 지구 최초의 빙하기 형성에 큰 영향을 끼쳤다는 사실을 입증할 증거는 캐나다에서 발견한 거대한 규모의 지층에 있다. 큰 암석 체를 이루고 있는 이 지층은 약 22–24억 년 전에 퇴적된 것으로 추정되고, 휴론기의 상태를 보여주는

곤드와나 지층. 이 지층에서는 휴론기에 형성되었던 퇴적암이나 퇴적물이 발견된다. 놀랄 만한 것은 이 지층의 연령이다. 23억 년 전에 생성된 이 지층은 현재 지구에서 가장 오래된 빙하 퇴적 지층이다.

여러 종류의 빙하 퇴적물이 들어 있다. 그중 가장 대표적인 것이 곤드와나Gowganda 지층이다.

곤드와나 지층은 약 1,500 m의 두께로 아랫부분은 콜맨 멤버Coleman Member라고 하는 빙력암** 이다. 윗부분은 퍼스트브룩 멤버Firstbrook Member라는 이름의 셰일층이 덮여 있다. 물론 콜맨 멤버에도 약간의 셰일층이 포함되어 있었다. 다케마루 히라이 교수와 그의 도쿄 대학교 연구진들은 콜맨 멤버의 셰일층이 초록색을 띠고, 셰일층의 윗부분에 적

철광으로 인해 산화된 빨간색 토양이 있는 것을 발견했다. 캘리포니아 공대의 조셉 커스크빈크Joseph Kirschvink는 이 빨간색의 토양에는 망간과 철이 풍부한 퇴적물이 포함되어 있고, 이 퇴적물은 곤드와나 지층이 형성될 당시에 큰 빙하기가 있었음을 보여주는 증거라고 주장한다.

밀란코비치의 주기 이론

밀루틴 밀란코비치(Milutin Milankovitch)의 주기 이론은 지구의 자전축 기울기와 지구가 공전할 때 태양으로부터 거리 변화 때문에 지구에 빙하 작용이 확대되거나 축소된다는 주장을 담고 있다. 빙하기가 확대되고 축소되는 주기로는 40,000년 주기와 100,000년 주기가 있다. 40,000년 주기는 지구의 자전축 경사가 공전 궤도면의 수직에 대해 22도에서 24.5도 사이에서 변하기 때문에 생기는 주기이고, 100,000년 주기는 지구 공전 궤도가 원형에서 타원형으로, 타원형에서 원형으로 변하기 때문에 생기는 주기라고 한다. 일정한 기간을 두고 빙하기의 확대와 축소가 반복되는 현상은 지구에 여러 가지 영향을 끼친다.

밀루틴 밀란코비치는 세르비아의 지질학자이다. 기후의 변화가 지구 자전축의 기울기와 관련이 있다는 이론을 주장했다. 밀란코비치의 이론에 따르면 자전축의 기울기가 클수록 계절의 변화가 더 급격하다.

° 현생이언 : 화석이 비교적 많이 발견되는 고생대, 중생대, 신생대를 묶어 말할 때 사용하는 지질 시대(옮긴이)
°° 빙력암 : 빙하 작용으로 형성된 자갈로 형성된 퇴적암(옮긴이)

눈덩이 지구 이론

눈덩이 지구Snowball Earth 이론, 혹은 하얀 지구 White Earth 가설은 결빙이 극심하게 일어나던 시기에 바다가 얼어붙어 대기가 매우 차가워졌으며 이로 인해 대기 중 이산화 탄소가 극 지방에서 얼기 시작하여 지구의 결빙화를 가속하였거나 얼음 창고와 같은 기온 조건을 만들어냈다는 이론이다.

지구가 눈덩이처럼 되다 지구의 표면 전체가 꽁꽁 얼어붙은 적이 있었을까? 그때 얼음층에는 갈라진 틈이 있었을까? 한 번 얼어붙은 후 지구는 어떻게 원상태로 회복되었을까? 그리고 애초부터 어떻게 지구가 심각한 결빙화의 단계로 들어갈 수 있었을까?

'눈덩이 지구'라는 용어는 지구 역사상 중요했던 여러 빙하 작용을 설명하는 데 사용되지만, 본래 이 용어는 7억 5,000만 년에서 6억 년 전인 원생대 후기에 일어난 빙하 작용을 지칭하는 데 사용되던 단어였다. 지구의 역사에서 빙하 작용이 정확하게 몇 번 일어났는가를 아는 것은 쉬운 일이 아니다. 빙하 작용을 알려주는 데 결정적인 증거가 되는 빙력암의 정확한 연대를 추정하는 데 어려움이 많기 때문이다. 그래서 과학자들 사이에서 아직 논쟁 중인데, 최소 두 번, 또는 세 번 이상의 초기 빙하 작용이 일어났던 것으로 추정하고 있

위 얼어붙은 남극 대륙의 폭포. 지구가 한 때 거대한 얼음 바다였다는 것이 가능할까?
아래 눈덩이 지구 이론에 따르면, 이산화 탄소 농도의 감소가 약 5억 9천만 년 전에 일어난 전 지구적 기온 감소를 이끌었다고 한다. 빙하 작용이 뒤따랐고 바다는 수백만 년 동안 녹지 않는 수 킬로미터 두께의 얼음으로 덮였다.

하얀 지구 가설을 뒷받침 해주는 증거 이리듐

비엔나 대학의 과학자들은 빙하에서 우주 먼지의 퇴적을 나타내는 이리듐층을 발견했다. 이로써 하얀 지구 이론의 강력한 증거를 확보한 셈이 되었다.

한편 콜롬비아 대학의 니콜라스 크리스 블릭과 같은 과학자들은 미완성 상태인 얼음으로 뒤덮인 좀 더 부드러운 상태의 슬러시볼(Slushball) 지구 이론을 지지한다. 이 이론에 따르면 광합성이 가능한 다양한 생명체의 존재 가능성이 높아진다.

일부 과학자들은 눈덩이 지구 이론의 중요한 증거로 이리듐층을 제시한다.

다. 두 번의 중요 빙하 작용 중 첫 번째가 스터시안Sturtian 빙하 작용이고, 두 번째가 마리노안Marinoan 빙하 작용이다.

해수면의 얼음 후기 원생대의 빙하 작용은 그 정도가 매우 심했다는 이유로도 주목받을 만하다. 이 시대의 빙하층이 대부분 오스트레일리아에 있는 퇴적층으로 이루어져 있기 때문이다. 고지자기적 방법으로 측정한 결과 고대 적도에서 상대적으로 해수면 가까운 곳에서 얼음층이 형성 되었다는 사실을 알게 되었다. 많은 과학자들이 이 놀라운 결과를 받아들이기 힘들어 했지만 같은 결과가 많이 산출되었고, 자료도 꽤 신빙성이 있었다. 이 결과는 눈덩이 지구 이론을 증명하는 가장 강력한 증거가 된다. 적도 해수면에서도 얼음층이 형성되었다면 지구 전체가 얼어붙는 일은 얼마든지 가능하며, 지구 전체 해양이 얼음층으로 뒤덮이는 것도 충분히 가능한 일이 되기 때문이다.

탄산 염 상층 특이하지만 아직 그 원인이 명확하게 밝혀지지 않는 지층이 있다. 이 지층은 스터시안과 마리노안 빙하 작용이 일어난 시대의 빙하층과 관련이 깊다. 돌로마이트 지층 또는 드물지만 석회암 지층이 이들 빙하층의 상단에 모자처럼 쌓여 있기 때문이다. 이 층은 탄산 염 상층이라고 하는데 탄산 염으로 구성되어 있고 빙력암 위를 덮고 있다.

탄산 염 상층부의 돌로마이트 퇴적물의 구조는 특이한데, 때때로 결정이나 탄산 칼슘으로 과포화된 해수가 침전된 흔적을 나타내기도 한다. 이러한 특징은 따뜻한

물에서 퇴적된 탄산 칼슘과 관계가 있다. 이러한 방식으로 퇴적된 두껍고 광범위한 탄산 염 지층은 지질학적으로 기록된 바가 거의 없을 정도로 매우 드물다. 탄산 염 상층은 지구 역사상 가장 더웠던 시기의 뜨거운 대기를 보여주는 듯하다. 그러므로 우리는 놀라운 역설에 이르게 된다. 지구 역사상 가장 추운 시기의 증거물이 지구 온난화가 가장 심했던 시기와 맞닿아 있는 것이다. 이는 우리 지구에 갑작스러운 기후 변화가 있었다는 것을 보여주는 강력한 증거이다.

중국의 고비 사막에서 발견된 분홍색을 띤 탄산 염 상층

판 구조론과 최근의 빙하 작용

최근에 일어난 빙하 작용은 티베트 고원의 융기나 파나마 지협이 서로 가까이 밀착한 것과 같은 지각 운동을 일으킨 판의 이동과 깊은 관계가 있는 것으로 추정된다. 오늘날 우리 지구는 빙하기와 빙하기 사이에 있는 간빙기 단계에 있다. 대기 구성에 변화를 일으키고 있는 인류의 다양한 활동이 간빙기를 끝내게 할 것인지, 아니면 여전히 이 단계에 머물게 할 것인지가 궁금하다.

히말라야 산맥 보스턴 대학의 모린 래이모 Maureen Raymo와 다른 학자들은 약 5천5백만 년 전에 시작된 티베트 고원과 히말라야 산맥의 융기가 약 2백만 년 전에 시작한 빙하기를 발생시킬 정도로 지구의 기온을 떨어뜨렸다고 생각한

로디니아

위 히말라야 산맥은 전 세계적으로 일어난 빙하 작용이 시작하는 데 상당한 역할을 했을 것이다. **가운데** 지구에서 가장 높은 고원인 티베트 고원의 위성 사진이다. 이 지역에서 일어나고 있는 빙하 작용은 티베트의 기후에 직접적인 변화를 일으킨다. 과학자들은 이러한 변화로 인해 이 지역에 사는 수백만의 사람들에게 심각한 피해를 끼치지는 않을까 걱정하고 있다. **아래** 많은 과학자들이 초대륙 로디니아를 분리시킨 이 지역의 융기가 눈덩이 지구 이론과 관련이 있다고 보고 있다.

다. 기온이 내려간 메커니즘은 다음과 같이 일어났을 것으로 추정한다.

티베트 고원이 주변의 땅보다 더 높게 융기하면서 차가운 대기층이 고원 위에 형성되었다. 이 대기층이 고원 주변에 분포하고 기단보다 더 차가워지면서 밀도가 더 높아지고 주변을 차갑게 만들면서 아래로 흐르게 된다. 이와 같은 대기의 냉각 활동은 멀게는 북아메리카 지역과 유럽 대

륙에까지 영향을 미치고, 빙하 작용이 일어
날 수 있는 조건을 만들 때까지 계속 지구
기온을 떨어뜨린다.

티베트의 빙하 이와 같은 빙하 작용은 티베
트 고원의 최근 기온에도 영향을 미쳤으며,
이 지역에서 빙하가 녹아 생긴 물은 중앙아
시아에 살고 있는 인구 5억 명에게 담수를
제공한다. 리버사이드에 위치한 캘리포니
아 대학 지구과학 학부 루이스 오웬Lewis
Owen은 지구 온난화나 다른 원인 때문에 빙
하가 녹는 시스템에 변화가 생긴다면 수백
만 명의 생존에 큰 타격을 주고, 이는 이 지
역의 경제적 또는 정치적인 상황에 큰 변화
를 줄 것이라고 주장한다.

바다의 수온이 내려가면 탄산 염 물질을 생산하는 산호의 폭발적인 번식을 가져와 물에 녹아 있는 이산화
탄소량이 감소할 것이다.

산맥과 빙하 작용 히말라야 산맥을 이루고

있는 산과 산맥이 만드는 산악 지형은 빙하 작용 시작 단계에서 매우 중
요한 역할을 한다. 기록상 가장 심했던 빙하 작용은 원생대 후기에 일어
났던 것으로 초대륙 로디니아Rodinia의 분리로 인한 지각의 융기 현상과
관련이 깊다. 물론 티베트 고원이나 히말라야 산맥과 같은 지형의 형성
은 초대륙 분리와는 차이가 있다. 후자는 판이 서로 멀어지기 때문에 생
기고, 전자는 판이 서로 가까이하여 일어나는 충돌과 섭입으로 일어나는
일이기 때문이다. 그럼에도 불구하고 모두 엄청난 양의 암석의 융기를
일으켰다. 고원 형성의 경우 지각의 밀도 차이로 화강암이 다른 화강암
에 밀려들어 갔고 거대한 융기가 뒤따랐다. 판의 충돌로 인해 단층이 일

북대서양 열을 운반하는 컨베이어 벨트

멕시코 만류가 이동시키는 바닷물은 북유럽에 다다를 무렵에 냉각되어 바다
밑으로 가라앉아 깊은 곳에서 남극을 향해 흘러간다. 이는 거대한 대양 횡단
컨베이어 벨트를 형성한다. 컨베이어 벨트를 따라 움직이는 멕시코 만류는 염
분을 더욱 증가시키고 차가운 북대서양의 물의 농도를 진하게 만든다. 신생대
플라이오세 때에 멕시코 만류의 물은 가라앉는 대신에 왼쪽으로 돌아 북극 지
방으로 흘러들어 갔다. 이는 극 지방 기단 온도의 상승을 일으켰다. 이와 같이
해류는 지구의 열전달에 매우 중요한 역할을 한다.

어날 경우 지각 밑에서 뜨거운 현무암 마그마가
솟구치기 때문에 단층 균열을 따라 화강암의 온
도가 올라가게 되고 큰 규모의 융기가 일어나게
된다. 그리고 양쪽 모두 새로운 변성암이 풍화에
노출되게 된다. 이때 유리Urey 반응이 엄청난 규
모로 일어나게 되며 대기로부터 많은 양의 온실
기체인 이산화 탄소를 흡수하게 되는 것이다.

대기로부터 흡수된 이산화 탄소는 바다에서
탄산 칼슘 퇴적층과 같은 형태로 남게 된다. 이
는 산호 석회암이나 다른 탄산 퇴적 구조물에
남겨진 암석 기록을 통해 알 수 있다. 이와 같은
탄소의 순환 현상은 지구 냉각화에 큰 영향을
줄 수 있다. 왜냐하면 바다가 너무 차가워지면
탄산 염을 만드는 산호가 폭발적으로 증가하기
때문이다.

빙하 지형

최근 빙하 작용이 일어났던 북반구 대륙에서 다양한 빙하 지형을 볼 수 있다. 예를 들면 빙하에 의해 먼 곳에서 이동하여 퇴적된 빙퇴석이 있고, 빙하가 이동하면서 길게 늘어뜨린 퇴적물로 된 빙퇴구*가 있고, 빙하 밑의 물결에 형성된 자갈 등성이인 에스카 지형이 있다. 과학자들은 이러한 빙하의 침식 및 퇴적 지형을 우주선이 촬영한 화성의 표면에서도 찾으려고 노력한다. 화성

위 빙하는 지표면에 매우 특징적인 지형을 만드는데, 대표적인 것이 피오르이다.
가운데 아일랜드의 클루스 만(Clew's Bay)의 빙퇴구
아래 칼라한 계곡(Callaghan Valley)의 빙퇴석들

표면에서도 이런 흔적이 있다면 화성에 물이 있다는 유력한 증거가 되기 때문이다.

빙하 지형 빙하는 간빙기나 빙하기 막바지에 후퇴하면서 지표에 다양한 형태의 퇴적물 더미를 남겼다. 이 퇴적물은 분급 상태가 매우 불량한데, 이는 다양한 퇴적물이 알맹이 크기나 밀도에 상관없이 뒤죽박죽으로 분포한다는 의미이다. 표석에서 진흙 입자까지 다양한 크기의 퇴적물들이 혼합되어 빙하의 기원이 밝혀지기 전까지 표석 점토till로 불린다. 만약 빙하의 기원이 불분명하다면 이 물질은 다이아믹타이트diamictite로 불린다. 돌이 될 정도로 굳어진 표석** 점토는 빙력암이라고도 불린다.

빙퇴석(모레인) 빙하 지형의 특성을 가장 잘 드러내는 것은 빙퇴석일 것이다. 빙퇴석은 빙하 지형 중에서 주로 낮은 지대에서 잘 발견된다. 빙퇴석은 빙하 가장자리에 퇴적물이 쌓이면서 형성된다. 그러나 삽질을 하면 흙이 밀려나는 것처럼 단지 밀려난 물질을 나타내는 것이 아니라, 빙퇴석은 빙하가 지역의 기후와 평형 상태에 이르게 된 지점을 표시해 준다. 다시 말하면 빙하의 끝자락에서 형성된 빙퇴석은 얼음이 녹는 비율과 새로운 얼음이 유입되는 비율을 알려주는 단서가 된다는 뜻이다. 빙하의 흐름에서 가장 끄트머리에 형성되는 빙퇴석은 빙하

몬태나(Montana) 주의 국립 빙하공원의 암석의 표면. 빙하가 이동하면서 긁힌 자국이 선명하다.

가 흐르는 계곡에서 잘 생긴다. 빙하가 흐르는 계곡은 빙하의 침식 작용으로 U자 모양을 하게 되는데, 이를 U자곡이라 한다. 일반적으로 강물의 침식 작용으로 형성되는 계곡의 모양은 V자이므로 강물과 빙하에 의해 형성된 계곡은 쉽게 구분할 수 있다.

빙퇴구 빙퇴구는 빙하에 의해 형성된 타원형의 언덕이다. 빙하가 이동한 방향과 나란한 빙퇴구는 빙하 속에 뒤섞인 퇴적물을 녹게 하여 빙하 바닥으로 퇴적시킨다. 지표의 기반암 근처에 주로 형성된다. 이 퇴적물은 기반암 돌출부 근처에서 쌓이게 되며 기반암을 빙하가 침식시키는 것을 막고 압력으로 인해 얼음이 녹으며 퇴적물이 더욱 쌓이게 한다. 뉴잉글랜드에서 볼 수 있는 나란히 서 있는 빙퇴구들은 후기 빙하 지형의 특징을 대표한다.

빙하가 남긴 줄무늬 빙하의 침식 작용은 빙하 속에 들어 있는 암석에 의

해 더욱 강하게 일어난다. 사용한 후 닳아버린 사포 조각과 같이 빙하 바닥의 암석 덩어리는 기반암을 깎아내는 동시에 지표면에 있는 암석을 긁어 흔적을 남긴다. 평행하게 긁힌 흔적은 빙하선glacial striae이라고 하는데, 빙퇴구와 마찬가지로 빙하의 흐름에 나란하게 만들어진다.

형태를 이루며 모인 암석들

어떤 곳에 가면 큰 암석들이 일정한 형태를 이루며 모여 있는 것을 볼 수 있다. 이들은 후기 빙하 작용에 의해 형성된 것일 수도 있다. 빙하에 의해 운반된 암석들이 빙하가 녹으면서 스스로 정렬한 것처럼 분포하기 때문이다. 이러한 암석 중에는 인간의 거석 건축으로 인해 생긴 것도 있을 것이다.

---

* 빙퇴구(氷堆丘) : 드럼린이라고도 한다. 빙하의 퇴적물로 이루어진 타원형의 언덕이다. 빙하가 움직이는 방향과 평행하게 형성된다(옮긴이).
** 표석(漂石) : 빙하가 먼 지역에서 운반해 와서 남긴 부근의 암석과는 전혀 다른 성질의 암석을 말한다. 이것은 빙하가 지질이 다른 먼 지역으로부터 암석을 운반해왔고, 빙하가 녹으면서 그 자리에 남은 것을 의미한다(옮긴이).

빙하 작용과 기후의 변동

가이아 이론에 따르면 지구에 있는 생명체들은 물질 대사를 통해 스스로 지구 기후를 조절한다고 했다. 이는 생명체들의 활동으로 지구 기후

시스템의 균형이 깨질 수 있다는 생각을 할 수 있음을 의미하기도 한다. 이와 같은 생각을 바탕으로 과학자들은 여러 가지 고민에 빠져 있다. 빙하 작용을 어떻게 바라보아야 할까? 오늘날 위기에 빠진 지구 기후 시스템을 교정할 필요가 있을까? 혹시 지질과 기후에 생물체가 미치는 영향을 과대 혹은 과소 평가하고 있는 것은 아닐까? 하고 말이다.

가이아와 빙하 작용 가이아 이론은 지구에 살고 있는 다양한 유기체들이 오랜 지질학적 시간에 걸쳐 일어난 기후 변화에 큰 역할을 하고 있다는 점을 강조하는 이론이다. 이 이론은 지구는 생물권에 의해 활발한 생물학적 또는 지구화학적 조정을 통해 쾌적한 환경을 이룬다고 주장한다. 오늘날에도 지구화학 시스템을 연구하는 과학자들은 이 가설을 두고 열

위 캘리포니아 주에서 엘니뇨에 의해 발생한 화재를 찍은 것이다. 화재 시 발생하는 온실 기체가 대기 중으로 배출되기 때문에 지구 온난화가 가속된다.
가운데 남극 대륙에서 연구 활동 중인 과학자들이 남극 대륙의 빙하층에서 채취한 얼음 기둥을 붙들고 포즈를 취하고 있다.
아래 남극 대륙의 보스토크(Vostok)에 있는 과학자들이 얼음 기둥들을 연구하여 지구의 기후를 연구하고 있다. 이들은 눈이 떨어지면서 포획한 공기 방울 속에 들어 있는 대기 성분을 분석하여 지구 기후의 변화를 읽어낸다.

띤 논쟁을 벌이고 있다.

어떤 과학자들은 북반구에 빙하 작용이 일어난 지난 몇 백만 년 동안 지표면의 약 70 %를 차지하고 있는 중위도 지방의 기온이 약 5 ℃ 내외로 변동이 있었음을 예로 들어 이 가설을 지지한다. 또 어떤 과학자들은 매우 강력한 빙하 작용이 생물학적 지구 기후 조정 시스템의 붕괴를 일으켰다고 주장한다. 가이아 이론의 주창자인 제임스 러브록James Lovelock은 지구의 자기 조정력은 미약한 조정이 아니라 우리 인간이 하는 신체의 항상성이나 피부 온도 조정과 비견할 만한 것이라고 말한다.

메테인과 이산화 탄소 남극 대륙의 보스토크에서 채취한 얼음 기둥에는 약 40만 년 이전의 기후와 대기 구성에 대해 놀라울 만큼 상세한 기록이 남아 있다. 과학자들은 이 얼음 덩어리 안에 갇힌 고대 대기의 작은 기포를 분석함으로써 고대 대기의 구성을 알아낸다. 이것은 우리가 빙하 작용을 이해하는 데 중요한 정보가 된다. 과학자들은 이 자료들을 통해 대기의 이산화 탄소 농도와 메테인 농도의 변화를 추적한다. 이들 온실 기체의 농도 변화를 통해 우리는 무엇을 알 수 있을까?

온실 기체 두 가지 주요 온실 기체인 이산화 탄소와 메테인의 농도 변화와 지구 기온의 변화가 서로 비슷하게 움직인다는 연구 결과는 지구의 기온이 온실 기체 농도와 매우 밀접한 관계가 있음을 의미한다. 또는 지구 온도의 상승이 온실 기체의 배출을 부추겼다는 것을 의미하기도 한다. 전자의 경우, 온실 기체는 대기 기온에 직접적이고 즉각적인 영향을 미친다는 것을 말하는 것이고, 후자의 경우, 지구 기온 상승과 온실 기체의 방출이 서로 보완적이라는 것을 말한다. 양쪽 모두 지구 기온이 빙하

흔히 알베도(albedo)라고 하는 지표면의 반사 정도는 지구의 불규칙한 기후 변화의 중요한 원인으로 손꼽힌다. 알베도가 커서 지구가 흡수하는 열이 부족하면 기온은 내려가고, 알베도가 작아 지구가 흡수하는 열이 많으면 기온은 올라간다.

빙하 작용과 극단적 기후 변화의 잠재적 가능성

수십 년 전에 '얼음 공격 이론(ice blitz theory)'이라고 하는 고대 기후 가설이 있었다. 이 이론에 따르면 빙하 작용이 놀랄 만큼 급격하게 진행되었다고 한다. 빙하 작용이 일어난 시기는 여름 한철이었으며, 이때 겨울에 내린 눈이 녹지 않아 급작스럽게 알베도가 상승했고 전 세계를 빙하기로 접어들게 했다는 주장이다.

그러나 오늘날 대부분의 기후 과학자들은 이 시나리오가 비현실적이며 매우 극단적이라고 말한다. 하지만 스코틀랜드 성 앤드류 대학의 안소니 프래이브(Anthony Prave)와 같은 과학자는 지질학적 기록은 기후가 극단적으로 변화했던 시기들이 있었음을 보여준다고 주장한다. 그리고 프래이브는 인류가 이런 급작스런 변화를 다시 맞이할 수 있으며, 이것은 크게 놀라운 일이 아니라는 말을 덧붙이기도 했다.

가 생길만큼 내려가는 것은 이산화 탄소와 메테인의 농도에 결정된다는 것을 의미한다. 물론 그 반대로 이산화 탄소와 메테인의 농도 증가는 지구 온난화와 같이 빙하 작용과 정반대되는 현상을 일으키기도 한다.

지구 밖 얼음 세계

태양계에 있는 얼음 위성은 빙하기 때 지구가 어떤 모습이었는지를 예상하게 해 주는 좋은 예가 된다. 가장 좋은 예로는 유로파Europa, 엔셀라두스Enceladus, 타이탄Titan 등일 것이다. 얇은 대기층과 태양으로부터 멀리 떨어져 있다는 점 때문에 이 위성들은 눈덩이 지구 때보다 훨씬 차가운 온도에 있다. 예를 들면 타이탄의 표면 온도는 섭씨 −178 ℃이다. 하지만 이 위성들은 우리 지구의 과거 상태를 유추해 볼 만한 중요한 증거를 제공하고 있다.

유로파 목성의 위성인 유로파는 달 크기 정도이며 활발한 활동으로 표면이 계속 달라지고 있다. 유로파의 표면에는 얼음층이 갈라지면서 생긴듯한 어두운 직선들이 행성 전체로 마치 정맥과 동맥처럼 뻗어 교차하고 있다. 얼린 아이스 팩처럼 보이는 부분과 함께 이 균열들은 유로파가 거대한 물 저장고가 있는 두꺼운 얼음 지각이 있다는 것을 나타낸다. 우주 탐사선 갈릴레오 호의 화상 팀 과학자인 로날드 그릴리Ronald Greeley는 유로파 표면에서 지질학적 활동이 일어나고 있다는 사실을 알려 주는 많은 증거가 있는데, 거대한 얼음판은 서로 갈라져 나왔다가 다시 얼어붙고, 마치 조각 퍼즐처럼 얼음 조각들이 잘 들어 맞는다고 말한다. 그릴리는 이러한 활동이 일어나기 위해서는 반드시 액체 형태의 물이나 얼음 지각 아래 따뜻한 얼음층이 있어야 한다고 주장한다. 그는 이와 같은 발견으로 미루어 짐작할 때 지구도 빙하기 때 더욱 두꺼운 얼음층으로 덮여 있었을 가능성이 있다고 한다.

먼저, 얼음층의 균열은 목성의 중력에 의해 얼음이 갈라지면서 내부의 물이 솟구쳐 오르고 차가운 온도에 다시 얼면서 생긴 것이다. 둘째, 얼음층의 균열을 일으키기 위해 꼭 액체 상태의 물이 필요하지는 않다. 상대적으로 온도가 높은 얼음, 소위 따

위 토성 탐사선 카시니 호가 찍은 토성의 위성 엔셀라두스와 타이탄
아래 눈덩이 지구 이론에 동의하는 과학자들은 목성의 위성인 유로파를 잠재적인 모델로 생각한다. 유로파의 표면에서 일어나고 있는 지질학적 활동을 토대로 일부 과학자들은 그곳에 액체 상태나 얼음 상태로 물이 존재할 것이라고 주장한다.

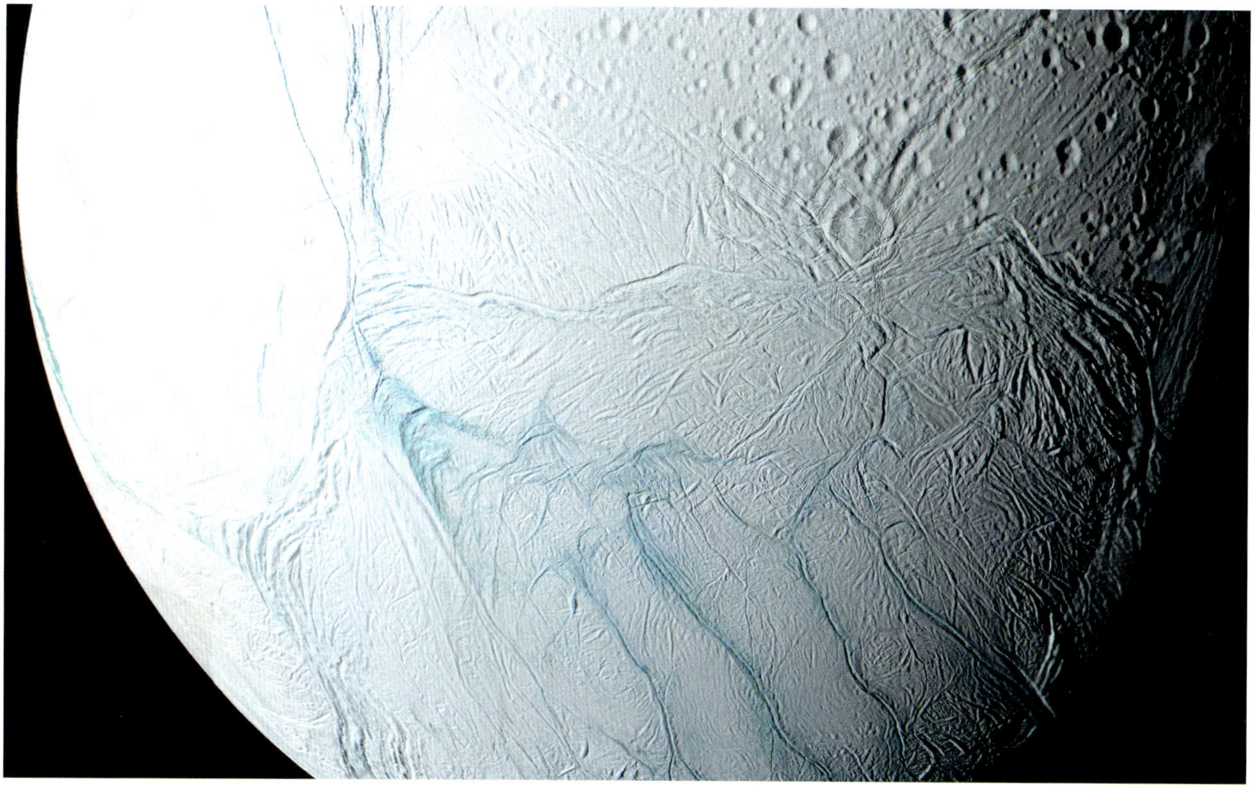

토성 탐사선 카시니 호에서 본 토성의 위성 엔셀라두스. 표면에 갈라진 얼음층이 보인다.

뜻한 얼음이 균열을 일으킬 수 있기 때문이다. 유로파의 액체 상태의 물과 따뜻한 얼음의 존재 가능성은 지구 밖에 생명체가 살 수 있다는 가능성을 의미한다.

엔셀라두스
토성의 얼음 위성인 엔셀라두스는 지름이 약 500 km이다. 이 위성의 남극에서 한때 수증기가 방출되어 행성 과학자들을 놀라게 했다. 구멍 난 풍선에서 스팀이 나오듯 수증기는 약 1,000 km 우주 공간으로 뿜어졌다. 토성과 엔셀라두스의 상호 작용으로 인해 생긴 조수의 가열이 수증기 분출을 유발하는 열원으로 추정되지만 수증기 분출이 산소와 암모니아의 반응으로 인해 화학적으로 이루어진 것이라 추측하는 과학자들도 있다.

타이탄의 표면을 그림으로 나타낸 것이다. 한때 이곳은 호수로 추정했던 곳인데, 지금은 모래 언덕으로 알려진다.

타이탄
토성의 위성인 타이탄은 지름이 약 5,150 km이나 되는 거대한 주황색 천체이다. 표면은 얼음 지형 때문에 침식된 둥근 암석으로 덮여 있다. 수많은 물길이 해안선으로 보이는 곳으로 흘러 들어간다. 일부 과학자들은 타이탄에서는 액체 상태의 메테인이 지구에서 물의 순환과 비슷한 과정을 일으키고 있을 것으로 추정한다. 한때 호수로 추정했던 타이탄의 한 지역은 고화상 이미지 분석 결과 모래 언덕으로 해석되는 언덕이 수백 개로 이루어져 있음이 확인되었다. 하지만 아무도 이 모래 언덕이 무엇으로 이루어져 있는지 모른다. 이 모래 언덕은 냉각된 메테인의 소립자로 이루어졌을 것이라고 짐작된다.

지질학적 재앙

왼쪽 아이슬란드의 라카기가(Lakagigar) 지진 지역이다. 이곳에서는 1783년에서 1784년 동안 역사상 두 번째로 규모가 큰 현무암 열하 분출이 일어났다.
위 지진으로 황폐화된 칠레의 발다비아(Valdavia) 지역. 1960년 이곳에서는 진도 9.5의 역사상 가장 강력한 지진이 일어났다.
아래 화력 발전소나 공장 등에서 대기로 배출되는 연기는 지구 온난화에 가장 크게 영향을 끼친다.

지질학적 재앙이나 재해에 대한 연구는 도시를 건설하고 운영하는 데 중요한 기초 자료가 된다. 의외로 많은 사람들이 건물을 파괴하고, 도로를 차단시키는 산사태 등과 같은 자연 재해가 일어날 수 있는 곳에서 살고 있다. 최근 몇 년 사이 페루와 필리핀에서 지질학적 자연 재해로 많은 피해를 입었다.

지표를 덮고 있는 거대한 판plate들은 끊임없이 움직이고 있다. 판과 판이 서로 만나는 판의 가장자리에는 거대한 양의 에너지가 방출되어 지진을 유발하여 참사를 일으킨다. 1906년의 샌프란시스코 지진이 대표적인 예이다.

또한 해저에서 일어나는 지진은 쓰나미를 발생시켜 해안에 거주하는 사람들과 건물을 초토화시켜 막대한 피해를 안겨준다. 2004년에 발생했던 인도네시아의 쓰나미가 그 예이다. 그리고 화산 폭발은 대기를 재로 덮고, 지표면을 뜨거운 용암으로 묻어버리는 등 근처 거주민들에게 커다란 위협이 된다. 한편 전 세계가 지구 온난화에 따른 재해에 전전긍긍하고 있다. 이 책에서는 지질학적인 원인으로 인해 일어나는 다양한 자연 재해를 소개하고, 그에 대한 대책을 함께 고민할 것이다.

중력 사면 이동과 산사태

에드워드 히츠콕

경사면이 무너지면 많은 양의 토양과 암석, 그리고 화산 쇄설물 등이 한꺼번에 쏟아져 내리는 위력적인 산사태가 일어날 수 있다. 산사태는 집중 호우나 지진, 화산 폭발 등으로 일어난다. 따라서 폭우 등과 같은 자연 변화에 상대적으로 쉽게 무너지는 지질 구조를 가진 협곡의 경사면에서 산사태가 일어날 확률은 매우 높다.

중력 사면 이동 중력 사면 이동mass wasting이란 고체 상태의 지질학적 물질들, 예를 들어 침식되어 떨어져 나온 크고 작은 암석이나 큰 바위 덩어리 등이 중력에 의해 경사면을 따라 내려오는 것을 말한다. 일반적으로 중력 사면 이동은 천천히 일어나는데, 서리에 의해 암석이 침식된 후 서서히 경사면 아래로 미끄러져 내려오는 경우가 이에 해당한다. 여러 가지 요인으로 인해 중력 사면 이동이 일어나면 경사면 아래에 크고 작은 암석 부스러기들이 서로 뒤섞여 쌓이게 되는데 이를 애추talus라고 한다. 가끔 큰 바위 덩어리들이 갑작스럽게 경사면을 따라 굴러 내려오기도 하는데, 이러한 일이 언제 일어날지 정확하게 예측하는 일은 현재의 과학 기술로는 쉬운 일이 아니다. 따라서 산사태는 언제든

위 중력 사면 이동은 경사면에 작용하는 중력이 전단력보다 클 경우에 발생한다.
아래 2005년에는 고대 잉카 문명의 대표적인 유적지인 페루의 마추피추 지역에 산사태로 인해 대피령이 내렸다.

지 끔찍한 사고를 일으킬 수 있는 잠재적인 자연 재해라고 할 수 있다. 한 예로 미국의 유명한 지질학자인 에드워드 히츠콕Edward Hitchcock, 1793–1864은 매사추세츠 주의 서쪽의 커네티커트 강 동쪽 강변에 있는 타이탄 피아자Titan's Piazza의 불안정한 현무암 지질 기반이 무너지지나 않을까 걱정을 많이 했다. 하지만 히치콕의 염려에도 불구하고 이곳은 한 세기가 지난 지금까지도 무너지지 않고 그대로 있다.

1998년에 니카라과(Nicaragua)의 서부를 강타한 허리케인 미치(Mitch)는 사진에서 보듯이 카시다(Casita) 화산에 대규모 산사태를 일으켰다.

페루의 산사태 2005년 10월, 밤 사이에 발생한 산사태는 잉카의 유명한 고대 유적지로 향하는 400 m의 철길 선로를 덮어버렸다. 이 일로 마추피추Machu Picchu 지역 주민 1,400명은 긴급히 대피해야 했다. 그러나 이번 산사태는 1962년에 있었던 것에 비하면 정도가 매우 약한 편이었다. 1962년에 일어난 산사태는 시속 170 km의 속력으로 페루의 네바도스 와스카란Nevados Huascaran 지역의 란라히르차Ranrahirca를 덮쳐 마을을 초토화시키면서 약 5,000명의 목숨을 앗아갔기 때문이다. 당시 산사태는 아무런 사전 예고나 별다른 지진계의 반응도 없이 갑자기 일어났기 때문에 피해가 더욱 컸다. 1970년에 같은 지역에서 규모 7.7의 지진이 일어났고, 다시 산사태가 일어나 무려 18,000명의 사상자가 발생하였다. 이 일로 란라히르차 마을은 회복이 불가능할 정도로 크게 훼손되었다. 1962년에 일어난 네바도스 와스카란 산사태는 13,000,000 m³라는 어마어마한 양의 흙과 암석 등으로 산사태 물질을 밑으로 흘려보냈다. 이어서 일어난 산사태는 그 속도가 무려 시속 280 km로 경사를 따라 이동했다.

한편 1974년에 발생한 산사태는 페루의 마운마르카Mayunmarca 시를 파괴하고 만타로Mantaro 강을 막아버렸다. 이로 인해 이 지역에서 큰 홍수가 발생하였다.

바람과 물 1998년에 시속 290 km의 속력으로 부는 바람과 시간당 10 cm의 강수량을 보이며 억수같이 비를 내린 허리케인 미치Mitch는 홍수와 산사태를 일으켜 온두라스Honduras에 무려 10,000명이 넘는 많은 사상

자를 냈다. 인구가 늘어남과 동시에 점점 더 많은 사람들이 산사태의 위험이 있는 지역에 거주하게 된다. 그러므로 앞으로 인구 밀집 지역에서 산사태를 대비하는 대책을 세우는 일이 시급하다.

2006년 필리핀의 산사태는 1,000명의 목숨을 앗아갔으며 구인사우곤 시를 완전히 묻어버렸다.

필리핀의 산사태

2006년에 필리핀의 레이테(Leyte)와 세부(Cebu)에서 일어난 산사태는 약 1,000명에 이르는 사상자와 실종자를 발생시켰다. 이 산사태는 구인사우곤 산의 한 부분이 크게 무너지면서 일어났는데, 이 산사태로 구인사우곤(Guinsaugon) 시는 약 10 m의 흙더미에 파묻혔다. 이날 일어난 참사로 한창 수업 중이던 초등학교 학생들도 피해를 입었다. 산사태의 원인으로는 억수같이 내린 비로 추정한다. 당시 목격자는, "마치 산이 폭발하는 듯한 굉음이 나면서, 무너져 내렸어요. 땅 전체가 흔들렸고, 강한 바람이 부는가 싶더니 발에 진흙이 느껴지더라고요." 라고 말했다.

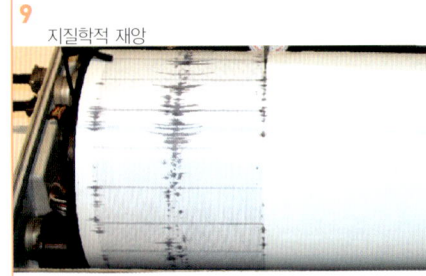

지진

1906년 미국 샌프란시스코에서 발생한 지진처럼 강력한 지진은 주로 판과 판의 경계에서 발생하지만, 규모가 작은 지진은 언제, 어디에서든 아무런 예고도 없이 갑자기 발생할 수 있다. 그

으로, 앞으로 약 30년 안에 샌프란시스코 만 지역에 강도 6.7의 지진이 발생할 확률은 62 %라고 예측하고 있다.

1906년에 발생한 샌프란시스코 지진은 리히터 규모Richter magnitude 8.3로 잘 알려져 있다. 하지만 오늘날 과학자들은 대부분 큰 지진은 주로 모멘트 규모moment magnitude, M_W로 표시한다. 모멘트 규모로 따지면 1906년 샌프란시스코 지진은 7.7−7.9 M_W 정도 된다.

초기의 지진계 고대 문헌에서 지진에 대한 기록은 기원전 1,800년 무렵에도 있었다. 그리고 그리스의 자연철학자 아리스토텔레스는 지진을 움직임에 따라 위아래, 양 옆 혹은 이 둘의 조합으로 흔들림의 정도를 나누기도 했다. 지진계를 최초로 만든 사람은 중국의 장형張衡으로 그는 서기 132년에 지진계를 발명했다. 그가 만든 지진계는 지진이 최초로 일어난 곳, 즉 진원지를 가리킬 수 있었다.

위 지진계에 기록된 지진파
가운데 만약 1906년 샌프란시스코에서 발생한 지진을 현대의 기술로 측정한다면, 모멘트 규모로 약 7.8 M_W일 것으로 과학자들은 예측한다.
아래 초창기에 만들어진 지진계의 모습

래서 지진을 예측하는 과학은 아직 걸음마 수준이라고 할 수 있을 것이다. 하지만 그동안 지진 예측 과학 기술이 어느 정도 발전하여 이제는 규모가 큰 지진의 경우에는 어느 정도 간격을 두고 다시 지진이 일어날 것인가를 예측할 수 있게 되었다. 과학자들의 연구에 따르면 2003년을 기준

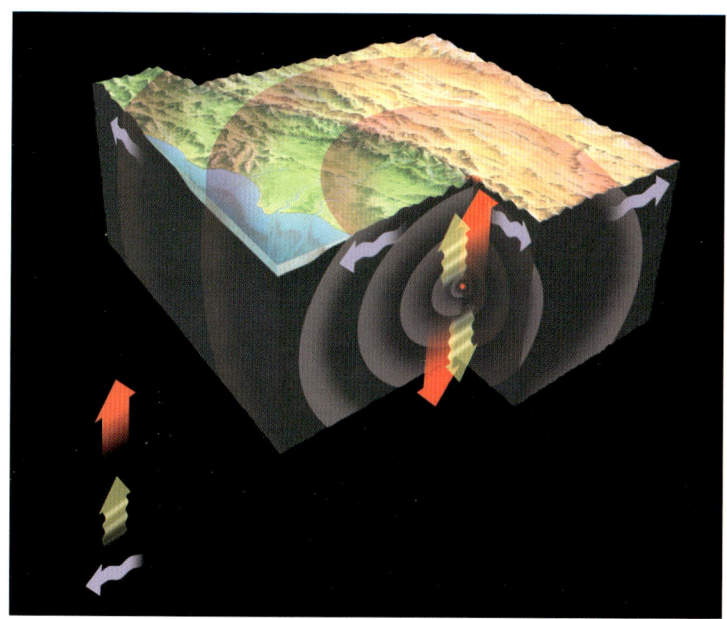

지진에 의해 발생하는 세 가지 지진파 : P파(압축파)는 빨간색으로 나타내었다. S파(전단파)는 노란색, 그리고 가장 많은 피해를 초래하는 표면파는 보라색으로 나타내었다.

최초의 지진 분류표는 1840년에 출판되었다. 그리고 몇 년 후 지진학자 로버트 말렛Robert Mallet는 세계 곳곳에 지진 관측소 네트워크를 구축하자는 제안을 했다. 그러다가 1892년 일본에서 존 밀네John Milne 등이 보다 설치가 쉽고 크기가 작은 지진계를 발명했다. 그 후 전 세계적인 차원에서 지진에 대한 구체적인 관측이 이루어졌고, 지진에 대한 정확한 자료 구축이 가능해졌다.

지진계는 바닥이 단단한 콘크리트로 된 기반 위에 철판을 수평으로 깔고, 실린더 모양의 추와 실린더로부터 튀어나온 뾰족한 선회 축으로 구성되어 있다. 지진 기록은 커다란 실린더의 반대쪽에 달려 있는 기록기 부분에서 하는데, 이 기록기는 회전하는 통에 달려 있다.

P파와 S파

지진은 지층이 부서져 어느 한 쪽이 제 자리에서 이탈하면서 발생한다. 이를 단층 지진이라 하는데, 단층면을 따라 오랜 시간 지층에 축적된 에너지가 한꺼번에 방출되면서 지진이 일어난다. 에너지가 축적되는 것은 단층의 양측 암석들이 서로 맞닿아 미끄러질 때에 큰 압력을 받기 때문이다. 지층에 축적된 에너지는 지진, 즉 땅의 진동으로 방출되면서 다양한 지진파를 발생시킨다.

이때 발생하는 지진파 중 가장 대표적인 것이 P파와 S파이다. P파는 제1차 파primary waves 혹은 압축파compressional waves라고도 하는데, 그 이유는 지진이 일어나면 P파가 가장 먼저 관측되기 때문이다. P파는 음파와 마찬가지로 진원지로부터 동심원 형태의 면을 이루면서 수축과 확장을 하면서 사방으로 퍼져 나간다. 반면에 S파는 제2차 파secondary waves라고 하는데, P파와는 달리 속도가 느려 두 번째로 도착하는 파라고 해서 붙여진 이름이다. S파는 P파와는 다르게 전단력에 의해 전달된다. 따라서 고체에서만 전달되고 액체나 기체 상태의 물질에서는 통과하지 못한다. 1909년에 모호로비치치Andrija Mohorovicic, 1857-1936는 지진파의 속도 변화를 이용하여 지각과 맨틀의 경계면을 발견했고, 대륙의 지각이 해양 지각보다 훨씬 두껍다는 것을 알아냈다.

지진의 피해를 나타낸 현대 목판화

뉴마드리드 대지진

미국에서 기록된 지진 중 가장 강력한 것은 1812년 2월 7일 미주리 주의 뉴마드리드에서 발생한 것이다. 강력한 지진이 세 차례나 연속해서 발생했고, 이로 인해 호수 2개가 형성되었고, 미시시피 강줄기의 흐름이 바뀌었다.

뉴마드리드 지진의 원인은 약 7억 5천만 년에 형성된 로디니아 초대륙(Rodinia supercontinent)으로부터 떨어져 나온 릴푸트 열곡(Reelfoot Rift)의 단층과 관련이 깊다. 로디니아 초대륙이 분리되면서 해양이 된 북아메리카 가장자리의 다른 단층들과는 달리 릴푸트 열곡은 그동안 폭이 좁은 분지 구조를 유지했고 많은 퇴적물로 쌓여 있었다.

해저 사태

'쓰나미tsunami'라는 용어는 일본어의 항구tsu
와 파도nami에서 유래된 것이다. 쓰나미는 해저
지진이나 해저 사태에 의해서 일어난다. 쓰나미
는 발생 장소가 어디냐에 따라서 끔찍한 인명 사
고로 이어질 수 있는 심각한 자연 재해이다. 따
라서 현재 과학자들은 쓰나미 조기 경보 체계를
개발하기 위해 많은 노력을 기울이고 있다. 특히
해저 사태의 발생 원인에 대해 연구 중에 있다.

거대한 해저 사태 약 10만 년 전에 태평양 바다
밑에서 거대한 해저 사태가 일어났다. 이 해저
사태는 초거대 쓰나미를 일으켰는데, 그 높이가
약 400 m로 근처 섬들을 초토화시켰다. 이 파도
가 바다를 건너 호주의 동쪽 해안에 도달했을 무
렵에도 높이가 여전히 40 m나 되었다.

약 7,000년 전에도 해저 사태가 일어났다. 역
시 쓰나미를 발생시켰는데, 이 쓰나미는 스코틀
랜드의 북부와 동부 해안을 강타해 저지대를 쑥

저탁류가 대서양 횡단 해저 전선을 끊다

1929년 11월 18일 그랜드뱅크스(Grand Banks) 지진이 북아메
리카의 동부 해안을 강타했다. 이로 인해 거대한 저탁류가 발생
하면서 대서양을 횡단하는 해저 전선 13개가 끊어졌다. 이때 저
탁류가 시속 80 km의 속도로 매우 빠르게 움직인다는 것을 처
음 알았다.

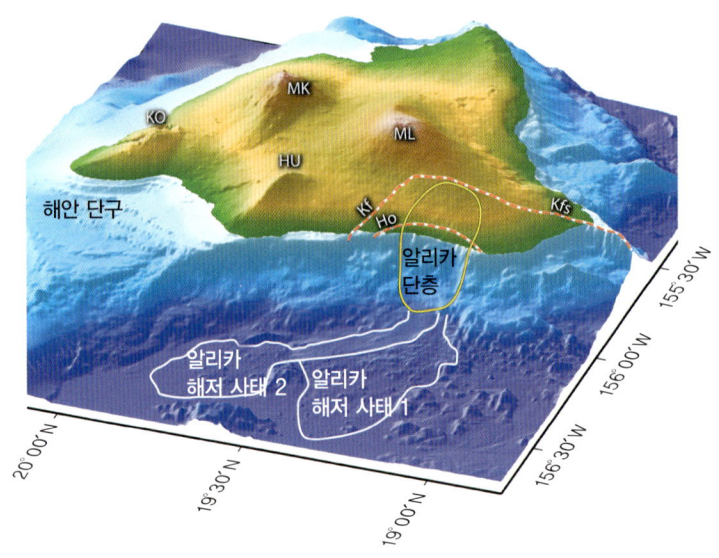

위 하와이 힐로 만(Hilo Bay)은 1947년과 1960년, 두 번의 쓰나미로 초토화되었다.
아래 약 10만 년 전에 태평양에서 발생했던 거대한 해저 사태인 알리카 2(Alika 2)를 컴퓨터 그래
픽으로 만든 것이다. 과학자들은 이 해저 사태가 초거대 쓰나미를 발생시켰을 것으로 추정하고
있다.

대밭으로 만들었다. 당시 해저 사태는 노르웨이 해Norwegian Sea의 해저 경
사면에서 일어난 것으로 추정되는데, 쓰나미의 규모로 볼 때 약 4,000 m³
에 이르는 많은 양의 해양 퇴적물이 갑작스럽게 경사면을 따라 밑으로
무너져 내리면서 발생한 것으로 추정된다. 해저 사태는 지진의
영향을 받아 발생하기도 하지만, 지진 활동과는 상관없이 발생
하기도 한다.

측면 퇴적 해저 사태가 일어나면 경사면을 덮고 있던 퇴적물과
돌덩어리들이 경사면을 따라서 수심이 깊은 해저 밑으로 급하
게 무너져 내린다. 바닷물과 퇴적물이 섞여서 이루어진 이 퇴적

과학자들은 수천 년 안에 대서양의 동쪽에 있는 카나리아 제도의 라팔마(La Palma) 섬이 폭발할 것이라고 추정하고 있다. 만약에 이 화산 섬이 폭발하게 되면 큰 해저 사태를 발생시킬 것이고, 이 해저 사태는 거대한 쓰나미를 일으켜 카리브 해의 섬들과 미 동부 연안을 침수시킬 것이다.

혼합물은 그것을 둘러싼 물보다 밀도가 높기 때문에 해저에 가라앉은 상태로 있으며 아주 깊숙한 곳까지 내려가 퇴적한다. 이러한 흐름을 저탁류 turbidite flow라고 한다. 저탁류가 발달한 곳의 아래 부분에는 저탁류 선상지 turbidite fans라는 해저 선상지가 형성된다.

저탁류가 경사면을 따라 흘러내리는 과정에서 작은 입자의 퇴적물뿐만 아니라 거대한 바위나 덩어리진 퇴적물들이 대륙붕 사면이나 수심이 얕은 부분의 해저에서 유입되기도 한다. 이 덩어리들은 해저 사면의 아래 지역에 퇴적되는데, 이것을 해저 사태 퇴적물 olistostrome이라고 한다. 융기에 의해 해저 사태 퇴적물들이 해수면 위로 노출되면 이들은 빼어난 경관을 이루기도 하는데 대표적인 곳으로는 캘리포니아 해안의 다나 포인트 Dana Point를 들 수 있다.

위험한 아프리카 바다 밑 아프리카의 서부 해안을 떠나서 대서양의 동쪽에 위치한 대륙붕에는 퇴적물이 지속적으로 축적되고 있는데, 이것은 엄청난 규모의 해저 사태를 일으킬 잠재적인 위험이 되고 있다. 만약에 이곳에서 해저 사태가 일어나면 대규모 쓰나미가 발생하여 대서양을 건너 미국의 해안 도시와 주변 지역을 파괴할 수 있다. 따라서 주의 깊은 모니터링이 필요하다. 그리고 아프리카의 서쪽 해안 지역이 잠재적으로 거대한 해저 사태를 발생시킬 수 있다는 점을 알게 된 이상 도랑이나 기타 장치를 고안해서 해안 퇴적물들이 더 이상 깊은 바다로 빗겨 내려가 피해를 주지 못하도록 대책을 강구해야 할 것이다.

쓰나미

해안 지방에서 사는 사람들은 늘 지진이나 화산에 의해 발생하는 거대한 파도, 즉 쓰나미의 위협을 걱정하며 살고 있다. 특히 환태평양Pacific Ring of Fire 주변에 있는 국가들은 쓰나미에 대한 공포심이 남다르다. 쓰나미는 상당 기간 다양한 피해를 주는데, 대표적으로 2004년 인도네시아에서 발생했던 쓰나미를 들 수 있다. 당시의 쓰나미는 스리랑카 해안 지역을 따라 분포하던 우물 40,000개를 바닷물로 오염시켜 사용할 수 없게 했다. 이 우물들에 민물이 들이차 사람들이 다시 사용하는 데에는 수년이 걸렸고, 그 동안 사람들은 심각한 식수난에 시달려야 했다.

역사 속 쓰나미 1929년의 그랜드뱅크스 지진에 의해 발생했던 쓰나미는 캐나다 해안 지역에 살던 주민 29명의 목숨을 앗아갔다. 그 후로도 일곱 차례 계속해서 거대한 쓰나미가 발생하였고, 이중 네 개가 알류산 열도Aleutian Islands를 덮쳤다. 알류산 열도는 1946년에 한 번, 그리고 1957년에 다시 한 번 쓰나미를 겪어야 했다. 또한 1952년에는 캄차카Kamchatka 반도가, 1964년에는 프린스 윌리엄 사운드Prince William Sound 지역이 각각 쓰나미에 의해 초토화 되었다. 지구과학적인 관점에서 앞의 네 가지 쓰나미의 발생 과정을 살펴보면, 모두 해양판인 태평양판이 대륙판

2004년 인도양의 해저 지진으로 발생한 쓰나미는 무려 20만 명이 넘는 사상자를 냄으로써 지난 100년을 통틀어 가장 비참했던 자연 재해로 기록됐다.

반다아체(Banda Aceh) 쓰나미

2004년 12월 26일 인도네시아의 수마트라 해역에서 일어난 지진으로 발생한 거대한 쓰나미이다. 10 m가 넘는 거대한 파도가 스리랑카의 남서 해안, 인도의 안드라 프라데시(Andhra Pradesh) 해안과 수마트라 해안, 그리고 이밖에도 쓰나미로부터 안전할 것이라 여겨졌던 다른 지역들을 초토화시켰다. 그리고 아름다운 휴양지 몰디브의 섬들은 30 cm 이상의 두터운 모래로 덮였다.

아래로 미끄러져 섭입되고 있는 알류산 열도의 남부 해안 지역 섭입대에서 발생한 지진에 의한 것임을 알 수 있다.

1946년에 일어났던 쓰나미는 알래스카의 유니맥 섬Unimak Island을 덮쳤고, 다시 하와이의 힐로 만을 덮쳐 100명 이상의 사상자를 냈다. 힐로 만은 1960년도에 칠레 해안의 지진으로 인해 발생한 쓰나미에 의해 다시 한 번 큰 재앙을 맞이해야 했다. 1946년에 일어난 쓰나미는 미국 정

부로 하여금 쓰나미 조기 경보 체계의 필요성을 크게 인식시켰다. 그 결과 1948년에 미국에서는 쓰나미 경보 시스템Seismic Sea Wave Warning system이 설립되었다.

　미국 역사상 가장 강력했던 쓰나미는 아마 알래스카 대지진으로 인한 것일 것이다. 오후 5시 36분에 발생한 이 지진은 지진 규모 9.2로 진원지는 깊이가 약 23 km로 관측되었다. 당시 발생한 쓰나미로 알래스카의 한 도시에서는 나무판자가 트럭의 바퀴를 뚫어버리는 일이 일어났을 정도로 강력했는데, 122명의 사람이 목숨을 잃었고, 약 1억 달러 이상의 재산 피해를 발생시킨 것으로 추정된다.

가장 거대했던 쓰나미　역사상 기록된 것 중 가장 거대했던 파도는 1958년 알래스카 남동쪽 리투야 만의 피오르fjord에서 발생한 것이다. 피오르는 빙하에 의해 침식된 U자 모양의 계곡에 지표면이 침강하여 바닷물이 들어가 만들어진 것이다. 일반적으로 피오르는 계곡의 양쪽 벼랑이 가파르게 경사져 있는데, 리투야 만의 피오르는 높이가 무려 해수면 위로 약 1,800 m에 이르렀다. 밤 10시 15분 무렵에 이 지역을 지진이 강타하면서 가파른 경사면에서 산사태가 일어났고, 이로 인해 잔해물들이 1 km를 따라 피오르 아래로 무너져 내렸다. 이 산사태는 해수면 위에서 일어났기 때문에 엄밀히 말하면 해저 사태는 아니다. 산사태에 의한 잔해물들이 수면 위로 떨어지면서 높이가 500 m에 이르는 엄청난 크기의

왼쪽 페이지 위 태국 푸켓 지역의 쓰나미 경고 표지판
위 알래스카의 대지진에 의해 발생한 쓰나미는 나무판자가 트럭의 바퀴를 뚫게 할 정도로 강력했다.
아래 1929년 그랜드뱅크스 지진이 일어난 직후의 사진으로 뉴펀들랜드의 로드 만(Lord's Cove) 지역 주택이 쓰나미에 의해 파괴된 모습을 보여준다.

알래스카의 리투야 만 북부해안을 찍은 것으로 거대한 쓰나미가 휩쓸고 지나간 흔적을 볼 수 있다. 쓰나미가 덮치기 이전의 사진에서는 해안선 가까이에 울창한 산림을 볼 수 있는데, 파도가 지나간 후에는 산림이 흔적도 없이 사라졌다.

파도가 일면서 피오르를 가로질러 반대편 초목을 초토화시켰다. 그런 후에 물이 다시 튀어 오르면서 이번에는 약 524 m의 파도가 솟아올랐다. 시속 150 km의 속도로 만의 항구에 정박해 있던 고기잡이 트롤선을 덮쳤다. 이 어선 위에 승선해 있던 커플 한 쌍이 이 광경을 목격했고 놀랍게도 이 재앙에서 살아남았다. 큰 파도가 배를 덮쳐 닻의 굵은 밧줄이 끊어졌고 뱃머리가 바다 속으로 처박혔지만, 잠시 후 쓰나미가 먼 바다로 물러나면서 배가 균형을 되찾아 목숨을 구할 수 있었던 것이다.

화산 용암지 수로

고대에 일어난 홍수 중에는 얼음으로 된 댐이 녹아 거대한 빙하 호수의 물이 갑자기 방출되면서 발생한 것이 많다. 이러한 일은 오늘날에도 얼마든지 일어날 수 있다. 왜냐하면 현재 일어나고 있는 지구 온난화가 얼음댐 등을 녹여 빙하 호수의 물을 방출시켜 역시 홍수를 일으킬 것이기 때문이다.

워싱턴 주의 지형학 1918년 제1차 세계 대전이 끝난 후 얼마 지나지 않아 미국의 지질학자 브레츠J. Harlan Bretz, 1882-1981는 동부 워싱턴 주의 지형적인 특징을 설명하기 위해 고민했다. 그 지역에는 홍수로 인해 현무암과 뢰스빙하 작용을 받은 후 바람에 실려 온 퇴적토로 된 지층의 단층이 발달해 있었다. 그런데 뢰스층을 깎아내며 바닥에 깊은 수직의 벽을 가진 '쿨리coulees, 말라버린 계곡'를 만들어 놓은 것이다. 브레츠는 이와 같이 특이한 지형으로 된 지표면을 화산 용암지 수로channeled scablands라고 불렀다.

화산 용암지 수로의 특징 화산 용암지 수로는 몇 가지 지형학적 특징을 가지고 있다. 우선 쿨리의 현무암 노두암석이나 지층이 지표상에 노출된 부분는 이상하게도 깊게 파이거나 둥글게 연마된 흔적이 있다. 이것은 빙하의 접촉이나, 강물에 의한 침식 작용으로 된 것이 아니다. 그리고 쿨리에는 군데군데에 자갈이 뭉쳐진 곳이 분포한다. 이것은 현무암으로 된 암석이나 그 밖의 암석이 근원지로부터 먼 거리를 이동해서 온 것들로 보인다. 쿨리에서 현무암이 많은 지역에는 그 주변으로 뢰스를 포함하는 작은 언덕들이 산재되어있다. 쿨리의 수로들은 가끔씩 높은

위 불가리아에는 빙하가 물러나면서 형성된 빙하 호수가 있다.
아래 워싱턴 주 중부 지역의 드라이 폭포(Dry Falls)는 빙하 호수의 얼음댐이 무너지면서 형성되었는데, 그 당시 미국 서북 지역들이 물아래로 수백 미터 잠기게 되었다. 지구에서의 가장 빼어난 폭포였을 것으로 추정되는 드라이 폭포는 콜롬비아 강물이 원래의 진로가 바뀌면서 말라버렸다.

브레츠는 콜롬비아 고원이 미줄라 빙하 호수의 갑작스러운 붕괴로 발생한 홍수에 의한 것이라고 주장했다. 하지만 지금은 모두 말라버려 위와 같은 모습을 하고 있다.

턱을 가로지르는데 이것으로부터 예전에 엄청난 수량의 물이 턱 위로 흘렀다는 것을 알 수 있다.

뿐만 아니라 쿨리에는 지류가 존재한다. 이것은 화산 용암지 수로가 형성될 당시에 쿨리가 물로 채워졌음을 유추하게 한다. 이와 같은 특징들은 화산 용암지 수로에서 볼 수 있는 것으로 다른 곳에서는 보기 어려운 것들이다. 항공 촬영한 콜롬비아 고원 사진에서 거대한 퇴적 굴곡들이 길이 약 131 m, 높이 약 7 m로 된 쿨리 위로 솟아 있음을 확인할 수 있다.

외면당한 가설 불행하게도 브레츠의 생각은 지질학계의 인정을 받지 못했다. 당시의 지질학자들이 그와 같이 극단적인 해석을 쉽게 받아들이지 않았기 때문이다. 당시 대부분의 과학자들은 자연 법칙이란 공간과 시간에서는 일정하게 일어나고, 변화는 느리고 일정하며 점진적으로 일어난다고 생각했기 때문이다. 이처럼 점진주의적 사고가 뿌리 깊은 과학자들에게 브레츠의 주장은 매우 극단적으로 보였을 것이다. 왜냐하면 브레츠

가 7,770 km²에 이르는 방대한 넓이의 콜롬비아 고원이 빙하 홍수로 인해 퇴적물이 깨끗이 쓸려갔다고 주장했기 때문이다.

입증 브레츠의 분석은 거대한 얼음으로 된 빙하 호수인 미줄라Missoula에 대한 증거가 차츰 발견되면서 재조명 되었다. 두 개 주의 거리만큼 떨어져 있는 몬태나 주의 서쪽에 있는 빙하 호수 미줄라는 얼음댐이 파괴되었을 때 초당 약 21,237 m²의 물을 방출하였을 것으로 추정되며, 지름이 12 m인 표석을 옮길 수 있을 정도의 방대한 양이었다. 따라서 지금은 브레츠의 해석이 화산 용암지 수로의 지형을 설명하는 데 있어서 더 선호되고 있다.

화산

화산은 폭발하는 형태에 따라 모양이 다른데, 가스와 함께 강력한 폭발력을 가지는 플리니 Plinian 형과 현무암질 용암이 점차적으로 분출하는 스트롬볼리 Strombolian 형 등이 있다. 화산이 폭발할 때의 파괴력은 엄청나다. 폼페이 시를 한 번에 뒤덮은 베수비오 산의 폭발이 대표적인 예가 된다. 현대에 와서도 그 위력은 유감없이 드러났는데, 미국 세인트헬렌스 산과 일본 운젠 산의 폭발이 그 좋은 예가 된다.

화산으로 인한 피해 1980년 세인트헬렌스 산이 폭발했을 때 화구 주위의 전나무 숲이 모두 파괴되었다. 화산이 폭발할 때 생긴 돌풍은 바람 방향과 반대 방향으로 화산재로 뒤덮인 앙상한 나무줄기만을 남겨 놓았다. 그리고 하와이에서 화

산이 폭발했을 때는 하와이 화산 국립공원의 와하울라 Waha`ula 관광안내소가 현무질 용암으로 인해 글자 그대로 한줌의 재가 되어버리기도 했다. 또한 1985년 네바도 델 루이즈 Nevado del Ruiz 콜롬비아 화산이 폭발했을 때는 화산 활동으로 분출된 여러 크기의 화산 쇄설물이 뒤섞인 화산재 이류 lahar가 화산의 경사면을 따라 약 100 km를 흘러내려 최소한 22,000여 명의 인명 피해를 발생시켰다. 그리고 약 10 %의 화산 얼음층이 녹아버리기도 했다.

꿈틀거리는 호수들 카메룬의 니오스 Nyos 호수 주변의 화산 지대에서는 주로 이산화 탄소로 이루어진 화산 가스가 다량으로 계속 방출되고 있는데 이것은 큰 위험 요소이다. 1986년 니오스 호수의 수면 약 125 km 아래 마그마 층에서 발산된 이산화 탄소는 거대한 가스 덩어리를 형성했다. 순수한 이산화 탄소는 공기보다 밀도가 높으므로 산 아래로 흐르게 된다. 니오스 호수의 이산화 탄소 가스 구름은 산 아래로 약 24 km를 이동하면서 약 1,700여 명이 호흡 곤란으로 목숨을 잃었다. 과학자들은 사람과 동물에게 치명적인 이산화 탄소 덩어리가 언제 어떻게 형성되는지 아직 정확하게 밝히지 못했지만, 대략 다음과 과정으로 형성되었을 것으로 추정하고 있다.

우선 니오스 호수의 깊은 곳에서 화산 활동에 의해 자연스럽게 방출된 이산화 탄소가 바닥에 쌓였고, 일부는 물에 용해되었다. 자연이 만들어낸 천연 소다수와 같은 호수 바닥의 물은 호수 얕은 곳의 깨끗한 물보다 밀도가 높아서 위로 오르지 않고 주로 깊은 곳에 머문다. 하지만 1986년에 니오스 호수의 물이 뒤집혀버렸다. 깊은 곳의 물이 호수 표면으로 올라왔고, 상대적으로 압력이 낮은 수면 위로 거품을 만들면서 많은 양의 이산화 탄소를 방출하였다. 그 결과 호수 표면 위로 두께가 약 77 m나

위 멕시코시티에서 남동쪽으로 약 70 km 떨어진 곳에 있는 활화산 포포카테페틀(Popocatepetl)
아래 니오스 호수의 물이 뒤집혀져 뿌연 모습을 하고 있다.

알래스카 리다우트 화산의 폭발로 승객들이 타고 있는 비행기가 추락할 뻔했다.

되는 치명적인 이산화 탄소 가스 구름이 형성되었다.

위험한 공기 흐름 1989년 12월. 앵커리지로 마지막 착륙을 준비하던 KLM 867 항공기는 리다우트Redoubt 화산이 갑자기 내뿜은 화산재 구름 속으로 들어갔다. 화산재는 비행기의 제트 엔진 네 개를 모두 고장내버렸고, 조종사들이 겨우 엔진을 다시 작동시킬 때까지 죽음의 시간과 같은 8분 동안 아래로 추락해야만 했다. 다행스럽게도 리다우트 화산이 내뿜은 화산재와의 충돌은 23,000피트 상공에서 일어났기 때문에 15,000피트를 추락하는 동안 조종사들이 엔진을 재가동할 수 있었다. 안전하게 착륙한 뒤 그 비행기를 수리하는 데에는 8천만 달러의 비용이 들었다. 수천 명의 승객들과 매일 태평양 주변을 날아다니는 수백 대의 비행기들을 보호하기 위해, 리다우트 화산처럼 화산재를 분출할 가능성이 높은 화산들을 주시하는 일은 매우 중요하다. 한 예로

1992년 알래스카 스퍼Spurr 산이 폭발할 때에는 앵커리지 국제공항이 약 20시간 동안 착륙과 이륙을 중단시켰다.

마자마 산의 붕괴로 형성된 오리건 주의 크레이터 호수는 해수면보다 높은 곳에 있으며, 세계에서 가장 깊은 호수 중의 하나이다.

칼데라 호와 마자마 산

오리건 주 크레이터 호수의 칼데라는 약 7,000년 전 엄청난 폭발을 겪은 마자마(Mazama) 산의 흔적을 보여준다. 스페인어로 큰 냄비라는 뜻을 가진 칼데라는 화산이 스스로 무너져 내려 생긴 커다란 분화구를 뜻한다. 위저드(Wizard) 섬과 같은 칼데라 호 안의 섬들은 칼데라가 붕괴되고 수백 년이 지난 후 분출된 둥글고 뾰족한 안산암과 유문암들이다.

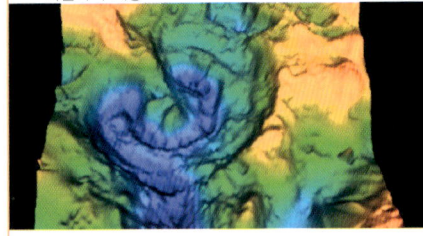

충돌 사건들

지구 주변을 지나가는 소행성들과 혜성들은 지구와 충돌할 가능성이 높은 위협적인 존재이다. 소행성과 혜성들의 충돌이 일어날 확률을 통계학적으로 계산하는 일은 미래의 재앙을 예측하는 일뿐만 아니라, 바위투성이 행성과 달의 나이를 결정하는 데에도 매우 중요한 정보가 된다. 남극 동쪽의 얼음층 밑에서 새로 발견된 윌크스랜드 Wilkes Land의 분화구는 2억 5천만 년 전 바다 생물의 95 %를 사라지게 한 페름–트라이아스기의 대멸종을 설명할 수 좋은 자료가 될지도 모른다.

퉁구스카 사건 1980년에 세인트헬렌스 화산의 폭발로 줄기만 남은 채 쓰러진 전나무들을 연상시키는 사건이 1908년 6월 30일에 일어났다. 이 폭발은 퉁구스카 사건 Tunguska event으로 알려지며 약 2,150 km²에 이르는 방대한 넓이의 시베

위 백악기 말기에 멕시코 치크술루브 근처에 떨어진 것으로 추정되는 소행성의 영상
가운데 애리조나 주 베링거(Barringer) 운석구의 지질학적 구조를 색으로 표현한 지도이다. 이 운석구는 약 5만 년 전 철 성분이 많은 운석이 지구와 충돌했을 때 생긴 것으로 추정된다.
아래 1927년에 촬영된 것으로 1908년 퉁구스카 사건 때 넘어진 나무들을 찍은 것이다.

리아 침엽수림에서 약 6천만 그루의 나무를 일시에 사라지게 하였다. 하지만 퉁구스카 대폭발 사건은 화산 폭발로 일어난 일이 아니었다. 과학자들은 아주 빠른 속도로 지구 대기권 안으로 들어온 소행성이 중앙 시베리아 상공의 약 10 km 지점에서 폭발하면서 생긴 일이라고 생각하고 있다. 하지만 몇몇 과학자들은 이 의견에 반대하면서 어떤 다른 지질학적 사건으로 메테인 가스가 분출되어 이것이 분화구 없이 폭발했을 것이라고 주장하기도 한다. 만약 이 사건이 정말로 소행성이나 혜성의 충돌 때문에 일어난 일이라면 운석과 지구 표면의 충돌이 얼마나 끔찍한 일을 야기할 수 있는 큰 사건인지 알 수 있을 것이다. 만약 이 사건이 몇 시간이 지난 후에 일어났다면, 지구의 자전으로 사람이 많이 살지 않는 시베

리아 대신에 사람이 많이 사는 세인트 피터스버그 시가 충돌하여 엄청난 피해를 입었을 것이다.

미래의 사건들 혜성을 비롯하여 우주 먼지 파편들은 지구 대기권으로 끊임없이 쏟아져 들어오고 있다. 하지만 이들은 대기권을 지나는 동안 기체와 마찰을 일으키며 타기 때문에 우리에게 별똥별의 형상으로 보인다. 혜성이나 소행성들 중 하나가 지구에 피해를 줄 만큼 클 가능성은 적지만 언젠가는 매우 파괴적인 충돌 사건이 일어날 것이다. 실제로 백악기 말에 공룡을 멸종시킨 사건은 멕시코의 유카탄 반도에 지름 180 km의 치크술루브Chicxulub 크레이터를 남긴 지름 약 10 km의 소행성 충돌과 관련이 깊을 것으로 생각된다. 텍사스 주 브라조스Brazos 강 지역에서 발견된 백악기 팔레오세 지층은 이 충돌 사건이 당시 고생물들에게 어떤 영향을 끼쳤는지를 보여준다.

한편 워싱턴 대학교의 지질학자인 조안 부르주아Joanne Bourgeois와 그녀의 동료들은 브라조스 경계 지역에서 커다란 쓰나미의 흔적을 발견했다고 주장했다. 그리고 프린스턴 대학교의 게르타 켈러Gerta Keller는 브라조스에서의 멸종 층위와 충돌 사건 층위가 같지 않다고 주장했는데 실제로 두 지층은 약 30만 년의 시간적 차이가 난다. 그래서 일부 과학자들은

유럽 우주 기구(European Space Agency)에서 연구 중인 돈키호테 작전의 상상도. 돈키호테 작전이란 지구와 소행성의 충돌을 막는 작전이다.

이러한 시간적 차이가 쓰나미 때문에 생긴 것이라고 주장하기도 했다.

행성 보호 지질 역사 속에서 발견된 소행성과의 충돌 사건은 앞으로 있을 충돌에 대비하여 인류를 보호하자는 제안을 낳았다. NASA는 향후 몇 년간 지름이 약 1 km 이상인 위험 물체들을 식별하는 프로젝트를 진행 중이다. 실제로 NASA는 2005년에 99942 아포피스99942 Apophis라는 소행성을 발견했으며, 이 행성이 2029년 4월 13일에 지구와 가장 가까워질 것이라고 계산해냈다. 또한 지름이 약 307 m인 소행성이 2036년에 지구와 충돌할 가능성은 1/45,000로 이것은 과학자들이 심각하게 걱정할 만한 수준의 확률이다. 과학자들은 99942 아포피스에 송신탑을 설치하여 그 움직임을 더 정확하게 포착해내야 한다고 주장한다. 이러한 작업의 결과로 99942 아포피스가 지구와 충돌할 가능성이 높다는 것이 밝혀진다면 그것의 이동 경로를 인위적으로 변경시켜 지구를 심각한 충돌로부터 구하는 방어 작전을 진행해야 할 것이다. 이 일은 미루면 미룰수록 점점 더 어려운 일이 될 것이다. 2029년이 되면 아포피스의 경로를 바꾸는 일이 불가능하게 되기 때문이다.

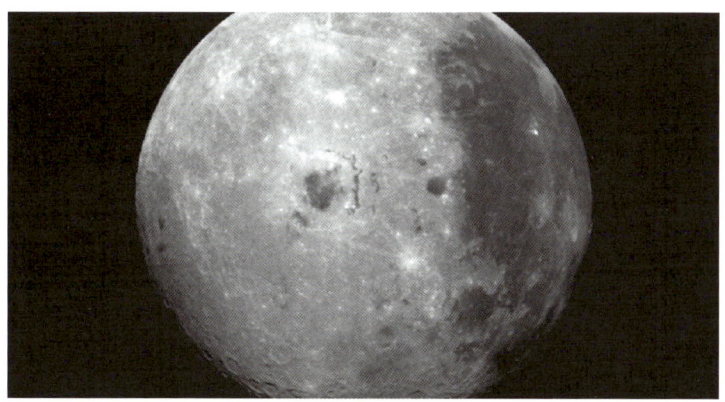

사진의 윗부분에 검게 보이는 것이 달의 동쪽 바다로 불리는 분지 지형이다.

마레 오리엔탈

마레 오리엔탈(Mare Orientale), 즉 달의 동쪽 바다는 실제 바다가 아니다. 이것은 약 지름이 약 1,300 km에 이르는 매우 큰 충돌 지역이다. 지구에서 보면 달의 어두운 부분 때문에 마레 오리엔탈이 거의 보이지 않지만, 1962년 제러드 카이퍼(Gerard Kuiper)와 윌리엄 하트만(William K. Hartmann)이 애리조나 대학교의 달과 행성 실험실에서 그곳이 거대한 충돌 지역임을 밝혀냈다.

지질학 이론의 변천

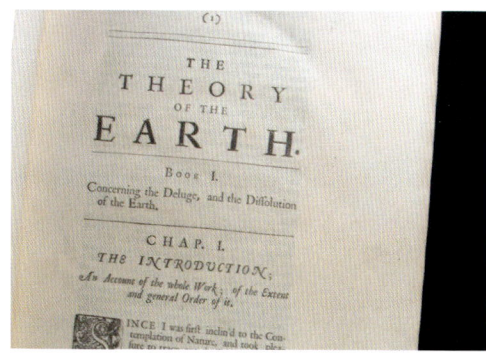

왼쪽 찰스 라이엘(Charles Lyell)의 초상화. 많은 사람들은 그를 현대 지질학의 창시자라고 한다. 라이엘은 점진적 진화설을 주장했다.
위 아주 긴 지질학적 시간의 관점에서 보면 지구와 소행성의 충돌은 '일상적인 사건'이 될 수 있다.
아래 토머스 버닛(Thomas Burnet)이 쓴 논문 〈지구에 관한 성스러운 이론〉의 한 페이지이다.

지질학은 대홍수를 겪은 어린 지구와 함께 태어났다˙. 그러다가 '현재는 과거를 아는 열쇠˙˙'와 함께 성장기를 거쳐 이제는 급격한 지각 변동에 대한 인식과 함께 성숙해지고 있다.

지구 표면의 변화에 대한 초기의 연구들은 지진이나 화산과 같은 재앙적인 사건들에 주로 초점을 맞추었다. 지질학이 현대 과학으로 부상하면서, 그 초점은 시간의 흐름에 따른 점진적인 변화 과정을 이해하는 것으로 옮겨졌다. 하지만 이것은 한 세기가 넘는 시간 동안 지질학 분야를 지배해 온 잘못된 선입견을 갖게 하기도 했다.

이제 지질학자들은 점진적인 과정과 짧은 시간 동안에 일어나는 지각 변동 과정 모두를 중요하게 생각한다. 그래서 지질학과 생물의 진화에 대한 우리의 이해는 균형 감각을 갖게 되었다. 우리가 볼 때 자연 현상은 모든 것이 거의 그대로인 것처럼 점진적으로 일어나지만, 때로는 커다란 변화가 갑자기 일어날 수도 있다는 것이다. 덕분에 우리는 자연 세계를 더 잘 이해할 수 있게 되었다. 따라서 거대한 소행성의 충돌은 그 가능성이 비록 희박해 보일지라도 오랜 지질학적 시간 속에서 보면 반드시 예상할 수 있어야 할 사건으로 받아들여야 하는 것이다.

˙ 지질학이 과학으로 발전할 초기에 많은 사람들이 종교적인 관점에서 노아의 대홍수가 지구의 퇴적층을 형성했다고 생각한 것을 비꼬아 표현한 것이다(옮긴이).
˙˙ 지질학의 기초를 만든 동일 과정설을 상징적으로 표현한 말이다(옮긴이).

연대기와 대격변설

아주 오래 전 사람들은 지구의 역사를 대재앙이나 갑작스럽게 일어난 파괴 등을 중심으로 기록했으며, 풍요와 평화에 대한 기록은 빈약한 편이었다.

위 니네베(Nineveh)에서 발견된 고대 아시리아의 점토판이다. 성경에 나오는 노아의 대홍수와 비슷한 내용이 적혀 있다.
아래 홍수에 관한 이야기는 여러 문화에서 공통적으로 나타난다. 힌두의 전설에 따르면 비슈누(Vishnu) 신이 물고기의 형상으로 지구에 와서 지구의 모든 생명을 파괴할 때 드라비다(Dravida)족의 왕인 마누(Manu)에게 대홍수가 일어날 것을 경고한다. 그리고 마누에게는 노아처럼 '생명의 씨앗들'을 보존할 임무가 주어지고 그는 죽음으로부터 구원받는다.

재앙은 새로운 시작 1766년, 스페인이 아메리카 대륙에 세운 첫 번째 도시인 쿠마나Cumana: 오늘날의 베네수엘라에 위치함가 지진으로 완전히 파괴되었다. 그러나 그곳에 살던 인디언들은 오히려 축제를 벌여 춤을 추었다. 이 광경을 본 알렉산더 본 훔볼트Alexander von Humboldt, 1769–1859는 '그들은 과거 미신에 따라 축제와 춤을 통해 세상의 파멸과 다가오는 새 시대를 기념했다'라고 보고했다. 이것으로 볼 때 아메리카 인디언들은 풍요로움의 시기 다음에는 파괴의 시기가 찾아오는 것이 자연스러운 일이라는 생각을 하고 있음을 알 수 있다.

훔볼트

홍수에 대한 옛 사람들의 인식 약 6천 년 전부터 중국인들은 홍수에 대해 다양한 기록을 남겼다. 그 이유는 홍수가 농업에 큰 영향을 끼치는 자연 재해였기 때문이었다.

성경에 나오는 노아의 대홍수 이야기는 수메르인들의 전설에서 기원을 찾을 수 있고, 당시에 일어난 대홍수가 실제로 지질학적인 재앙을 가져왔는지 가능성에 대한 토의는 오래 전부터 있었다. 뉴멕시코 대학교의 가스 보데나Garth Bawdena 교수와 리처드 마틴 레이크레프트Richard Martin Reycraft 교수가 2000년에 쓴 《환경 재앙과 인간 반응에 대한 고고학Environmental Disaster and the Archaeology of Human Response》이라는 책의 표지에는 1516년 독일 화가 한스 발둥 그라인Hans Baldung Grein이 그린 대홍수 그림이 실려 있는데, 이 그림에는 대홍수와 같은 재앙이 인간에게 주는

버닛은 지표면에 균열이 생기고 지구의 핵으로부터 물이 솟아나와 '대홍수'가 일어났으며 대륙을 형성했다고 주장했다. 그는 안데스 산맥과 같은 주요 산맥들을 가리켜 균열의 흔적이라고 했다.

공포가 자세하게 묘사되어 있다.

한편 신학자 토머스 버닛Thomas Burnet, 1635-1715은 〈지구에 관한 성스러운 이론Sacred Theory of the Earth, 1681〉이라는 논문에서 대홍수에 대해 다음과 같이 설명했다. '첫째, 지구의 지각에 커다란 균열이 생긴다. 둘째, 심연의 호수에서 물이 올라와 지구를 잠기게 한다. 마지막으로, 물이 빠지고 오늘날 우리에게 보이는 형태의 대륙들을 남겨 놓는다.'

버닛은 안데스 산맥과 같이 주요 산맥들을 균열에 의해 분리된 지각의 경계 지역이라고 주장했다. 버닛은 지구는 처음 대혼란의 시기 이후 천국과 같은 부드러운 형태를 가졌다고 생각했다. 그러나 대홍수가 일어나 지구 표면은 모두 물에 잠겼으며, 그 후 물이 빠져 나간 후 대륙을 형성했다고 했다. 또한 먼 미래에 지구는 대화재를 겪을 것이며, 대화재로 인하여 지구는 다시 평화롭고 부드러운 형상으로 돌아갈 것이라고 주장했다. 그래서 지구는 마침내 별처럼 빛나는 표면으로 변화하게 되어 '어두운 혼란에서 밝은 별'로서의 변화 과정을 마치게 될 것이라 믿었다.

성경은 지구가 얼마나 오래되었는지 명시하지 않지만 성경에 기록된 연대기들은 지구의 나이를 측정하는 데 사용될 수 있었다. 하지만 성경에 나온 연대기들을 토대로 계산한 지구의 나이는 너무 짧았다. 성경의 권위에 쉽게 도전할 수 없었던 사람들은 오랜 세월 지구의 나이를 성경의 연대기의 숫자를 더한 값으로 믿었다. 그러다가 1860년대에 이르러서야 사람들은 지구의 나이가 수천 년이 아닌 수백만 혹은 수억 년이 되었을 것이라고 믿기 시작했다. 그러다가 오늘날 방사성 동위 원소를 이용한 연대 분석 등과 같은 연구로 지구의 나이가 약 46억 년에 이른다는 사실을 알게 되었다.

수성론과 화산 활동

지질학자 아브라함 고틀롭 베르너 Abraham Gottlob Werner, 1749-1817는 카리스마가 넘치는 사람이었다. 그는 층위학을 연구했던 과학자로 유럽 각 지역에서 자신이 관찰한 암석 퇴적 순서에 대한 연구 결과를 다른 지질학자들에게 흔쾌히 제공했다. 베르너는 책을 출판하는 일에는 게으르기는 했으나, 1780년대에 자신의 중요한 학설들은 대부분 출간했다.

베르너는 세상의 암석들을 네 개의 지층 단위로 분류했다. 하지만 나중에 첫 번째 지층 단위와 두 번째 지층 단위 사이에 새로운 암석 지층 단위를 넣기 위해 다섯 번째 단위를 추가하기도 했다.

위 제임스 허튼이 화강암을 조각한 것이다. 그는 화강암은 지하에서 올라온 용암이 식어서 된 것이라고 믿었다.
아래 아브라함 고틀롭 베르너

베르너의 층위학 초기 베르너의 층위학은 주로 화강암이나 편암과 같은 기초적인 암석을 다루는 데서 시작되었다. 그러다가 시간이 지나면서 바다에서 형성된 석회암, 철과 마그네슘 성분을 많이 함유한 화성암 등을 다루었다. 그 후에는 퇴적암으로 이루어진 지층을 다루었다. 이 지층들에는 땅과 바다의 퇴적물들, 중생대와 신생대의 것으로 여겨지는 마그네슘과 철을 많이 함유한 화성암이나 석탄 등이 포함되어 있었다.

수성론자 대 화성론자 베르너의 층위학은 대부분 암석에 대해 상대적인 연대 비교를 할 수 있을 정도로 일반적이고 포괄적이었다. 그러나 베르너의 생각은 당시 지질학계에서 크게 인정을 받지 못했다. 그 이유는 그가 현무암의 기원에 대한 토론에서 화성론자가 아닌 수성론자의 편을 들었기 때문이다.

프랑스의 지질학자 장 에티엔 귀타르Jean Étienne Guettard, 1715-86와 같은 수성론자들은 현무암이 화성암이 아니며, 낮은 온도에서 바닷물과 같은 액체로부터 침전된 것이라고 주장했다. 반면에 니콜라스 데마레 Nicholas Desmarest, 1725-1815와 같은 화성론자들은 현무암이 아주 뜨거운 화산 용암으로부터 생성되었다고 주장했다. 베르너는 유럽에서 현무암으로 된 지층을 발견했는데, 수성론자들은 그 지층은 암석이 침전되어 형성된 수성층으로부터 온 것이라고 주장했고, 화성론자들은 용암이 어느 정도의 거리를 이동하여 굳어서 된 것이라고 주장했다. 그런데 베르너는 수성론자들의 입장에서 섰던 것이다.

논쟁의 결말 현무암 지층의 형성에 대한 수성론자와 화성론자들의 논쟁은 스코틀랜드의 지질학자 제임스 허튼James Hutton, 1726-97이 그램피언 고지대의 글렌 틸트Glen Tilt에서, 그리고 애런Arran 섬과 갤로웨이Galloway 섬에서 결정적인 단서를 발견할 때까지 계속 이어졌다. 허튼은 글렌 틸트에서 칼륨 장석이 풍부한 붉은색의 화강암으로 된 암석의 맥이 운모가 풍부한 어두운 편암과 다른 암석들을 관입하고 있는 것을 발견했다. 허튼은 이것을 보고 화강암이 지표면 밑에서 마그마의 형태로 올라와 위층의 차가운 암석으로 관입한 결정적인 증거라고 주장했다. 이 일로 허튼은 화성론자라고 알려졌고, 깊은 곳에서 생성된 큰 화강암 덩어리

위 니콜라스 데마레가 1774년 그린 지도이다. 화산 언덕이나 화구 주변에 형성된 원주 모양의 현무암을 표시하고 있다.
아래 아일랜드 북동쪽 해안의 자이언츠 코즈웨이에서 발견된 현무암으로 된 주상절리다. 1693년에 공식적인 발견이 있은 후 4년 동안 이 주상절리 절벽이 자연적으로 형성된 것인지 아니면 사람이 만든 것인지 아니면 신화의 거인이 만든 것인지에 대한 논란이 시작되었다. 1771년 데마레는 이 현무암 기둥이 화산 활동에 의한 것이라는 것을 밝혀냈다.

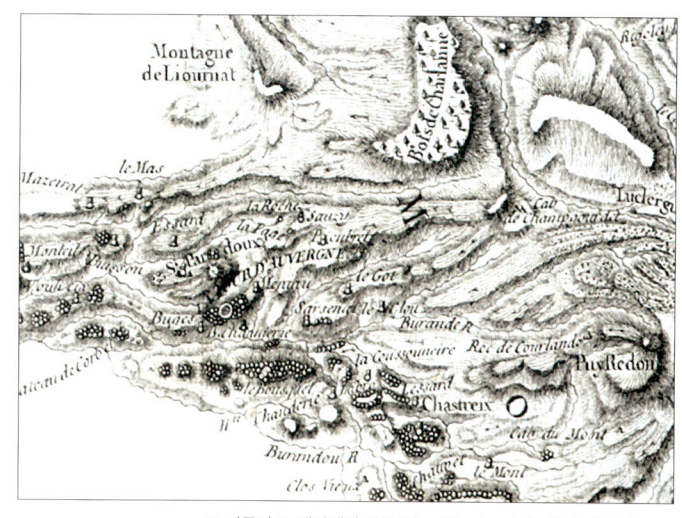

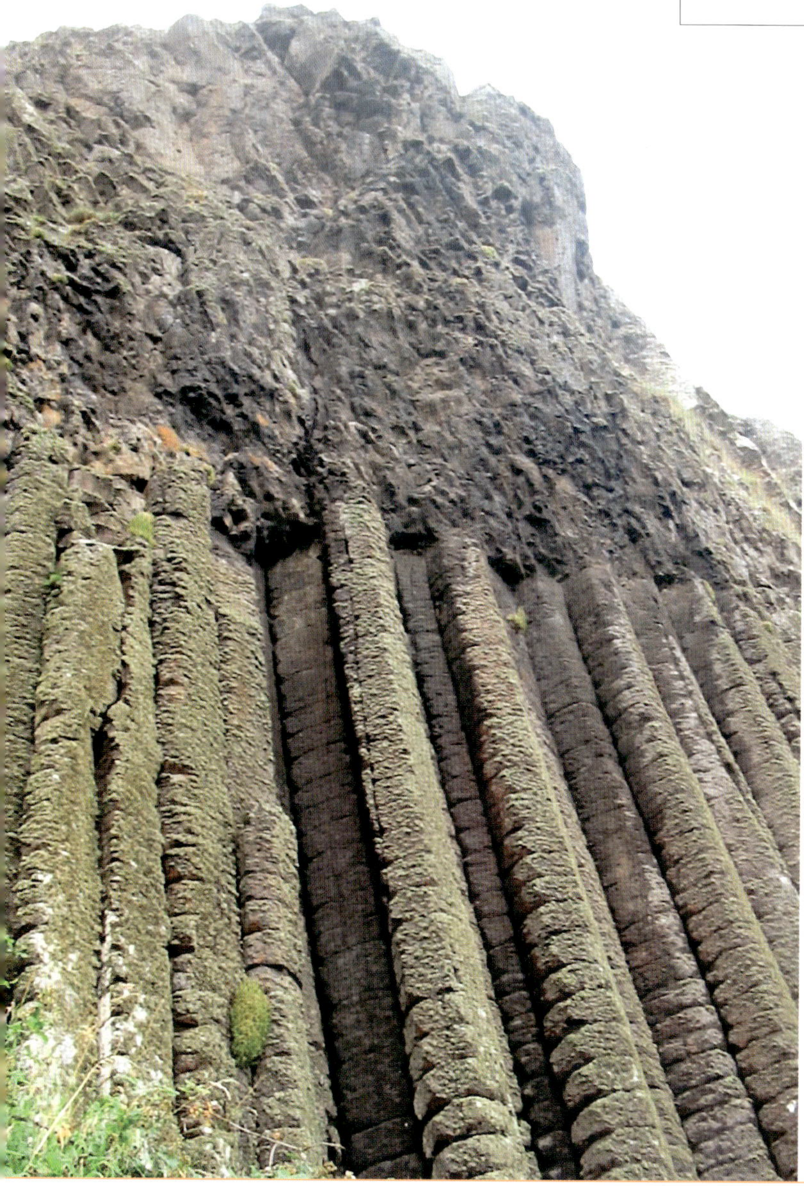

를 오늘날 심성암이라고 부르게 되었다.

현무암의 기원에 대한 논쟁은 그 후에도 꽤 오래 동안 지속되었다. 또 다른 스코틀랜드의 지질학자 리처드 커원Richard Kirwan, 1733–1812은 1799년 아일랜드 포트러쉬Portrush에서 발견한 현무암에서 바다 조개 화석을 발견함으로써 수성론자의 생각이 옳다고 주장했다. 하지만 그 화석을 더 자세하게 조사해본 결과 그 화석은 현무암층이 침투한 곳에 가까운 분포하던 단단한 세일에 있었던 것으로 밝혀졌다. 현무암이 화석이 많고 상대적으로 차가운 쇄설성의 퇴적암인 이암에 닿아 식었기 때문에 그런 오해가 생겼던 것이다.

스테노와 동일 과정설

과학사를 연구하는 학자들은 현대 지질학의 시작을 덴마크의 지질학자이자 고생물학자이며, 훗날 가톨릭교의 주교가 된 니콜라스 스테노 Nicolaus Steno가 저서 《자연적으로 암석 안에 포함된 고형체들에 관한 논문 서론 *The Prodromus to a Dissertation Concerning Solids Naturally Contained Within Solids*》을 출간한 1669년으로 본다.

스테노의 법칙 스테노는 토스카나 지역의 지질 역사를 연구하면서 오늘날 지질학의 기초가 되는 세 가지 원리를 알아냈다. 첫째는 암석은 원래 평평하게 층을 이룬다는 지층 수평의 원리이다. 둘째는 지금은 강의 침식이나 단층 작용 등에 의해 지층이 멀리 떨어져 있지만, 그 지층은 원래 옆으로 광범위한 범위로 이어져 있었다는 지층 연속의 원리이다. 세 번째는 층을 이룬 암석의 순서에서 가장 오래된 층이 제일 아래에 위치한다는 지층 누중의 원리이다.

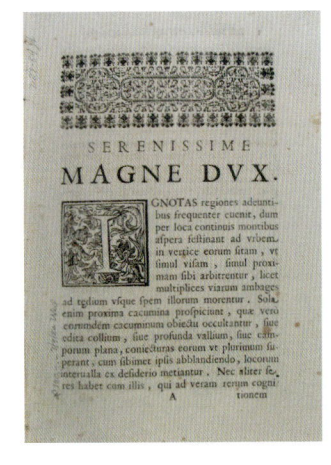

새로운 시대 영국의 지질학자 찰스 라이엘 Charles Lyell, 1797~1875은 1830년 《지질학 원리 *Principles of Geology*》라는 유명한 책을 출간하면서 지질학이라는 학문은 대격변성보다는 점진성, 불규칙성보다 규칙성이 강조되는 과학임을 강조했다. 이러한 그의 생각을 동일 과정설이라고 하는데, 이것은 지구를 '시작의 흔적이 없고 끝이 예상되지 않는다' 라고 묘사한 제임스 허튼의 시각에서 출발한 것이다.

동일 과정설은 현대 지질학에서 중요하게 취급되는 이론으로 실재적 동일 과정설과 방법적 동일 과정설 두 가지로 나뉜다.

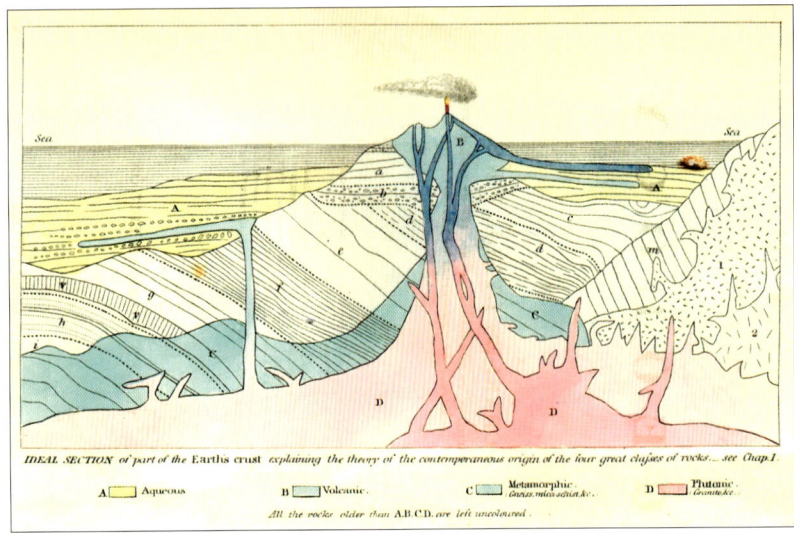

IDEAL SECTION of part of the Earths crust explaining the theory of the contemporaneous origin of the four great classes of rocks.... see Chap.I.

A ☐ Aqueous. B ☐ Volcanic. C ☐ Metamorphic. Gneiss, mica schist, &c. D ☐ Plutonic. Granite &c.

All the rocks older than A.B.C.D. are left uncoloured.

위 니콜라스 스테노는 지층 수평의 원리를 주장했는데, 이 원리는 지질학자들이 암석의 지층을 연구하는 데 기본적으로 적용하는 원리가 되었다.
가운데 많은 사람들이 현대 지질학의 탄생이라고 여기는 니콜라스 스테노의 저서 Prodromus의 한 페이지
아래 찰스 라이엘의 《지질학 원리》 제2판에서 제일 먼저 나오는 그림이다. 이 책에서 라이엘은 격변설보다 동일 과정설을 강조하였고, 현대 지질 변화의 과정은 과거 지질 변화의 과정을 이해하는 열쇠라고 주장했다.

방법적 동일 과정설에 따르면 해안 모래에 생기는 잔물결은 지구 초기에도 비슷한 방식으로 이루어졌을 것이다.

실재적 동일 과정설 실재적 동일 과정설은 물질의 변화율이 일정하다는 가정 하에서 지질학적 변화를 추정하는 것으로 잘못된 이론이라고 할 수 있다. 실재적 동일 과정설에 따르면 오늘날과 같은 지표의 모양을 만들기 위해서는 무한한 시간이 필요하다. 또한 라이엘이 말했듯이, 적절한 환경 조건이 지구의 표면 위에 다시 갖추어진다면 공룡이 다시 세상에 돌아다닐 것이고 익룡이 하늘을 날아다닐 것이기 때문이다. 그래서 한때 라이엘은 화석에 대한 지속적인 연구로 인간을 공룡 시대나 그 이전으로 돌아가게 해줄 수 있을 것이라고 생각하기도 했다. 찰스 다윈은 이런 실수를 범하지는 않았지만 라이엘의 동일 과정설에 매우 큰 영향을 받았다. 그래서 그는 생물은 시간의 흐름에 따라 매우 점진적으로 진화한다는 이론적 선입견을 갖게 되었다.

방법적 동일 과정설 반면에 방법적 동일 과정설은 현재 지구에서 관찰할 수 있는 지질 변화 과정이 과거에도 비슷하게 일어났을 것이라고 생각하는 이론이다. 예를 들어 오늘날 강바닥에 형성되는 모래 물결은 백악기, 석탄기, 캄브리아기 때에도 같은 방식으로 형성되었다는 것이다. 이것은 '현재는 과거의 열쇠'라는 지질학 법칙에 기반을 둔다. 이 이론은 오늘날에도 지질학계에서 지지를 받고 있다. 왜냐하면 이 이론은 우리가 같은 환경에 있는 시기의 암석을 관찰하여 고대 환경 조건을 정확하게 추론해내는 데 있어서 꼭 필요하기 때문이다. 하지만 이 이론 때문에 현재의 기준에 있어서 먼 과거에 별난 환경 조건이 존재하지 않았다고 단정해서는 곤란하다.

대륙 이동설

비교적 정확한 세계 지도가 만들어졌을 때부터 어린이들을 비롯한 열린 마음을 가진 사람들은 남아메리카 대륙과 아프리카 대륙의 해안선이 서로 꼭 맞아 들어간다는 것을 눈치챘다. 이런 생각 때문에 버닛도 지각의 거대한 균열에서 물이 쏟아져 나와 대홍수를 일으킨다는 이야기를 했던 것이다. 또한 1858년 프랑스의 지리학자 안토니오 스니데르 펠레그리니Antonio Snider-Pellegrini는 지구 밑 심연의 물이 거대한 균열을 통해 뿜어져 나와 오늘날 북대서양과 남대서양이 되었다고 주장하여 버닛의 말에 힘을 보탰다.

대서양 닫아보기 그러나 남아메리카 대륙과 아프리카 대륙의 해안선이

위 알프레드 베게너의 과학적 업적을 기념하는 독일 우표
아래 안토니오 스니데르 펠레그리니가 그린 그림이다. 대서양이 열리는 것을 묘사하고 있다. 그는 대륙 이동이 초대륙의 남북 이동에 의해 일어났고, 이것이 지각의 균열을 일으켜 심연의 물이 올라오게 만들어 결국 대서양이 되었다고 주장했다.

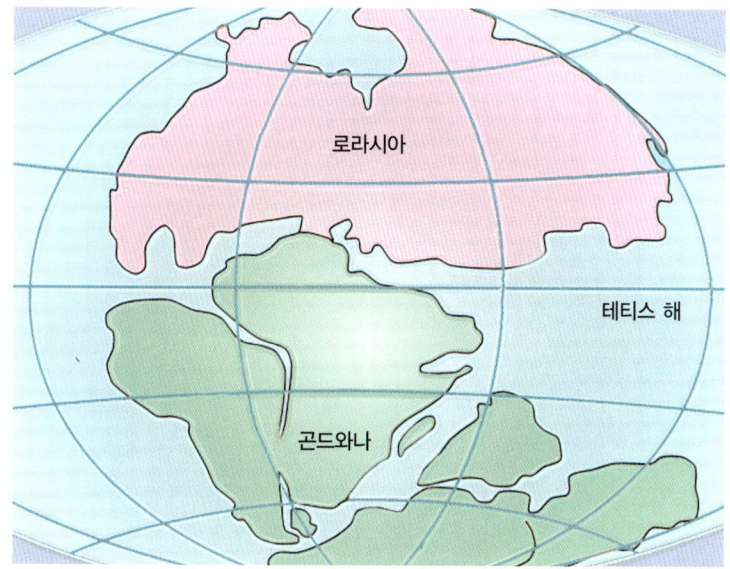

알렉스 뒤 투와가 생각한 판게아. 그는 테티스라고 하는 바다가 판게아를 로라시아와 곤드와나 두 대륙으로 나누었다고 주장했다.

서로 잘 들어맞는 것에 대해 정말 심각하게 고민한 사람은 독일의 기상학자였던 알프레드 베게너Alfred Wegener, 1880-1930였다. 당시 대륙의 분포를 설명하는 지질학자들의 생각이 옳지 않다고 확신했던 베게너는 두 해안이 한때 서로 붙어 있었다는 다양한 증거들을 수집했다. 베게너는 대서양 양측의 대륙을 두고 '찢어진 신문을 양쪽 면을 따라 붙여 놓고 인쇄된 글자들이 서로 연결되는가를 보는 것과 똑같은 일이다'라고 주장했다. 그는 빙하의 지층과 고생물의 화석, 그리고 두 대륙이 갈라 놓은 살아 있는 동식물들을 포함한 여러 가지 증거를 제시했다.

우선 베게너는 현재의 두 대륙 사이의 거리는 너무 멀어 이들 생물이 이동할 수 없었을 것이라 주장했다. 예를 들어 베게너는 몸길이가 몇 피트도 되지 않는 작은 악어처럼 생긴 메소사우루스Mesosaurus는 아프리카에서 남아프리카로 절대로 이동할 수 없었을 것이라고 확신했다. 또한 베게너는 살아 있는 동물들 중에서 특히 남반구에서만 서식하는 지렁이와 민물고기도 찾아냈다. 그는 이러한 증거들을 바탕으로 지금은 나뉘어져 분포하고 있는 대륙들이 원래는 판게아라는 하나의 초대륙으로 통합되어 있었다고 주장했다.

한편 베게너와 비슷한 생각을 했던 남아프리카의 지질학자 알렉스 뒤 투와Alex du Toit, 1878-1948는 대륙 덩어리는 북반구의 로라시아Laurasia와 남반구의 곤드와나Gondwana가 테티스Tethys라고 하는 바다에 의해 나뉘어졌다고 주장했다.

지구가 움직이고 있다는 증거

그러나 당시의 지질학자들은 베게너의 생각을 인정하기는커녕 오히려 멸시했다. 이유는 두 가지에서였다. 첫째, 당시 지질학은 찰스 라이엘의 동일 과정설의 영향을 크게 받고 있었다. 따라서 대륙이 이동한다는 것은 고정되고 규칙적인 운동을 하는 지표면에 대한 모욕처럼 여겨졌다. 물론 산들은 솟아오르고 침식되기를 반복했지만 대륙 이동설은 아직 받아들이기에는 너무나 앞선 생각이었다. 둘째, 대륙이 이동한다는 베게너의 주장에는 대륙이 어떻게 이동하는지에 대한 메커니즘이 결여되어 있었다. 즉, 베게너는 대륙을 이동시키는 힘의 근원을 제대로 설명하지 못한 것이다. 또한 베게너는 자신이 제시한 이론을 입증할 만큼 오래 살지 못했다. 1930년 그는 유럽 대륙으로부터 멀어져가는 그린란드의 움직임을 측정하기 위해 떠난 탐험 중에 숨을 거두었는데, 당시 그의 나이는 50세에 불과했다.

한편 베게너의 대륙 이동설에 동조했던 지질학자 아더 홈즈Arthur Holmes, 1890-1965는 지각 아래의 맨틀이 열의 차이에 의한 대류를 한다고 주장했다. 그는 맨틀의 대류가 베게너의 대륙 이동설을 입증할 힘의 원천이라고 생각했지만, 당시에는 맨틀의 움직임에 대한 연구가 부족하여 다른 지질학자들을 설득할 만큼 제대로 된 이론을 제시하지 못했다.

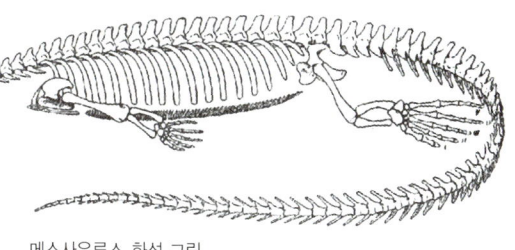

메소사우루스 화석 그림

격변설의 과거와 현재

1830년대 라이엘이 《지질학 원리 *Principles of Geology*》를 출간한 이래 격변설은 과학자들로부터 크게 주목 받지 못했다. 그러나 공룡의 멸종이 지구와 소행성의 급작스러운 충돌에 의해 일어났을 것이라는 생각을 하게 되고, 이를 뒷받침하는 새로운 증거들이 나타나면서 격변설은 1980년대부터 과학자들에게 다시 관심의 대상이 되었다.

격변설의 부활 격변설이 지질학에서 완전히 사라진 적은 없었다. 예를 들면 지구가 미행성체의 거듭된 충돌에 의해 커졌고, 달의 형성도 커다란 미행성체의 충돌과 깊은 관계가 있을 것이라는 생각이 그 대표적인 예이다. 아폴로 호가 달로부터 가져온 달 암석의 샘플을 연구하고, 달 표면의 크레이터를 분석한 결과 약 38억 년 전까지 지구와 달에는 정말 거대한 충돌이 있었음을 알게 되었다. 과학자들은 이러한 충돌의 시기가 끝난 후에 이르러서야 지구 표면의 온도는 낮아질 수 있었고 영구적인 바다를 형성할 수 있었다고 생각했다. 그리고 그 바다 밑 열수^{더운 물} 분출공에서 생명의 탄생이 이루어졌다고 생각했다.

앨버레즈 일가 1979년 물리학자 루이스 앨버레즈 Luis Alvarez, 1911-88와 지질학자인 그의 아들 월터 앨버레즈 Walter Alvarez, 1940- 는 경계부 점토라고 하는 퇴적암의 얇은 층에서 희귀 원소인 이리듐을 발견하고 이를 학계에 보고했다. 이들이 발견한 경계부 점토층은 이탈리아 구비오 Gubbio에서 발견된 석회암 지층에서 중생대 백악기와 신생대 제3기의 경계를 표시하는 것이었다. 이 층위학적 경계는 유공충의 미세 화석과 여러 종의 표준 화석들을 사용한 고생물학적 근거에 따라 자세하게 정의되었다. 앨버레즈 일가와 그 동료들은 경계부 점토층에서 이리듐 물

위 과학자들은 지표면이 충분히 식은 뒤 생명이 바다 밑 열수 분출공에서 탄생했을 것으로 믿는다.
아래 달 표면의 크레이터의 모습이다. 과학자들은 달의 크레이터 샘플에 대한 연구를 통해서, 미행성체 충돌의 시기가 38억 년 전 끝났다는 것과, 그 무렵부터 지구의 표면이 생명이 탄생하기에 충분할 정도로 식기 시작했다는 것을 알 수 있었다.

질이 다른 층에 비해 적어도 60배 이상 높은 밀도를 보이고 있다는 사실을 밝혀냈다.

그들은 다른 지층에 비해 이리듐의 농도가 이처럼 높은 까닭은 6천5백만 년 전 지구에 거대한 소행성이나 혜성이 충돌한 증거라고 주장했다. 왜냐하면 이리듐은 지구 표면에서 희귀한 물질인데, 이들이 이렇게 점토층에 높은 밀도로 존재하는 것은 외계로부터 이리듐을 공급하는 무엇인가가 있었다는 것을 말하며, 그것은 소행성이나 혜성 밖에는 없다고 생각했기 때문이다.

자료의 확증

이 발표는 당시 지질학계에 활발한 토론을 불러 일으켰고, 지질학자들은 언제나처럼, 더 많은 자료를 찾기 위해 암석을 연구했다. 이리듐은 바다가 아닌 뉴멕시코의 레이톤 Raton 분지의 지층에서도 나타나 충돌 이론을 뒷받침해 주었다. 앞서 핵실험에서만 발견되었던 충격에 의한 석영 부스러기들이 경계부 점토층에서도 발견되기 시작했다. 그리고 마지막으로 지질학자들은 공기 중력계를 이용하여 유카탄 반도 북쪽의 해양 퇴적물에 묻혀 있던 지름 300 km의 거대한 충돌 크레이터를 발견했다. 또한 석유 샘플에서 그 증거들이 나타났다. 이것들은 당시의 충돌이 멕시코 만에 있는 해저 지각의 현무암과 반려암을 뚫고 들어갈 정도로 큰 충돌을 암시하는 것이었다. 이러한 발견으로 백악기 말의 대멸종

위 루이스 앨버레즈는 아들 월터 앨버레즈와 함께 소행성(혜성) 충돌 이론을 펼쳤다. 앨버레즈는 K-T 경계부에서 이리듐이 많이 발견된다는 사실은 외계 물질과 충돌했다는 것을 암시한다는 의견을 제시했다.
아래 충돌 후 얼마 지나지 않은 치크술루브(Chicxulub) 크레이터의 모습을 상상해서 그린 그림이다. 소행성 또는 혜성의 잔해인 이리듐은 세계 곳곳에서 백악기와 제3기의 경계를 표시하는 암석층에서 발견된다.

이 거대한 충돌 사건 때문이라는 것을 많은 사람들이 믿게 되었다. 이것으로 격변설은 확실히 부활한 셈이다.

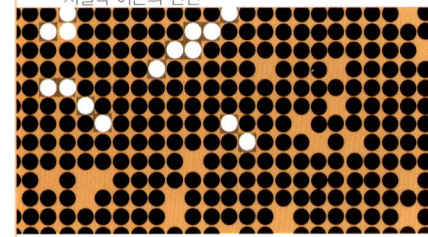

베르나드스키와 가이아

약 35억 년 전의 지구는 생명체가 생존하기에 너무 뜨겁거나 너무 차가웠다. 하지만 그 시기에 생명의 싹은 움트기 시작했다. 이것은 생명의 역사가 정말 놀랍다는 것을 보여준다. 따라서 소행성이나 혜성의 충돌이나 기후의 급격한 변동과 같은 자연의 대재앙에도 불구하고 지구에는 항상 생물이 있어 온 것은 그렇게 놀라운 일이 아닐 것이다.

제임스 러브록James Lovelock, 1919- 과 린 마굴리스Lynn Margulis, 1938- 는 이와 같은 생명의 놀라운 역사에 큰 인상을 받았고, 현재 '가이아 이론Gaia theory'을 제창하게 되었다. 가이아란 그리스 신화에 나오는 '대지의 여신'을 가리키는 말로서 지구를 뜻하는 단어이다. 러브록이 주장한 가이아 이론은 지구와 지구에 살고 있는 생물, 대기권, 바다, 토양 등은 모두 하나의 유기체로 스스로 조절되는 하나의 생명체로 여기는 것이다. 즉, 지구를 생물과 무생물이 서로에게 영향을 미치는 생명체로 바라보면서 지구가 생물에 의해 조절되는 하나의 유기체임을 강조하는 것이다.

위 제임스 러브록의 데이지 월드라는 컴퓨터 프로그램 스크린 영상이다. 이 프로그램은 생명 활동 과정이 지구의 기후를 어떻게 조절할 수 있는지 표현하기 위해 만들었다.
왼쪽 제임스 러브록이 가이아 여신의 동상 앞에서 포즈를 취하고 있다.
오른쪽 블라디미르 베르나드스키

가이아 이론의 초기 선구자였던 린 마굴리스

가이아 이론의 선구자 가이아의 개념은 러시아의 지구화학자 블라디미르 베르나드스키Vladimir Vernadsky, 1863-1945에게서 나온 것으로 생각할 수 있다. 베르나드스키는 규산염 광물 등을 연구하면서 생물이 살아가는 동안 지각을 이루고 있는 암석의 화학 작용에 많은 영향을 끼치고 있음을 발견하고 깊은 인상을 받았다. 그는 생물의 생명 활동이 지구에서 일어나고 있는 모든 지질학 과정과 깊은 관련이 있으며 생물이 암석의 지구화학적 작용을 지배한다는 생각을 했다. 다시 말해 생물이 지질학을 만들어낸다는 것이다.

베르나드스키는 생물의 생명 활동 과정이 지구의 기후 시스템의 균형을 깨뜨릴 수도 있고, 안정적으로 유지시켜줄 수도 있다고 생각했다. 베르나드스키는 생물은 그 주변 환경에 많은 영향을 끼치고 또한 변화를 일으키는 데 매우 뛰어난 능력을 가지고 있다고 여겼다. 그는 이와 같은 생물의 능력 때문에 지구는 정말 살아 있는 행성이라고 생각했다. 그러므로 날씨에 관여하고 암석과 광물에 들어가 있으며 산을 내뿜는 등 많은 활동을 하는 미생물과 기타 지각의 생물이 없었다면 지구의 겉모습은 현재와 매우 달랐을 것이라고 주장했다.

생물의 역할 베르나드스키의 생각을 지지하는 이들은 20억 년 전에 있었던 산소 위기 때처럼 생물은 적극적으로 환경을 변화시킬 수 있고, 새로운 암석을 생성할 수도 있고, 기후에 영향을 미치는 생명 활동을 통해 산을 무너뜨릴 수도 있는 존재라고 여긴다. 따라서 이들 생물의 성장과 재생산을 잘 이용하면 지구 환경이 좀 더 안정적으로 유지될 수 있는 길을 찾을 수 있다고 믿는다.

베르나드스키와 가이아 이론가들의 생각은 어떤 면에서 상호 보완적이다. 지구 환경 변화에서 베르나드스키는 생물의 (+)적인 피드백을 강조한 것이고, 가이아 이론가들은 생물의 (−)적인 피드백을 강조하고 있기 때문이다. 하지만 자연에서 두 피드백은 함께 일어난다.

가이아 이론에 따르면 모든 생명체들은 지구 표면에서 생명체가 살기 좋은 안정적인 환경을 유지하는 역할을 담당하고 있다.

데이지 월드

러브록은 가이아의 견해를 발전시키기 위해 데이지 월드(Daisy World)라는 특별한 컴퓨터 프로그램을 만들었다. 데이지 월드에는 두 종류의 데이지 꽃이 있는데, 하나는 흰색이고 하나는 검정색이다. 검정 데이지 꽃은 햇빛을 흡수하며 기후를 따뜻하게 만든다. 흰 데이지 꽃은 햇빛을 반사하며 기후를 차갑게 만든다. 시뮬레이션을 통해 만약 세상이 너무 더워지면 검정 데이지들은 죽어 없어지고, 흰 데이지가 무성해진다. 날씨가 너무 추워지면 검정 데이지들이 흰 데이지들이 사라진 자리를 차지한다. 그러므로 데이지 월드의 기후는 태양빛이 꽤 심하게 변할지라도 일정한 수준으로 유지된다.

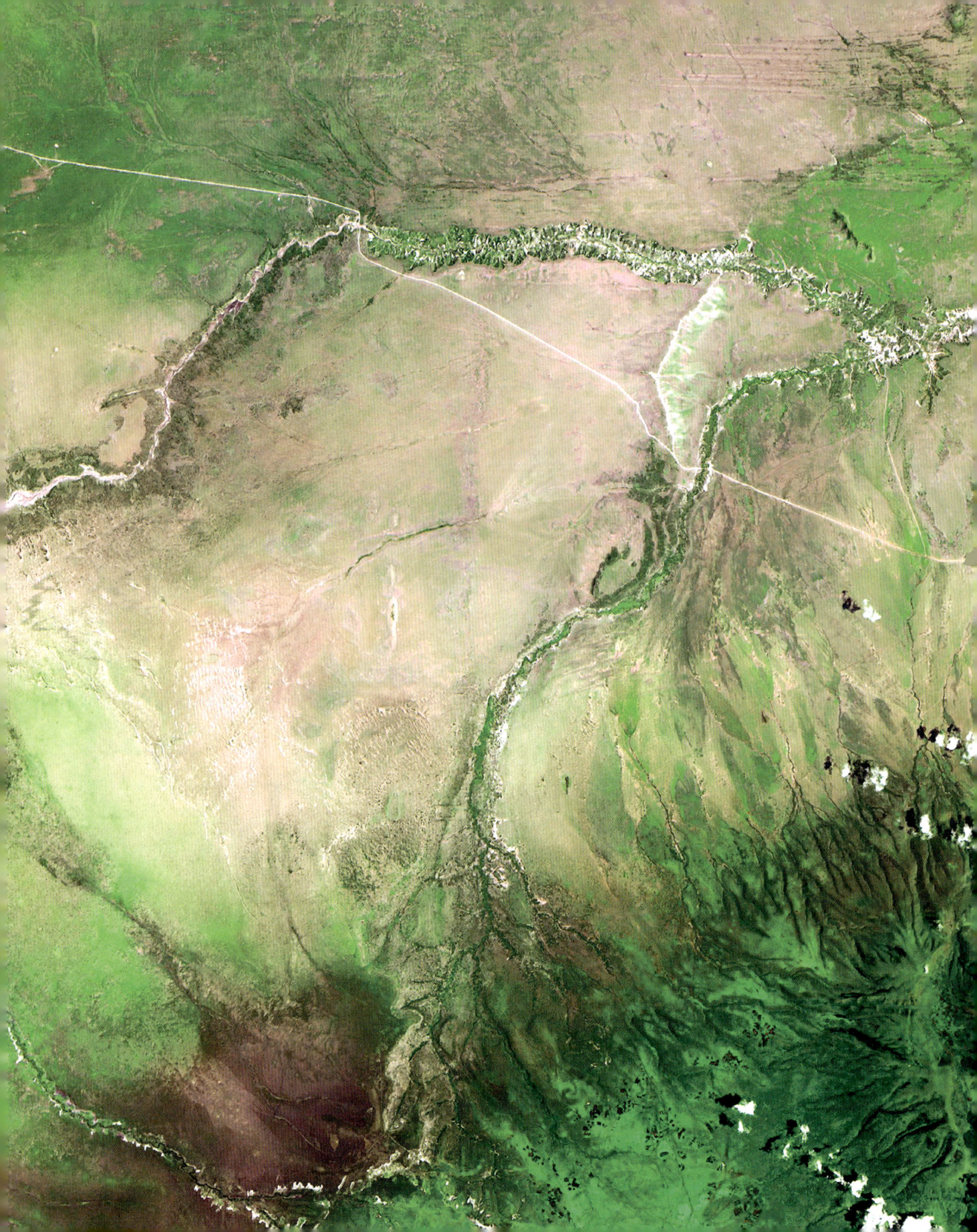

판 구조론 혁명

왼쪽 아프리카 케냐에 있는 그레이트 리프트 밸리(Great Rift Valley)는 고고학적으로 중요한 자료들이 많이 발견된 곳이다. 리키 박사 부부(Louis and Mary Leakey)가 파란트로푸스 (*Paranthropus*)와 호모 하빌리스(*Homo habilis*) 화석을 발견한 올두바이 협곡(Olduvai Gorge)을 찍은 위성 사진이다.
위 판 구조론은 화산 활동이 일어나는 이유와 화산 활동이 환초의 진화에 미치는 영향을 밝히는 데 중요한 단서가 되었다.
아래 아이슬란드에 있는 다리이다. 이 다리는 유라시아와 북아메리카 대륙을 잇고 있다. 다리 아래로 보이는 것은 알파자 협곡 (Alfagja Rift Valley)이다.

베게너의 대륙 이동설이 처음 등장했을 때 많은 과학자들은 회의적인 반응을 보였다. 그러나 대륙 이동설은 해저 확장설에 이어 판 구조론으로 발전하였다. 오늘날 판 구조론은 환초의 진화를 이해하는 일에서부터 천연 자원이 어디에 숨어 있는지를 밝혀내는 일까지 지질학의 모든 분야에서 획기적인 발전을 일구어내는 데 크게 기여하고 있다.

과학자들은 판 구조론으로 맨틀의 대류를 이해했고, 중앙 해령 아래에 마그마 곰이 있다는 사실을 알게 되었다. 그리고 지구의 핵과 맨틀은 대륙의 이동 속도에 어떤 역할을 하는지, 초대륙을 분열시켜 대륙의 분포를 오늘날과 같이 만든 것은 무엇인지 등에 대한 연구를 계속하고 있다. 또한 일부 과학자들은 판의 움직임이 지구의 기후 변화에 어떤 영향을 끼치는지, 바다와 육지에 사는 생물의 복잡성과 진화에 어떤 역할을 하는지 연구 중에 있다. 과학자들은 초대륙이 갈라진 것이 빙하기를 초래했는지와 새로운 동식물 종이 탄생하는 데 어떤 기여를 했는지 궁금해한다.

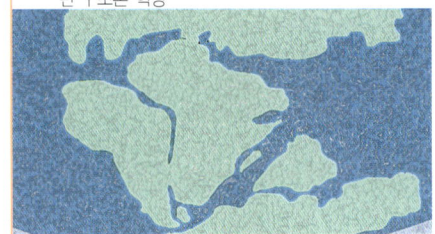

로디니아 초대륙의 재구성

고대에 초대륙을 이루었던 대륙의 조각을 퍼즐 맞추기처럼 하나로 모으는 일은 지구의 역사를 이해하는 데 큰 도움을 주는 매우 중요한 일이다. 과학자들은 고생물 화석을 이용하여 고대 초대륙의 분포를 재구성한다.

원생대의 초대륙 초대륙 중 처음으로 이름을 얻은 것은 오늘날 남반구를 형성하고 있는 대륙들의 모체가 되는 곤드와나였다. 에두아르트 쥐스

Eduard Suess, 1831-1914는 처음에 이 초대륙을 곤드와나 랜드라고 불렀으나 곤드와나가 '땅'을 뜻하는 인도어이기 때문에 '－랜드'를 붙이지 않고 그냥 곤드와나라고 부른다.

1960년대 말, 지구과학자들은 곤드와나와 같은 초대륙이 정말 있었는지에 대한 의문을 품기 시작했다. 1970년 제임스 밸런타인James W. Valentine과 엘드리지 무어스Eldridge M. Moores는 초대륙을 재구성하는 논문을 출판하였고, 이것이 초대륙 재구성 작업의 시작이 되었다. 그들은 가운데로 갈라지는 커다란 계곡이 있는 비교적 단순한 형태의 초대륙을 제시했으며, 이 초대륙이 나중에 여러 개의 대륙으로 갈라졌다고 주장했다.

위 오늘날 여러 개로 나누어져 분포하는 대륙들은 중생대 트라이아스기에는 하나의 거대한 땅덩어리였다.
왼쪽 지질학자들은 여러 개로 조각난 대륙들을 마치 퍼즐 조각을 맞추듯 '초대륙'의 형태로 만든다.
오른쪽 에두아르트 쥐스

조각 찾기 여러 조각으로 나누어진 대륙을 하나로 모아 초대륙을 완성하는 일은 지질학에서 매우 중요한 일이다. 1980년대 J. D. A. 파이퍼J. D. A. Piper는 고지자기적인 증거를 통해 초대륙을 재구성하였다. 그러나 그가 구성한 초대륙은 오스트레일리아와 북유럽의 원생대 고생물 화석의 분포를 제대로 설명하지 못했다.

1978년, 찰스 제퍼슨Charles W. Jefferson은 남극 대륙과 오스트레일리아를 북아메리카 서쪽 해안에 연결한 초대륙으로 제시하기도 했다. 또한 1985년에는 제퍼슨과 R. T. 벨R. T. Bell이 오스트레일리아와 북아메리카를 나란히 배열한 지도를 출간했다. 제퍼슨은 에디아카라Ediacara의 화석이 캐나다 북서쪽 백본 산맥Backbone Ranges에서 발견될 수 있을 것이라고 예상했는데, 실제로 훗날 그곳에서 그 화석이 발견되었다.

중앙에서 제퍼슨과 벨이 만들어낸 지도는 시간이 갈수록 점점 사실로 확인되었다. 그러자 과학자들은 원생대에 북아메리카를 둘러싸고 있었던 대륙들을 찾아내는 연구를 서둘러 진행했다. 그 결과 과학자들은 시베리아 대륙이 북아메리카의 서쪽에 분포했으며, 아프리카와 남아메리카 대륙은 원래 하나로 붙어 있다가 떨어진 대륙의 조각이라는 것을 알아냈다. 1990년 마크 A. S.Mark A. S.와 다이애나 슐트 맥메나민Dianna L. Schulte McMenamin은 이 초대륙의 이름을 로디니아Rodinia라고 붙였다. 그들은 로디니아가 약 10억 년 전에 형성된 초대륙이며, 약 7억 5천만 년 전부터 갈라지기 시작했을 것이라고 주장했다. 로디니아는 북아메리카를 중심으로 여러 대륙들이 갈라져 나가 오늘날과 같은 대륙 분포를 형성한 것으로 생각했다. 따뜻하고 얕은 바다 환경과 완만한 해저 경사를 갖고 있는 이들 대륙들은 많은 해양 생물의 보고가 되었고, 태초 생명의 진화에 관련이 있

을 것으로 보인다.

곤드와나의 형성 로디니아가 갈라진 후 북아메리카는 수백만 년 후 유럽과 아프리카와 충돌할 때까지 다른 대륙들로부터 떨어진 채로 있었다. 한편 로디니아 남쪽으로는 남극 대륙과 오스트레일리아, 그리고 인도 대륙 등이 한데 모여 또 다른 초대륙인 곤드와나를 이루고 있었다. 곤드와나는 훗날 판게아의 남반구가 되었다.

오스트레일리아에서 발견된 글로소프테리스 화석. 남반구에서 글로소프테리스 화석이 광범위하게 분포한다는 것은 곤드와나 초대륙이 존재한다는 것을 밝히는 중요한 증거이다.

로디니아와 곤드와나의 재구성

화석의 분포로 알 수 있는 고생물들의 지리학적 분포와 대륙과 대륙의 해안선 모양이 일치하는 것은 초대륙을 재구성하는 데 있어 매우 중요한 두 가지 요소이다.
곤드와나는 고생대 페름기에 살았던 도마뱀 모양을 한 메소사우루스(Mesosaurus)와 글로소프테리스(Glossopteris)라는 식물 등의 고생물 화석과 빙하의 위치를 근거로 재구성되었다.
반면에 로디니아는 고생물 화석의 자료가 충분하지 않아 주로 대륙 해안선의 모양이 맞는가와 연대별 지층 순서에 대한 비교 등의 지질학적 근거들을 바탕으로 재구성되었다.

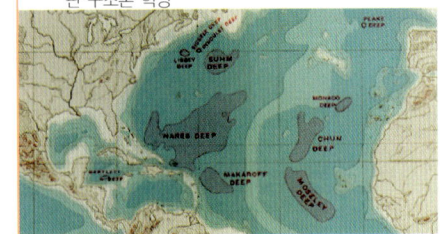

판 구조의 필수 요소들

일부 대륙의 가장자리에는 섭입대가 분포한다. 섭입대에서는 오래된 해양 지각이 마그마로 용융되면서 소멸되기도 한다. 따라서 지구가 일정한 겉모양을 유지하기 위해서는 해양 지각의 생성이 꼭 필요한데, 해양 지각의 생성은 중앙 해령에서 일어난다. 지구의 지각은 끊임없는 파괴와 재탄생을 거듭하는 것이다.

테티스 알렉스 뒤 투와는 알프레드 베게너와 생각이 달랐다. 베게너는 대륙이 판게아라는 하나의 초대륙으로 뭉쳐 있었다고 주장했던 반면에 투와는 두 개의 초대륙, 즉 남쪽의 곤드와나와 북쪽의 로라시아가 있었다고 생각했다. 오늘날 과학자들은 베게너와 투와 두 사람의 생각이 모두 옳았다는 것을 알게 되었다. 판게아는 정말로

하나의 초대륙으로서 존재했고, 나중에 북쪽과 남쪽으로 로라시아와 곤드와나 두 개의 초대륙으로 나뉘었기 때문이다. 두 초대륙 로라시아와

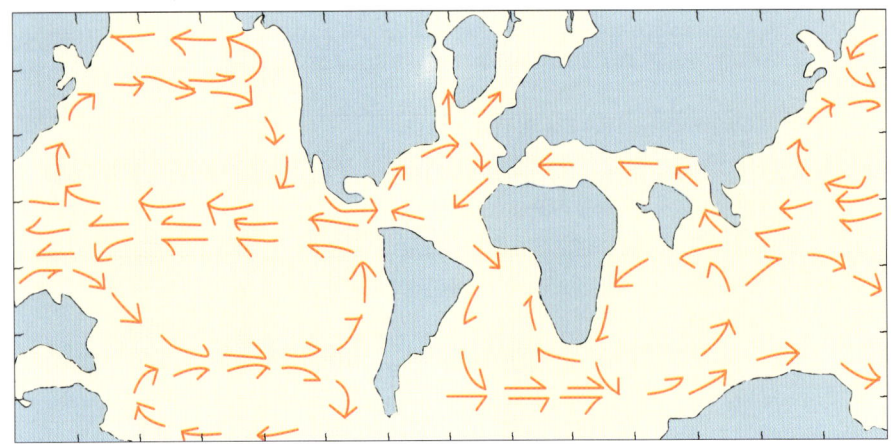

위 아프리카 대륙과 아메리카 대륙 사이의 바다 밑에는 대서양 중앙 해령이 있다.
가운데 중앙 해령을 발견한 독일의 해양 탐사선 메테오르 호
아래 약 4천 5백만 년 전 지구는 테티스라는 바다로 둘러싸여 있었다. 테티스는 세계 곳곳에 서로 닮은 해양 생물들을 골고루 분포시켰다.

곤드와나는 이베리안 반도 Iberian Peninsula 주변에서 갈라졌으며, 적도와 나란하게 동서 방향으로 뻗은 거대한 바다 테티스 Tethys를 형성했다.

테티스는 따뜻한 물에 사는 해양 생물을 동아시아부터 서아프리카와 멕시코까지 골고루 분포시켰다. 그런데 테티스가 형성되기 위해서, 또 곤드와나와 로라시아라는 거대한 땅덩어리가 서로 분리되기 위해서는 새로운 해양 지각이 형성되어야 했다.

중앙 해령

독일의 해양 탐사선 메테오르 Meteor 호는 1925년에서 1927년 사이에 수차례 대서양을 횡단하면서 놀라운 발견을 했다. 배의 음향 측심기로 관측한 바다의 깊이가 비정상적으로 측량되었기 때문이다. 폭이 넓고 매우 긴 해령이 대서양 한 가운데를 남북 방향으로 가로지르며 분포하고 있었던 것이다. 이것은 대서양 중앙 해령의 존재를 확인하는 과학적 대발견이었고, 대서양 중앙 해령은 판 구조론을 낳게 했다. 대서양 중앙 해령은 지하 깊은 곳에서 마그마가 상승하고 있고, 그 결과 해령을 중심으로 새로운 해양 지각이 탄생하고 있음을 보여주었다. 해령을 이루는 현무암과 반려암이 상대적으로 깨끗하고 뜨거운 상태를 유지하고 있었기 때문이다. 또한 이들 암석이 해령에서 떨어진 다른 암석들과 비교했을 때 부력이 있다는 사실도 새로운 발견을 입증하는 증거가 되었다. 새로운 해양 지각이 빠른 속도로 생성될 때 해령은 특히 더 뜨거워지고,

해령의 암석은 지구의 맨틀보다 가벼워지는 경향이 있기 때문이다. 한편 해령에서 새로운 해양 지각이 형성되는 일은 전 지구적인 해수면의 상승을 일으키고, 대륙을 이동시키는 결과를 초래하기도 한다.

해양 지각의 생성과 파괴

1900년대 과학자들은 해양 지각을 이루고 있는 퇴적 지층을 연구하면 지구의 긴 역사를 이해할 수 있을 것이라 생각했다. 바다 밑에 퇴적되어 있는 지층은 지구의 과거를 완벽하게 재현할 수 있는 층위학적 기록을 간직하고 있을 것이라고 믿었기 때문이었다. 그러나 이러한 기대는 먼 훗날 해저에 있는 퇴적 지층은 모두 중생대 쥐라기 이후의 것이라는 사실이 밝혀지면서 산산조각이 났다. 중앙 해령에서 항상 새로운 해양 지각이 생성되고, 대신에 오래된 해양 지각은 섭입되어 해양 지각 밑 맨틀로 빨려 들어가 녹아버리고 파괴되기 때문이다.

메테오르 호에 탑승했던 과학자들이 만든 것으로 대서양 중앙 해령을 입체적으로 나타낸 첫 시도였다.

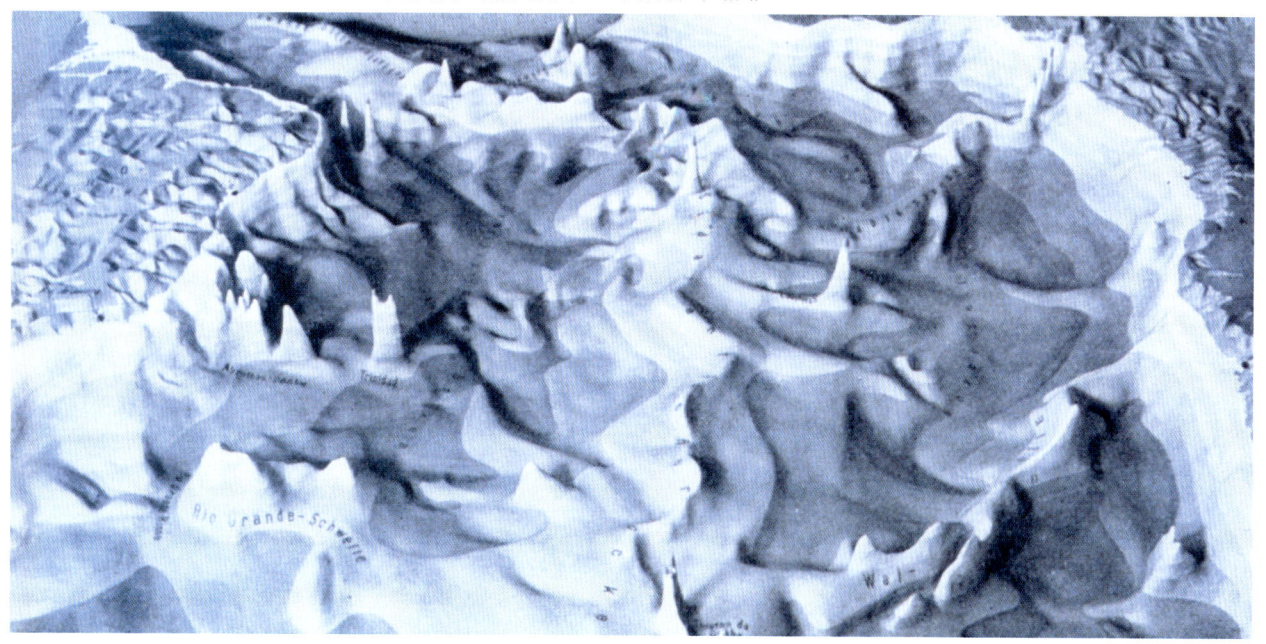

윌슨 순환

판과 판이 서로 가까이하면 떨어져 있던 대륙들이 한 곳으로 모이면서 대륙은 서로 충돌하게 된다. 세계적으로 규모가 큰 산맥들은 이와 같은 판과 판의 이동으로 인한 대륙의 충돌로 형성되었는데, 이를 조산 운동이라고 한다. 조산 운동은 해저의 확장과 관계가 깊다.

해저의 확장 미국의 지질학자 해리 헤스Harry Hess, 1906-69는 1962년에 발표한 논문에서 중앙 해령에서 해양 지각이 생겨나고, 섭입대에서는 오래된 해양 지각이 파괴된다는 해저 확장설을 주장했다. 그의 가설은 다음 해 비슷한 견해를 가졌던 캐나다의 해양지질학자 로렌스 몰리Lawrence Morley와 영국의 지구물리학자 프레드 바인Fred Vine에 의해 증명되었다. 몰리와 바인은 해양 지각의 자기장 분석을 하던 중에 수평 방향의 자기

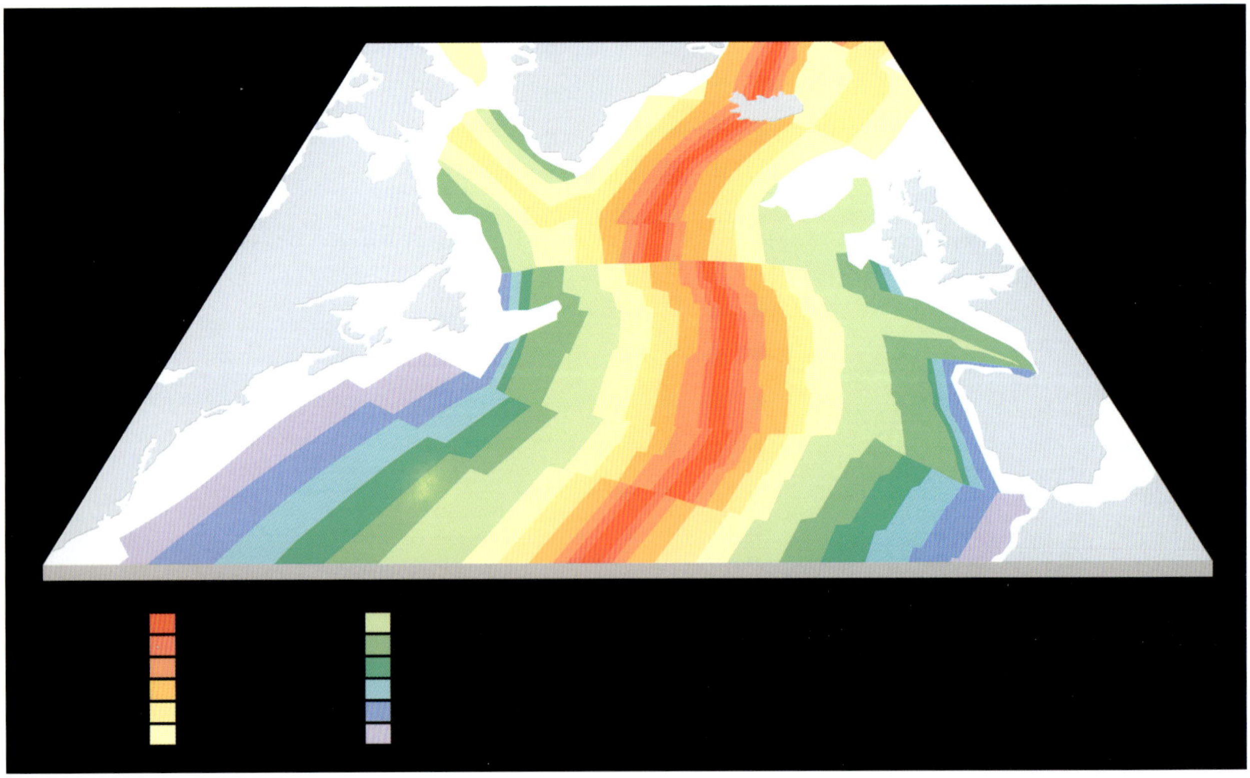

위 국제우주정거장에서 바라본 히말라야 산맥
아래 지구의 자기장은 시간에 따라 변한다. 해저에서 분출하는 마그마는 해당 시간대의 자기장 방향으로 자화되므로 시간에 따라 방향이 달라진다. 해저가 확장함에 따라 해양 지각은 해령을 기준으로 서로 마주 보면서 같은 방향의 자기장을 나타낸다. 이것은 판 구조론을 정립시키는 데 직접적인 증거가 되었다.

장 무늬 패턴이 마그마가 분출한 시기의 지구 자기장 방향과 같다는 것을 알아냈다. 지구의 오랜 역사 속에서 지구의 자기장은 북극과 남극이 서로 위치를 바꾸며 방향을 바꾸어 왔다. 이와 같이 지구 자기장의 방향이 바뀌는 것은 그 원인이 아직 확실히 밝혀지지는 않았지만 지구 내부에 있는 핵의 회전과 관련이 깊을 것으로 추정하고 있다.

해양 지각 속에 남겨진 자기장 무늬는 중앙 해령과 나란하다. 몰리와 바인은 중앙 해령을 기준으로 한쪽의 무늬 패턴은 반대쪽 무늬 패턴과 똑같다는 중대한 발견을 했다. 이것은 해령을 통해 분출되는 마그마가 해양 지각을 형성하면서 당시의 자기장 방향으로 자화되기 때문이고, 그 해양

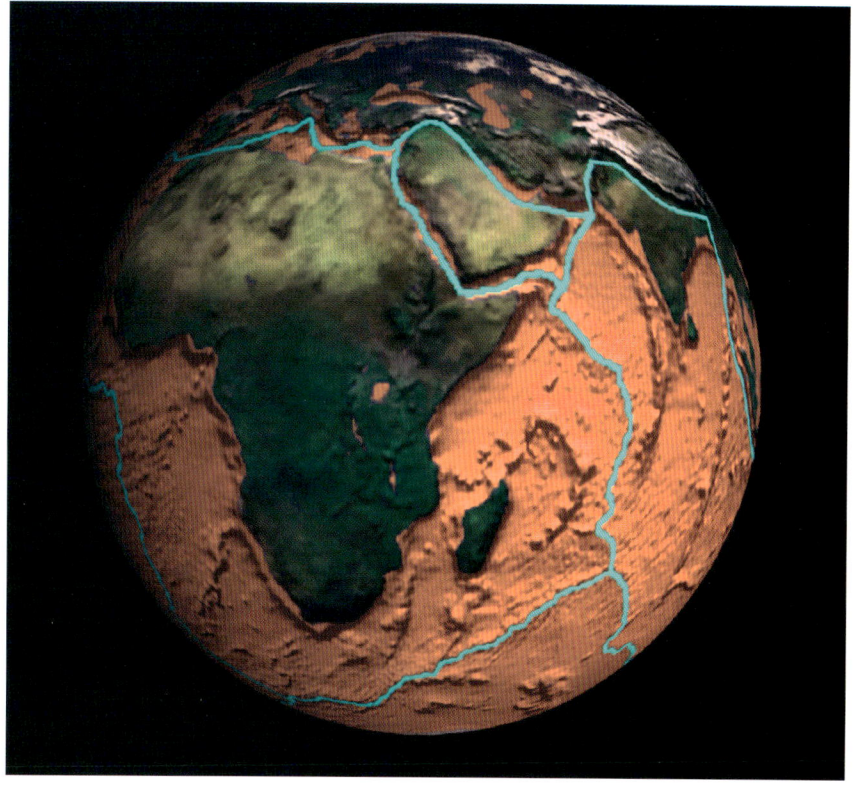

판과 판의 경계를 나타낸 NASA의 3차원 지구 영상

지각이 서로 반대 방향으로 멀어지는 것은 해저가 확장하기 때문이라는 것을 알게 되었다. 이 발견으로 지질학자들은 대륙이 이동에 확신을 가지게 되었고 판 구조론이라는 혁명적인 지질 이론을 정립하게 되었다.

판 구조론 판 구조론plate tectonics은 1965년 캐나다의 지질학자 J. 투조 윌슨J. Tuzo Wilson, 1908–93에 의해 탄생했다. 당시 윌슨은 지구를 덮고 있는 지각이 대륙의 가장자리와 산맥, 그리고 중앙 해령에서 상대적으로 빠른 속도로 이동하고 있다는 사실을 발견했다. 그는 이와 같은 특징을 가진 지각의 조각을 판이라고 불렀다. 윌슨은 이들 판의 가장자리 부근에서 서로 밀치거나 멀어지는 등의 운동이 일어나고 있으며, 이와 같은 움직임이 지구 표면에서 일어나는 다양한 지질학적 활동의 원인이 됨을 깨달았다.

특히 윌슨은 고생대 캄브리아기에 살았던 삼엽충의 한 종류인 파라독시데스Paradoxides가 유럽에서 공통적으로 발견되고, 미국의 동부 해안에서도 발견되지만 북아메리카 대륙 안쪽에 분포하는 캄브리아기의 암석에서는 발견되지 않는다는 사실에 주목했다. 윌슨은 오늘날 많은 지질학

자들이 아발로니아Avalonia라고 부르는 미국의 동부 해안 지층이 상당히 오래된 지층이라는 사실을 알았다. 또한 그는 아발로니아가 오래 전에는 대서양 반대편에 있었다는 사실을 밝혀냈다. 이것은 대서양이 안토니오 스니데르 펠레그리니 이후 대부분의 지질학자들이 생각했던 것처럼 딱 한번 열린 것이 아니라, 여러 차례 열리고 닫히는 판의 이동이 있었음을 반증하는 것이라고 생각했다.

히말라야 산맥
인도 대륙은 지금까지 밝혀진 다른 어떤 대륙보다 빠른 속도로 북진하여 유라시아 대륙과 충돌했다. 그 결과 두 대륙은 지구에서 가장 규모가 큰 히말라야 산맥과 티베트 고원을 형성했다. 테티스가 사라진 것도 이 두 대륙의 충돌 때문이었다.

호상 화산과 호상 열도

호상 화산은 섭입대에서 마찰에 의해 생성된 마그마가 분출되어 형성된 것이다. 이 작용이 바다에서 일어난 것이라면 호상 열도가 된다.

초대륙 순환 월슨 순환에 따르면 판게아와 같은 초대륙은 여러 대륙으로 나뉘어졌다가 오랜 세월이 지나면 다시 대륙이 모아져 새로운 초대륙으로 결합된다. 또한 이것은 해저 분지가 주기적으로 열리고 닫히는 것을 의미하기도 한다.

초대륙이 여러 대륙으로 쪼개어지는 과정에서 생성되는 계곡들은 지표면에 남는다. 그리고 섭입대에서 해양 지각이 소멸되면 흩어진 대륙 조각은 다시 합쳐지기도 한다. 이와 같은 초대륙의 순환은 대륙 지각과 해양 지각, 그리고 맨틀 사이의 열 에너지의 차이와 밀도의 차이 때문에 일어난다. 초대륙이 갈라지는 것은 대륙 지각 아

위 러시아의 크루체코브스코(Kluchevskoj) 화산은 일종의 복식 화산이다.
가운데 현무질 마그마는 점도가 낮아 마그마가 멀리까지 이동하여 순상 화산을 형성한다. 사진은 하와이의 킬라우에(Kilauea) 화산으로 순상 화산이다.
아래 인공 위성에서 바라본 하와이 섬들의 모습이다. 이 섬들은 화산 분출로 나온 현무암질 마그마가 굳어 형성된 것들이다.

래에서 발생하는 열 에너지가 결정적인 동기가 된다. 대륙 지각은 마치 절연 판과 같이 지구의 맨틀과 핵에서 발생하는 열을 가두는 역할을 하고 있기 때문이다. 초대륙은 열곡들에 의해 여러 대륙으로 찢어지면 그들 중 몇몇 대륙은 해저 확장을 통해 뜨겁고 부력 있는 현무암질로 이루어진 새로운 해양 지각으로 태어난 것들이다. 예를 들어 오래된 바다를 사이에 둔 두 대륙의 경우 오래된 해양 지각이 차가워지고 밀도가 높아지며 섭입대를 따라 맨틀로 사라지기 시작하면서 두 대륙은 한 곳으로 모이기 시작한다. 이때 맨틀로 녹아 들어간 해양 지각은 다시 마그마로 분출되어 호상 화산을 형성

할 것이다.

호상 화산 판의 이동으로 해양 지각의 가장자리가 맨틀로 섭입하게 되면, 해양 지각은 해양성 퇴적 지층과 함께 빠른 속도로 녹는다. 이때 생성된 마그마는 지각의 약한 틈을 따라 위로 분출하게 되는데 경사가 가파른 복식 화산을 형성한다.

복식 화산은 상대적으로 경사가 가파른데, 그 이유는 마그마가 이산화 규소를 많이 함유하고 있어 점성이 높기 때문이다. 반면에 하와이 섬을 이루고 있는 화산들은 경사가 매우 완만하여 순상 화산이라고 하는데, 그 이유는 하와이를 형성한 마그마들이 상대적으로 이산화 규소 성분을 적게 포함하고 있어 점성이 낮아 멀리까지 잘 이동하기 때문이다.

한편 섭입판이 마찰열에 의해 녹아 생성된 마그마가 분출하여 형성된 화산들은 섭입대 근처에 발달하는 해구까지 뿌리가 연결되어 있다. 대륙 지각에 발달하는 화산은 안데스 산맥과 같은 호상 화산을 형성하기도 한다. 반면에 오래되고 밀도가 높은 해양 지각이 상대적으로 젊고 밀도가 낮은 해양 지각 밑으로 섭입되는 경우에는 화산섬들이 호상 열도를 형성한다. 호상 열도의 예로는 알류산 열도나 일본 열도를 들 수 있다.

인공 위성에서 촬영한 알류산 열도이다. 알류산 열도를 이루는 화산섬들이 곡선의 형태를 띠고 있는 것은 태평양 판이 하강하고 있기 때문이다.

알류산 호상 열도는 왜 곡선을 띨까?

태평양 판이 알류산 해구를 따라 맨틀로 들어가면서 긴 곡선의 형태를 띠는데, 이것은 지구가 거의 구의 모양을 하고 있기 때문이다. 태평양 판은 맨틀로 내려가면서 곡선의 형태를 띤다.

안데스 산맥은 남극 판과 나즈카(Nazca) 판이 남아메리카 판 밑으로 들어가는 섭입대에서 형성된 것이다. 이들 판은 아직도 이동 중이므로 서로 마찰에 의해 지진과 화산 활동을 일으킨다.

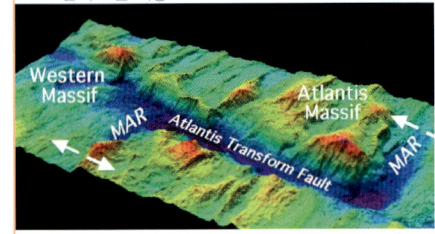

단층, 열곡 그리고 산맥들

판과 판이 서로 만나고 멀어지는 경계에서 단층, 열곡, 산맥 등이 형성된다.

판 운동으로 생기는 단층 판의 이동은 두 가지로 분류된다. 하나는 장력에 의한 이동이고, 나머지 하나는 횡압력에 의한 이동이다. 장력에 의한 판의 이동은 판이 서로 떨어져 나가는 경우에 해당한다. 이와 같은 판의 이동은 열곡을 만들고 정단층이 일어나게 한다. 장력에 의한 판의 이동으로 판은 서로 멀어지고, 지각의 두께는 얇아진다.

반면에 횡압력에 의한 판의 이동은 판과 판이 서로 모이는 경우에 해당한다. 서로 다른 두 개의 판이 동시에 한 곳을 차지할 수 없으므로 횡압력에 의한 이동은 지층을 구부러뜨리고 부서지게 한다. 그 결과 트러스트 단층thrust fault을 만들기도 한다. 트러스트 단층은 한쪽 지층이 다른 지층 위를 타고 올라갈 때 형성되는 단층이다. 따라서 섭입대는 거대한 트러스트 단층이라고 볼 수 있다.

판이 올라갈 때 형성되는 오피올라이트 지층

밀도가 높은 판이 밀도가 낮은 판 밑으로 섭입되는 것은 잘 알려진 사실이다. 예를 들어 밀도가 높은 해양판은 밀도가 상대적으로 낮은 해양판

위 대서양 해저의 변환 단층을 입체적으로 보여주는 컴퓨터 영상이다.
가운데 대지구대의 모습. 이 지구대는 시리아에서 모잠비크까지 약 5,000 km나 이어져 있다.
아래 캐나다 뉴펀들랜드의 그로스몬(Gros Morne) 국립공원에서 발견되는 오피올라이트 지층과 지층이 부서져 생긴 암석들이다.

아래로 섭입된다. 또한 해양판은 밀도가 더 낮은 대륙판 밑으로 섭입되는 것이 정상이다. 그러나 매우 드물긴 하지만 예외가 있다. 해양판이 대륙판 밑으로 섭입되는 과정에서 일부 해양판의 조각이 부서져 나와 이것들이 대륙판 위로 올라가는 경우이다. 이런 과정으로 형성되는 지층을 오피올라이트ophiolites 지층이라고 한다. 오피올라이트 지층은 현무암질 화성암과 퇴적암으로 이루어져 있다. 그런데 지질학자들은 오피올라이트 지층에 매우 큰 관심을 가진다. 왜냐하면 이 지층 중에는 쥐라기 이전에 형성된 암석들이 있기 때문이고, 이들은 섭입을 통한 순환 과정으로 완전히 사라져버렸을 오래된 해양판의 정보를 알려주는 중요한 자료가 되기 때문이다.

변환 단층 윌슨은 자신의 이름을 붙인 초대륙 순환 법칙을 발견해낸 데 이어, 변환 단층은 중앙 해령과 관계가 깊다는 사실을 깨달았다. 지구는 거의 구에 가까운 표면을 가지고 있다. 따라서 중앙 해령을 둥글게 할 어떤 작용이 필요하다. 만약에 중앙 해령이 지구 표면의 곡선을 따라 스스

이탈리아 알프스의 주향 이동 단층으로 변형 단층의 경계를 뚜렷이 표시한다.

캘리포니아 주 카리조(Carrizo) 평원에 있는 산안드레아스 단층

산안드레아스 단층

산안드레아스 단층(San Andreas fault)은 변환 단층의 결과로 생긴 지구에서 가장 큰 단층이다. 캘리포니아 주의 해안을 따라 분포하는 산안드레아스 단층은 '섭입대가 중앙 해령을 삼키려고 한다면 어떤 일이 일어날까?' 라는 질문에 대한 답이 된다. 온도가 높고 밀도가 낮아 부력이 큰 현무암으로 구성된 중앙 해령은 해구로 내려갈 수 없기 때문에 생겨난 거대한 주향 이동 단층이었다. 그러므로 섭입대는 이 과정에서는 아무 역할을 하지 못하고, 태평양 판은 산안드레아스 단층의 북서쪽–남동쪽 해구를 따라 북아메리카 판으로 미끄러져 이동할 수밖에 없었던 것이다.

로 곡선의 형태를 가지지 않는다면, 지구는 표면이 평평한 행성이 되어야 하는 모순에 빠질 것이다. 대지구대Great Rift 사진에서 보면 중앙 해령의 구부러짐이 변환 단층이라는 상대적으로 짧은 단층에 의해 이루어지고 있음 알 수 있다. 변환 단층은 중앙 해령의 짧은 단편들을 갈라놓아 그 해령이 바다 분지의 중앙축을 따라 곡선을 그리게 한다. 변환 단층transform fault이라는 용어는 이보다 훨씬 큰 규모의 단층을 표현할 때도 그대로 사용한다. 윌슨은 한판이 다른 판을 스쳐지나간다는 의미를 강조하기 위해 변환이라는 단어를 사용했다. 따라서 변환 단층의 경계는 한 점으로 모이지 않고, 여러 곳으로 퍼져 있지도 않고, 주향 이동 단층을 따라 분포한다.

해양 지각의 판 구조론

해양 환경은 해양판의 움직임에 직접적인 영향을 받는다. 이 중에서 가장 잘 알려진 곳은 마리아나 해구이다. 마리아나 해구Mariana Trench는 가장 깊은 곳이 10,911 m에 이르는데, 해양판이 맨틀로 파고드는 곳에 있다. 해구는 보통 배호 분지back-arc basin라고 하는 화산호 반대쪽의 얕은 바다와 관련이 있다.

대륙의 경계 지역 눈에 띄게 한 곳으로 모여 드는 판들은 길게 발달한 단층이 만드는 계곡, 즉 지구나 길게 늘어진 산맥, 즉 지루horst를 만든다. 남캘리포니아 해안에서처럼 대륙 가장자리에서 지구와 지루가 결합되면 지구는 매우 깊은 해양 분지가 되고, 지루는 산타카타리나 섬Santa Catalina Island과 같은 섬이 된다. 과학자들이나 지리학자들은 이와 같은 지질학적인 변화가 일어나는 곳을 대륙의 경계 지역이라고 부른다.

대륙 경계 지역에 있는 해양 분지에는 위치에 따라 크기와 모양이 다양한 유기 침전물이 축적되어 있다. 그 이유는 다음과 같다. 우선 분지가 여러 개이고 일부가 본토로부터 떨어져 나왔다면 크기가 크고 거친 침전물은 해안에서 가까운 분지에 퇴적될 것이고, 크기가 작고 모양이 부드러운 쇄설성의 침전물은 해안에서 멀리 떨어져 있는 해양 분지에서 퇴적될 것이다. 그리고 경계

위 하와이의 작은 섬
아래 산타카타리나 섬은 깊은 해양 분지에서 솟아난 지루의 예이다.

지역의 분지는 가장자리가 턱으로 되어 있고, 분지는 턱에 의해 둘러싸인 형태를 띠는 경향이 있다. 이것은 분지의 아래쪽은 그릇이나 욕조처럼 생겨서 바닷물이 이곳에 들어오려면 분지를 둘러싸고 있는 턱을 넘어야만 가능하다는 뜻이 된다. 분지 안의 지역에는 서로 공생하는 이상한 바다 생물들이 살고 있다. 유기물이 풍부한 퇴적물로 이루어진 이 침전 환경은 나중에 석유와 천연 가스 자원의 원천이 되기에 이상적인 생태 환경을 가지고 있다고 말할 수 있다.

하와이 화산 국립공원의 푸 푸아이 분석구(Puu Puai cinder cone)이다. 현무질의 용암이 흘러나와 생긴 하와이 열도에서 가장 어린 섬이다.

열점과 해산 오랜 기간 동안 여러 차례 맨틀로부터 마그마가 분출되었다. 마그마가 분출되는 지점은 지구 내부 깊숙한 곳으로 연결되어 있으며, 판의 이동과 상관없이 일정한 장소에 위치하는데, 이를 열점hot spot이라고 한다.

열점은 주기적으로 켜졌다 꺼졌다하는 램프처럼 엄청난 양의 용암을 일정한 시간 간격을 두고 분출하여 화산 또는 화산섬을 만든다. 이때 열점 위에 분포하는 판이 이동하면 원래 형성된 화산이나 화산섬은 판의 이동을 따라 위치를 옮긴다. 그 후 다시 열점을 통해 많은 양의 용암이 분출하면 화산이나 화산섬을 형성할 것이고 판의 이동에 따라 화산이나

화산섬은 위치를 옮길 것이다. 이러한 일이 반복되면 화산이나 화산섬이 일정한 방향으로 열을 짓게 되는데 대표적인 예가 하와이 열도이다. 하와이 열도를 이루고 있는 각각의 화산섬들은 해수면 위까지 솟아오른 현무암질 용암의 결과물이다. 하와이 열도에서 제일 큰 섬이 그 중에서 가장 어린 섬이다. 하와이 화산 국립공원이 섬의 남동쪽에 있는 것은 우연이 아니며, 그것은 바로 이 지점이 열점의 위치와 가장 가깝기 때문이다. 하와이의 열점은 지금도 새로운 섬을 만들어내고 있는 듯하지만 아직 그 높이가 해산의 정도까지 밖에 이르지 못했다. 이것이 바로 하와이 열도에서 제일 큰 섬 남동쪽에 위치한 로이히 해산Lo´ihi Seamount이다.

가라앉은 섬들

하와이 열도의 북서쪽 방향으로 엠퍼러 해산군(Emperor Seamounts)이 분포하고 있다. 이 해산군은 하와이 열도가 좀더 위쪽까지 뻗어있음을 보여준다. 원래 이들도 한때는 섬이었지만 두 가지 이유로 해수면 아래로 가라앉았다. 첫째, 해수면 높이에서의 침식 작용이 계속 왕성하게 일어나 한때 높았던 화산들을 깎아내렸다. 둘째, 태평양 판이 오래 되고 차가워짐에 따라 맨틀 아래로 가라앉으면서 엠퍼러 해산군을 아래로 끌어내렸다.

한편 하와이 열도를 이루고 있는 화산섬들과 해산들의 방향이 달라진 것은 산안드레아스 단층이 처음 형성될 무렵 태평양 판의 이동 경로가 달라졌기 때문으로 추정한다.

현장지질학

왼쪽 〈더 지오로지스트(*The Geologist*)〉 지에 실린 그림이다. 1860년에 독일 화가 카를 슈피츠베크(Carl Spitzweg)가 그린 것으로 지질 조사의 한 장면을 보여주고 있다.
위 지질학자의 가장 기초적인 도구인 망치. 흔히 지학 망치라 한다.
아래 지질학에 사용되는 도구에는 첨단 도구도 있다. NASA의 화성 탐사 로봇인 스피릿이 사용한 암석 연마 도구가 그 좋은 예이다. 그 도구로 화성 표면에서 직접 토양과 암석을 분석했다.

암석을 깨뜨리는 망치에서부터 GPS와 화성 탐사 로봇에 이르기까지 지질학자들은 다양한 도구를 사용하여 암석을 수집하고 분석한다. 이와 같은 현장 조사는 지질학을 연구하는 데 가장 기초가 되는 매우 중요한 작업이다. 현장을 조사하는 일은 걸어 다니면서 암석을 수집하는 일에서부터 비행기를 타고 자기 공명기 혹은 중력계를 사용해 지질 탐사를 하는 일, 나아가 심해 잠수정을 타고 망망대해에 뛰어 들어가 해수면 수백 미터 아래에 있는 암석을 연구하는 일에 이르기까지 매우 다양하다.

지질학자들이 현장에서 지질 탐사를 하는 일은 위험스러운 일이기도 하다. 지질학자들은 독을 품은 뱀에 쫓길 수도 있고, 멧돼지와 같은 야생 동물로부터 위협을 받을 수 있고, 알래스카 곰이 텐트를 부수고 들어와 식량을 빼앗아갈 수도 있기 때문이다. 하지만 신중하게 행동한다면 그 위험을 어느 정도 줄일 수 있다. 야생 동물의 위협에 신경 쓰는 것만큼 중요한 일은 지질 탐사를 가기 전에 땅 소유자들로부터 탐사 허가를 받는 일이다. 이 일은 특히 외국에서 지질 탐사를 할 때 매우 중요하다. 사려가 깊은 지질학자라면 일을 시작하기 전에 해당 지역의 정부 관계자들에게 반드시 허가를 받아 놓을 것이다. 물론 지질학자들의 연구 활동을 반대하는 사람은 거의 없긴 하지만 말이다.

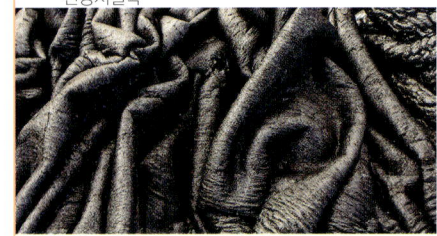

주향과 경사

지층의 기하학적 형태를 정확하게 측정하는 일은 그 지역 지질의 구조를 파악하는 데 있어서 가장 필수적인 일이다. 외부에서 힘을 받은 지층은 단층이 되거나, 지층이 아치형으로 접혀 위로 볼록한 모양을 하는 배사형 습곡 구조를 지니거나 반대로 지층이 아래로 볼록한 형태를 가진 향사형 습곡 구조를 하게 된다. 한편 지층 수평의 원리에 따르면 대부분의 지층과 화산 퇴적물은 원래 수평 방향으로 쌓인다. 그러나 용암이 식거나, 침전물이 단단하게 굳어서 된 지층은 지각 변동에 의해 원래 수평 방향에서 다양한 방향으로 지층의 방향이 달라지는 변화를 받는다. 대표적인 것이 지층의 경사일 것이다. 이 경우에는 마치 책상에서 한쪽 두 다리를 잘라낸 것처럼 기운다.

주향 경사진 지층은 주향과 경사 두 가지 요소로 나타낸다. 주향strike이란 지층면과 수평면이 만나는 교선의 방향을 진북을 기준으로 측정한 값을 말한다. 기울어진 책상의 예를 들어보자. 윗부분이 어느 정도 물에 잠길 만한 책상이 있는 방에 물이 채워졌다고 상상하자. 책상 윗부분의 주향은 수면과 책상 윗부분의 교차되는 교선이 될 것이다. 지질학적인 주향도 이와 똑같다. 즉, 암석 평면과 수평면의 교차 지점이

위 마치 굵은 밧줄처럼 보이는 것은 파호이호이 용암(Pahoehoe lava)이 식어서 된 것이다. 이러한 모양을 하는 것은 파호이호이 용암이 점성이 낮아 지하에서 꾸준히 흘러나오기 때문이다.
왼쪽 일반적으로 지질학적 층들은 수평으로 배치되어 있다. 그러나 위의 경사진 석회암층 사진에서 보듯이 수많은 지질 변동으로 인해 일반적인 수평 배치에서 어긋나 있다.
오른쪽 브룬톤 나침반은 층의 주향을 측정하는 데 사용한다.

되는 것이다.

그리고 경사dip는 주향에 직각으로 경사진 방향과 지층면과 수평면이 이루는 예각을 말한다. 실제로 지층이 완전히 수평면이 되는 경우는 거의 없으므로 주향과 경사를 정확하게 측정하는 일은 매우 중요하다.

지질학자들은 지층의 주향을 매우 정확하게 측정하는데, 약 1−2°의 오차만 허용한다. 주향 값을 측정할 때는 브룬톤Brunton이라고 하는 휴대용 나침반을 이용한다. 지질학자들이 지층의 주향을 측정할 때는 해당 지층의 끝자락을 유심히 지켜본다. 이것은 마치 깨진 유리컵 조각의 단면을 평평한 면과 평행이 될 때까지 주시하는 것과 같다. 바라보는 방향으로 주향을 결

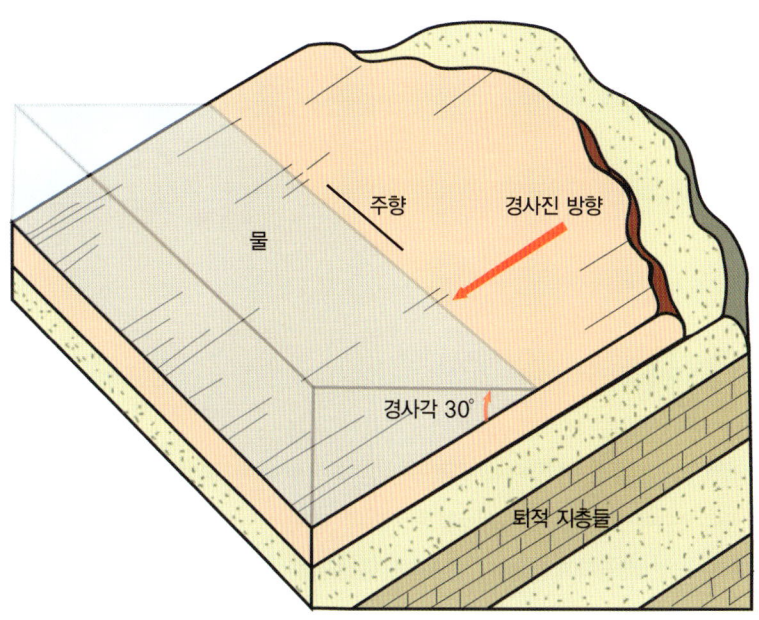

주향과 경사를 측정하는 방법을 나타낸 그림

지질학자가 잘 발달한 배사형 지층을 가리키고 있다.

배사와 향사

지층은 경사가 지기도 하지만 구부러질 수도 있다. 평면적인 지층이 구부러질 때, 지층은 위로 휘거나 아래로 구부러진다. 위 사진에서처럼 아주 많이 구부러진 지층을 배사(anticline)라고 한다. 만약에 지층이 아래로 구부러졌다면 향사(syncline)라고 한다. 배사와 향사는 지구의 지각이 큰 힘을 받아 구부러진 곳에서 구겨진 곳, 예를 들어 이란의 자그로스 산맥(Zagros Mountains)과 같은 곳에서는 동시에 나타날 수도 있는데, 이를 복향사(synclinorium)라 한다.

정하고, 그 다음 이것을 나침반을 사용하여 측정하려는 것이다. 또한 클립보드나 다른 평평한 물체를 세워 지층의 윗부분이나 아랫부분의 연장선인 것처럼 하여 브룬톤이나 다른 나침반을 조심스레 클립보드의 면에 기대어 놓으면 주향 값을 알 수 있다. 이때는 클립보드의 반대 방향으로 나침반이 수평으로 가리키는 곳이 주향이다.

한편 경사는 지층이 수평면과 이루는 각이므로 쉽게 측정할 수 있다. 경사는 경사의 내리막 방향으로 측정된다. 앞에서 사용했던 대로 클립보드를 세운 후에 그 위로 물을 한 방울 떨어뜨린다면 그 물방울은 내리막을 따라 흐를 것이고, 물방울이 가는 방향이 경사의 방향을 결정지어 줄 것이다.

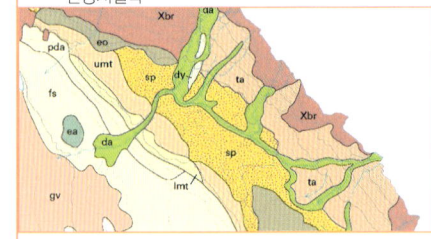

지질도와 단면도

지질학자들은 지표에 드러난 갖가지 형태의 아름다운 지형을 연구하여 지구가 어떤 과정을 거쳐 오늘에 이르렀는지 지질학적 역사를 파악한다. 또한 지질학자들은 각각의 지역에서 열을 지어 쌓여 있는 지층들을 서로 비교하여 각각의 지층이 어떤 시대에 퇴적되었는지를 알아낸다. 이때 중요한 것은 어디에 부정합이 있느냐 하는 점이다.

지질도 만들기 지질학자들이 지질도geological map를 만들기 위해서는 먼저 지도에 표시할 수 있는 것들을 정의해야 한다. 지질도에 표시할 수 있는 것들로는 특정 지층이나, 광물 혹은 화석 또는 화성암의 관입 등이다. 이러한 대상들이 결정되면 지질도를 제작할 수 있다. 지질도에서 가장 중요한 것은 경계선이라고 하는 가늘고 진한 선이다. 이 선들은 어떤 한 종류의 암석이 다른 종류의 암석과 병치되어 있다는 것을 보여줄 때 사용한다. 그리고 지질도에는 다양한 색이 사용되는데, 각각의 암석은 각각 고유의 색을 가지고 있다. 예를 들어 사암은 노란색으로 표시한다. 그러므로 지질도에서 노란색 영역은 사암이 분포하는 지역을 의미한다. 또한 지질도에는 각 지층의 주향과 경사가 표기되어 있다. 주향은 긴 선으로, 경사는 상대적으로 짧은 선으로 나타낸다. T자 모양의 기호 옆의 숫자는 지층의 경사도를 나타낸 것이다.

층서(지층의 배열) 층서stratigrapic columns는 지층의 순서를 나타낼 때 사용하는 그림이다. 일반적으로 퇴적암으로 된 지층의 경우에 주로 사용되지만, 용암의 흐름으로 지층을 이루고 있는 경우와 같이 다른 지층의 순서를 표현할 때도 사용될 수 있다. 지층의 배열에서 밑으로 갈수록 오래된 지층이라고 할 수 있는데, 지층이 구부러지거나 단층으로 위치가 달라지

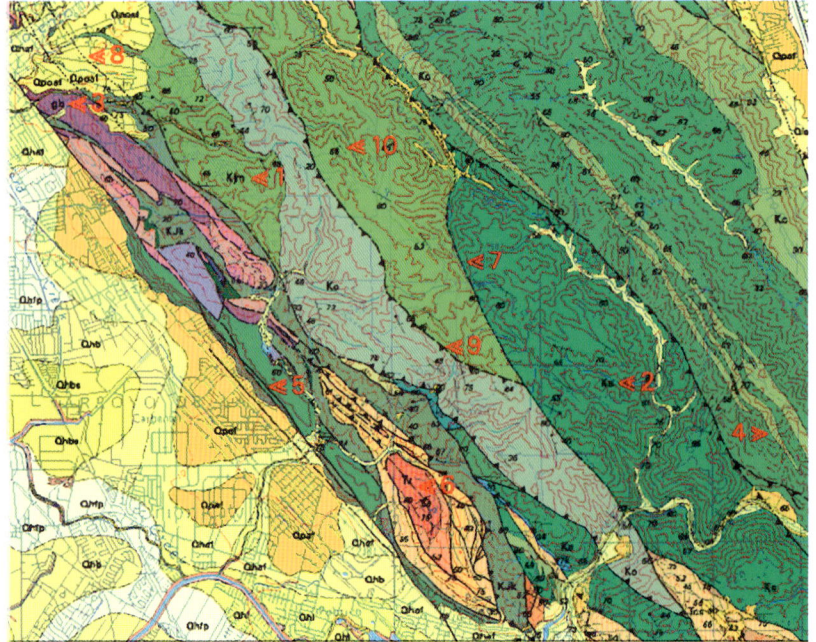

위 지질도에는 다양한 종류의 암석들이 다양한 색으로 표현되어 있다. 이 암석들은 어떤 특정 지역에 노출된 기반암을 의미한다.
아래 지층이 쌓인 순서를 나타낸 단면도. 각 지층은 지질학적 시간의 흐름대로 쌓였다. 지층 수평의 원리에 따라 아래에 있는 지층이 위에 있는 지층보다 더 오래된 것이다.

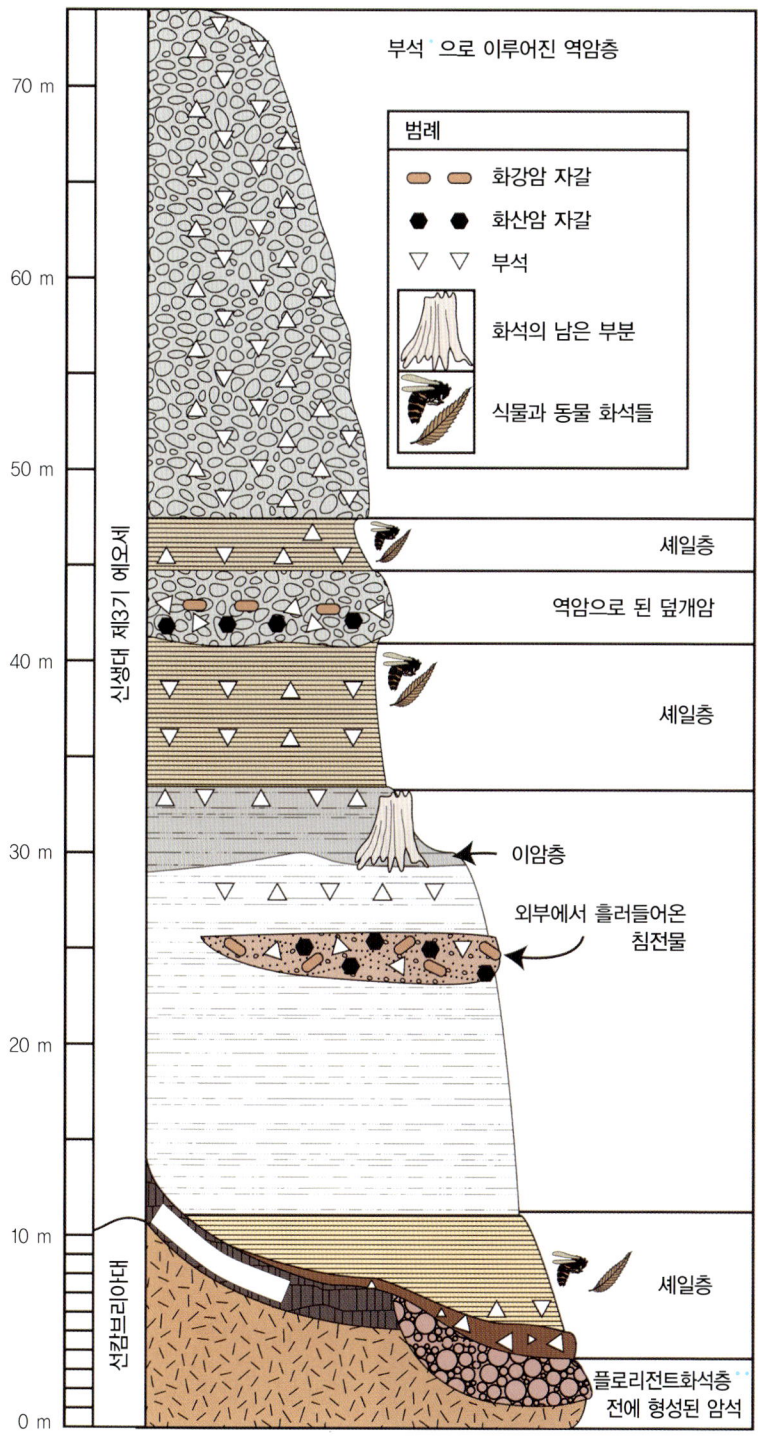

부석˙으로 이루어진 역암층

범례

화강암 자갈	
화산암 자갈	
▽ ▽ 부석	
화석의 남은 부분	
식물과 동물 화석들	

셰일층

역암으로 된 덮개암

셰일층

이암층

외부에서 흘러들어온 침전물

셰일층

플로리전트화석층˙˙ 전에 형성된 암석

신생대 제3기 에오세

선캄브리아대

70 m
60 m
50 m
40 m
30 m
20 m
10 m
0 m

지층의 경사도나 기울기는 주향 선 옆의 숫자로 표시한다. 지층의 기울기가 클수록 지도에 표시된 숫자가 크다.

˙ 부석 : 화산이 폭발할 때 나오는 분출물 중 기공의 지름이 4 mm 이상으로 큰 암석들(옮긴이)
˙˙ 플로리전트화석 : 미국 콜로라도 주 플로리전트 근처에서 발견된 화석층

지 않는 한 가장 오래된 지층이 가장 아래에 위치한다.

층서를 나타내는 단면도에는 맨 아래에 있는 지층을 시작으로 꼭대기까지 지층이 연속적으로 차례차례 배열되어 있는 모습을 볼 수 있다. 그림에 나타난 지층의 두께는 다른 지층들과 비교하여 상대적인 두께를 나타낸 것이다.

왼쪽 단면도에는 경사나 습곡의 정도는 표시되지 않았다. 이것으로 볼 때 이 지층은 원래 지층이 쌓인 순서 그대로이다. 각 지층은 지층을 이루고 있는 암석의 종류를 구별하기 위해 여러 가지 모양으로 된 기호를 사용한다.

예를 들어 사암은 점각 모양을, 석회암은 블록 모양을, 셰일은 짧은 선 모양을, 화산층은 V자 모양의 기호를 사용하고 있다. 지층의 두께는 고도 측정기Jacob's staff로 직접 측정하거나, 아니면 지질도에서 별도로 각 암석층의 두께를 산출하는 기하학적인 기술을 사용하여 간접적으로 알아낸다.

그리고 지층의 배열에 큰 변동이 있다면 그것은 부정합일 가능성이 매우 높고, 물결 곡선으로 그 위치를 표시한다.

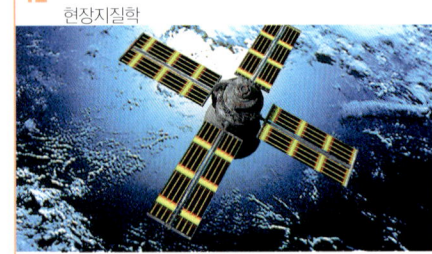

지질학에 사용되는 첨단 기술들

현대의 지질학자들은 컴퓨터를 이용하여 지질도를 만든다. 특히 인공 위성이 촬영한 사진을 이용하면 지표에서 얻을 수 없는 유익한 정보를 얻을 수 있다. 이처럼 지질학은 컴퓨터와 인공 위성과 같은 새로운 기술로 보다 빠르고 정확한 자료를 얻고 있다.

지질학 정보 시스템 지질학 정보 시스템, 즉 GIS geographic information systems는 디지털 방식으로 지질학 정보를 관리하고 분석하는 기법과 기술을 지칭한다. GIS는 지질학에 관련된 자료뿐만 아니라, 자료 분석을 위해 사용되는 하드웨어와 소프트웨어도 모두 포함하는 개념이다. 또한 자료를 확보하는 데 사용되는 기술 역시 GIS의 한 부분이라고 할 수 있다.

GIS는 지질학 데이터베이스, 즉 지오데이터베이스geodatabase는 실물 크기의 디지털 세계 모형을 만들 때에 이용된다. 그리고 GIS는 지오비주얼리제이션geovisualization이라고 알려진 처리 과정을 통해 이 지오데이터베이스를 생산해낸다. 지오비주얼리제이션에서는 파이 도표나 인구 밀도, 지질학적으로 특징이 있는 지역의 위치 등과 같은 평면적인 지도에서는 모두 표시하기 힘든 추가적인 정보가 포함되어 있다. 또한 GIS를 사용하면 지오프로세싱 geoprocessing이라는 작업을 통해 이미 생산된 자료들을 업로드하거나 재결합 혹은 분석할 수도 있다.

다양한 자료들 지질학자들은 지질학적 자료들을 활용하여 원하는 결과를 얻기 위해서 최신 분석 장치를 이용한다.

예를 들어 투과성이 있는 토양에 살충제가 미칠 수 있는 위험에

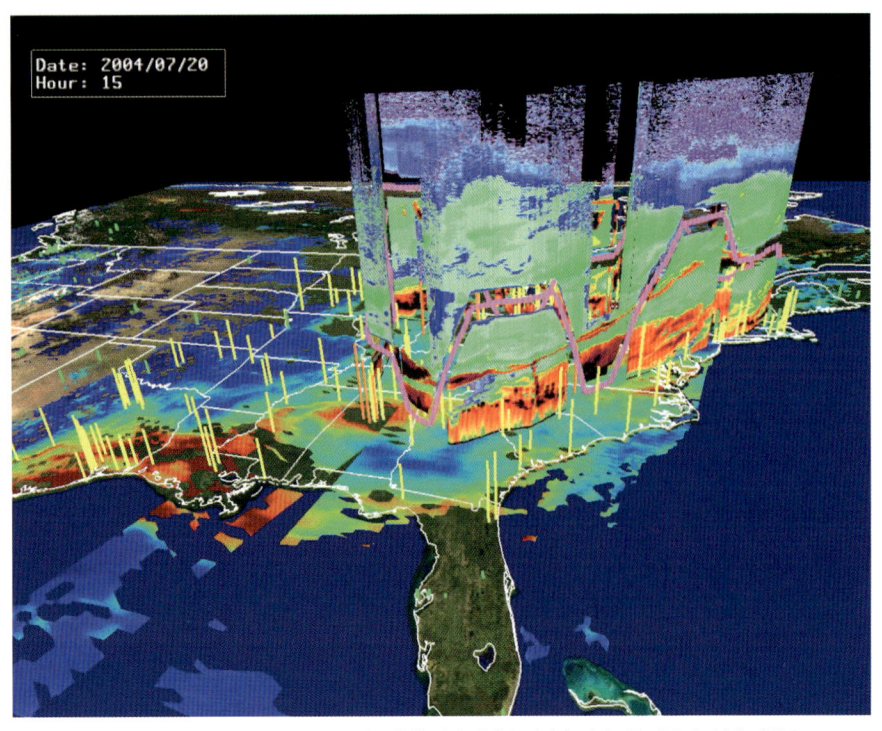

Date: 2004/07/20
Hour: 15

위 오늘날 과학자들은 인공 위성을 이용하여 보다 정확한 지질 탐사를 하거나 지질도를 만들 수 있게 되었다.
아래 미국 남동부 지역을 GIS로 분석한 것으로, 수집한 복잡한 자료들을 컴퓨터 영상 장치를 통해 한 눈에 볼 수 있다.

일본 동경 근처 지역의 지표면 상승을 나타내는 GIS 영상

근적외선 라디오미터로 촬영한 영국 웨일스 카디프(Cardiff) 만의 사진이다. 유럽 우주 기구는 이 사진을 분석하여 지표면의 상태와 식물의 분포에 대한 연구를 했다.

적외선을 이용한 지질 관측

인공 위성은 다양한 영역의 전자기파를 이용하여 지표면을 관측한다. 여기에는 가시광선과 근적외선이나 반적외선, 혹은 중적외선 등이 포함된다. 적외선은 가시광선 영역에서는 관측이 되지 않는 지열에 관련된 정보를 얻고자 할 때 주로 이용된다.

관한 연구를 한다고 가정해 보자. 먼저 연구 대상 지역의 지질도를 제작하기 위해 보유하고 있는 디지털 지도에 링크한다. 여기에 투과성이 있는 토양을 보여주는 또 다른 층이 겹쳐질 것이다. 그런 후 대상 지역의 모든 땅에 살충제의 사용에 관한 자료를 넣어준다. 그러면 컴퓨터는 지질학적 요소, 토양에 대한 자료 등을 종합적으로 결합하여 지오데이터베이스를 생성할 것이고, 이것은 해당 지역에 살충제를 뿌려도 되는지 안 되는지를 판단하는 데 중요한 역할을 할 것이다.

지질학적 응용 지질학자들은 전통적인 지질학 연구 방법에 지오프로세싱과 같은 최신 연구 방법을 결합시켜 매우 유익한 연구 결과를 얻고 있다. 예를 들어 가시광선이나 근적외선 또는 반적외선을 이용하여 먼 곳의 지질 구조를 파악한다. 2005년에 발행된 저널 〈원격 환경 탐사 *Remote Sensing of Environment*〉 지에서 P. C. 페르난데스 다 실바 P. C. Fernandes da Silva와 J. C. 크립스 J. C. Cripps, S. M. 와이즈 S. M. Wise는 원격 탐사 기술과 경험적인 지질 구조 모델을 결합하여 다른 방법으로는 알기 어려운 지질 구조를 밝혀냈다. 이러한 연구 프로젝트들은 지구과학과 환경과학 사이에서 정보와 자료를 교환하여, 양쪽 학문에 매우 유용한 결과를 낳는다. 이처럼 지오프로세싱은 둘 이상의 분야에 걸쳐 연구되는 학문에 사용할 때 매우 큰 위력을 발휘하는데, 이미 탐구된 데이터세트를 사용하고 그것을 재결합하는 데에 탁월한 기능을 가지고 있기 때문이다.

표본 수집과 준비

지질학자들은 직접 현장을 뛰어다니면서 자료들을 채집하기도 하지만, 그 자료들을 잘 관리하는 일에도 큰 노력을 기울인다. 빠르게 녹아내리는 빙하, 안전하게 운반하기 위해 회반죽에 넣은 공룡의 뼈 화석, 그리고 우주 탐사에서 돌아오면서 다른 천체에서 가져오는 작은 크기의 암석 등을 관리하기 위해 지질학자들은 많은 에너지를 쏟는다. 특히 고생물학자들이 이 일에 적극적이다. 왜냐하면 지구 역사에 대한 중요한 정보를 알려주는 화석은 아주 희귀하고 매우 약할 수 있기 때문이다. 또한 연약한 표본 한 개가 어떤 지질학적 해석이 맞다고, 혹은 그 해석이 불충분하다고 판별해줄 수도 있으며, 아니면 완전히 틀렸다고 이야기해줄 수도 있는 중요한 자료가 될 수도 있기 때문이다.

현장 자료 표본 자체보다 중요하지는 않지만 그래도 매우 중요한 것은 특정 표본이 어디서 채집되었는지에 대한 정확한 기록이다. 표본의 출처는 지질학적 연구를 진행하는 일만큼이나 신중하고 자세하게 기록되어야 한다. 기록되는 내용은 연구 과제에 따라 달라질 수 있다. 만약 표본이 암석의 나이를 결정짓는 데 도움을 주는 화석이라면 암석 조각의 형태와 위치를 기록하는 것으로 충분할 것이다. 하지만 중력 사면 이동으로 인해 작은 돌들이 침식된 상태에서 화석과 모체가 발견되었다면 연구에 이용되는 화석의 정확한 위치를 단번에 파악해내기가 힘들 것이다. 그리고 땅 위에서 발견되는 화석보다는 잘 정돈된 지층 속에서 발견되는 화석이 더 낫지만 화석이 희귀한 지역에서는 땅 위에서 발견되는 화석이 전부일 수도 있으므로 소중하게 다루어야 한다.

고지자기 자료 지층의 오래된 자기장에 대해 연구하는 고지자기학에서는 지역 정보를 훨씬 더 자세하게 기록한다.

위 바이어드(Byrd) 극지 연구 센터에서 빙하 표본을 채취하고 있다.
아래 프랑스의 한 발굴 현장에서 생물학자가 뼈 화석들과 자료들을 정성스레 발굴하고 있다.

예를 들어 현무암에 남아 있는 자기 혹은 잔류 자화의 특징에 대한 고지자기학 연구를 할 때는 드릴로 암석 조각을 채취하기 전에 해당 장소를 3차원적으로 표시하여 꼬리표를 단다. 모체에서 떨어져 나와 땅 위를 돌아다니는 현무암의 표본은 출처를 정확히 알 수 없으므로 고지자기학 연구를 할 때는 거의 사용하지 않는다.

판매하는 표본들 희귀한 암석이나 화석, 그리고 광물을 판매하거나 사는 행위를 허용해도 좋은가? 라는 질문에 대해 일부 사람들은 지구가 준 이 보물은 모두의 것이고, 과학적으로 매우 소중한 것이므로 사고 팔 수 없다고 주장할 것이다. 그러나 실제로는 보석이나 광물 전시회를 통해, 또는 인터넷 경매 사이트를 통해 광물이나 암석 또는 화석 표본들의 매매가 아주 많이 행해지고 있다.

그렇다면 중요한 지질학적 발굴에서 아마추어 수집가들은 어떤 역할을 할까? 이 질문은 어떻게 생각하면 '양날의 검'이라고 생각할 수 있다. 검의 한쪽 날은 묘지 도둑들이 무덤을 약탈하고 중요한 곳들을 파괴하며 역사적으로 중요한 표본들을 제거하는 것과 같은 품위 없는 수집가들이다. 다른 한쪽 날은 표본의 채집 장소와 그에 대한 자료들을 기록하고 전문 과학자들에게 망설이지 않고 새로운 정보를 제공하기도 하는 매우 책임감 있는 아마추어 수집가들이다. 특히 고생물학은 이러한 아마추어 수집가들의 활동에 많이 의존한다. 그래서 고생물학계에서는 이 분야에 특히 도움이 된 아마추어 수집가들에게 매년 상을 주기도 한다. 아마추어 수집가들은 자신들이 발견한 표본이 과학적으로 큰 가치를 지니고 있는 것일 수도 있으므로 표본의 위치 정보를 정확하게 기록하는 일을 게을리 해서는 안 될 것이다. 또한 이런 작업을 할 때 적용될 수 있는 법을

지질학자들은 수집한 표본 지역의 과학적 가치를 보존하기 위해 채집 장소를 상세하게 기록한다.

준수하는 일도 매우 중요하다. 예를 들어 미국에서는 척추동물에 속하는 고생물 화석을 반출하는 것은 범죄에 해당된다.

자수정은 보석으로 이용될 수 있으므로 많은 사람들이 이를 얻기 위해 무분별한 행동을 마다하지 않는다.

용어 풀이

ㄱ

가스 하이드레이트(gas hydrate)
가스 분자들이 물 분자 사이에 갇혀 고체 상태로 존재하는 물질

가이아 이론(Gaia theory)
제임스 러브록이 제시한 이론으로, 지구상의 모든 생명은 스스로 조절하는 시스템의 일부라는 내용

각력암(breccia)
거친 자갈 등이 퇴적되어 형성되는 암석

각섬석(amphibole)
암석을 이루는 조암 광물의 하나. 쪼개짐이 있다.

격변설(catastrophism)
지구의 역사가 때때로의 급작스러운 대재앙에 의해 진행되어 왔다는 지질학적 개념

경사(dip)
경사진 지층이나 물체의 수평선 아래의 각도

경사암(graywacke)
각진 수정 조각과 장석 알갱이, 부드러운 모래와 결합한 결석 조각으로 구성된 어두운 색의 사암

고토양(paleosol)
새로운 퇴적물이나 화산 작용에 의한 침전물 밑에 묻힌 고대의 토양

곤드와나(Gondwana)
현재 남반구에 있는 거의 모든 땅덩어리들을 포함하고 있었을 거라 생각되는 고대의 초대륙

공생(paragenesis)
광석의 여러 종류의 광물과 변성암들의 생성 과정

공생 발생(symbiogenesis)
두 개 이상의 별개의 생물체가 공생하여 혼합되어 새로운 생명체가 진화하여 탄생하는 것

광물화(permineralization)
화석화 과정에서 퇴적된 광물이 화석화되고 있는 생물체의 조직 안으로 들어가 단단하게 굳는 것

구획화(zoning)
석영의 중심에서 바깥으로 이동함에 따라 광물 구성의 기록이 변화하는 층

규회석(wollastonite)
$CaSiO_3$로 표현되는 광물. 변성 작용을 받은 석회암에 공통적으로 들어 있다.

그레이트 리프트 밸리(Great Rift Valley)
남서아시아와 동아프리카의 지질학적 단층 구조. 길이가 북시리아에서 중앙 모잠비크까지 약 4,830 km에 이른다.

그린빌 조산 운동(Grenville orogeny)
약 10억 년 전 초대륙인 로디니아(Rodinia)를 형성한 조산 운동

기요(guyot)
정상이 평탄한 해산

ㄴ

누나탁(nunatak)
빙하로 완전히 둘러싸인 암봉

눈덩이 지구 이론(snowball earth)
빙하가 열대지방의 고도에까지 이르는 빙하 작용의 극한기

능아연광(smithsonite)
$ZnCO_3$의 탄산암. 보통 석회암에서 찾아볼 수 있다.

ㄷ

단괴(nodule)
주위의 암석들과는 다른 구성을 한 불규칙한 암석 덩어리

단면(cross-section)
지질학 구조에서 수직적 분포를 볼 수 있는 그림

단층(fault)
지층이 부서지면서 미끄러져 내려가거나 올라가는 활동

대멸종(mass extinction)
많은 종류의 생명체가 지질학적으로 짧은 시간 동안 멸종한 것

동물군 천이(faunal succession)
주어진 서식지와 지질학적 시간 속에서 멸종된 동물들이 새로 진화된 모습으로 재배치되는 것

동일 과정설 또는 균일설(uniformitarianism)

찰스 라이엘(Charles Lyell)이 주장한 가설로 현재 우주를 지배하는 힘과 법칙은 과거에도 똑같이 작용하였으며 영원히 그러할 것이라는 이론

ㄹ

라이니(Rhynie)

고생대 데본기에 번성했던 최초로 육지에 살았던 양치식물

라하르(lahar)

화산재 이류로 생긴 잔류 퇴적물

로디니아(Rodinia)

거의 모든 대륙들을 포함하고 있던 초대륙. 약 10억 년 전 통합된 이 초대륙은 캄브리아기 훨씬 전에 작은 대륙들로 쪼개졌다.

로라시아(Laurasia)

현재의 북반구의 땅덩어리들을 모두 포함하였던 고대 초대륙

로슈 한계(Roche limit)

위성이 모행성의 기조력에 부서지지 않고 접근할 수 있는 한계 거리

뢰스(loess)

바람에 날려 온 퇴적토

리프팅(rifting)

대륙 혹은 초대륙으로부터 지층이 하나 이상의 작은 대륙 조각으로 분리되는 것

ㅁ

마그마 굄(magma chamber)

지하의 마그마들이 모여 있는 곳. 마그마 방이라고도 한다.

마이크로미터(micrometer)

100만분의 1미터

맨틀(mantle)

지구 내부의 핵과 지각 사이의 부분

메소니키드(Mesonychid)

고래의 시조라고 생각되는 신생대 초기의 육식 동물 무리

메테인 하이드레이트(methane hydrate)

메테인과 물이 해저나 빙하 아래에서 높은 압력을 받아 얼음 형태의 고체상 격자 구조로 형성된 물질

모암석(protolith)

변형 되기 전의 원래 암석

모호로비치치 불연속면(Mohorovicic discontinuity)

지구 지각과 맨틀 사이의 경계. 크로아티아 지질학자 안드리아 모호로비치치(Andrija Mohorovicic)의 이름에서 명명되었다.

미행성체(planetesimal)

태양계가 생겨날 때 존재했던 것으로 짐작되는, 행성이 되기 전의 크기가 작은 천체들

ㅂ

박편(thin section)

암석의 결정을 광학 현미경으로 관찰하기 위해 암석을 적당한 크기로 잘라 아주 얇게 만든 것

반려암(gabbro)

철분을 많이 함유되어 있고, 각섬석과 사장석으로 구성되어 있으며 표면이 거친 화성암

배호 분지(back-arc basin)

호상 열도와 대륙 지역 사이에서 형성되는 분지

백운석(dolomite)

1. $CaMg(CO_3)_2$의 탄산 광물

2. 주로 백운암 광물로 만들어진 탄산 퇴적암

베개 모양 현무암(pillow basalt)

용암 분출에 의해 생긴 베개 모양의 현무암

변환 단층(transform fault)

판과 판이 서로 스쳐가는 경계에 주로 형성되는 단층

복식 화산(composite volcano)

화산의 바깥쪽을 에워싼 부분(외륜산)과 중앙 화구구가 이중 구조로 된 화산

부석(pumice)

물에 뜨는 가스 방울로 가득 차 있는 이산화 규소가 풍부한 화산암

빙력토(till)

주로 점토와 모래, 자갈 등으로 이루어져 있고, 층을 이루지 않은 빙하 퇴적물

빙퇴구(drumlin)

표석 점토의 재배치로 형성된 언덕

빙퇴석(moraine)

빙하가 녹는 지역에 형성되는 퇴적물로 빙하가 침식시킨 다양한 암석 조각이나 모래로 이루어져 있다.

빙하 표석(glacial erratica)

빙하의 움직임에 의해 움직이고 옮겨져서 주변에서 찾아볼 수 없는 색

다른 암석 덩어리

빙호(polynya)

극 지방의 얼음에 둘러싸인 넓은 호수

ㅅ

사광(placer)

금과 같이 무거운 광물을 포함하는 개울이나 강의 퇴적물

사층리(crossbeds)

잔물결이나 언덕을 형성하는 침식과 침전물의 재배치에 의해 형성된, 모래, 미사, 자갈로 이루어진 경사진 지층

석류석(garnet)

운모 편암 등의 변성암에서 많이 발견되는 광물 무리. 등축정계에 속하는 규산염 광물이다.

석회암(limestone)

화학적 작용 혹은 생물 쇄설물로 형성된, 주로 탄산 칼슘으로 이루어진 퇴적암

석회화(tufa)

일반적인 샘이나 뜨거운 물이 나오는 샘 또는 호수 주위에서 형성되는 탄산 혹은 이산화 규소 침전물이다.

선상지(alluvial fan)

협곡이나 좁은 계곡을 흐르는 강줄기가 평평한 대지를 만나 유속이 느려지는 곳에 형성시킨 자갈과 모래가 뒤섞인 부채꼴 모양의 퇴적지

섭입대(subduction zone)

해양 지각이 밑으로 굽어 대륙 지각 혹은 다른 해양 지각의 맨틀로 향하는 지역

소빙하(younger dryas)

가장 최근의 빙하 작용의 끝자락에(12,000년 전) 있었던 빙하기

소철(cycads)

두껍고 뭉뚝한 줄기와 양치류 같은 잎사귀를 가지고, 씨앗을 생산하는 식물 무리

솔(sole)

지층의 밑면

쇄설성 퇴적암(clastic sediments)

원래 존재했던 암석들이 마찰에 의해 붕괴되어 형성된 퇴적물

순상 화산(shield volcano)

점도가 낮은 용암이 만드는 경사가 완만한 화산

스멕타이트(smectite)

규산염 점토 광물의 일종

스카른(skarn)

석회암이나 기타 탄산암이 이산화 규소가 풍부한 열수에 의해 변형된 퇴적물

스트로마톨라이트(stromatolite)

박테리아 매트를 만드는 박테리아의 활동에 의해 형성되었다고 여겨지는 곱고 얇은 판 모양의 단단한 암석과 같은 유기 퇴적물

스포로폴레닌(sporopollenin)

고온 고압 상태에서도 수만 년 정도 보존되는 단단한 단백질 성분의 물질

실트암(siltstone)

지름 63-64 μm 정도의 퇴적 알갱이들로 이루어진 쇄설성의 퇴적암

심성암(plutonic rock)

지하 깊은 곳에서 마그마가 오랜 시간 굳어서 된 화성암

심해저 평원(abyssal plain)

약 2,000 m보다 깊은 해저의 평평한 지역

심해 퇴적물(turbidite)

깊은 바다에 쌓인 퇴적물. 바닷물의 혼탁한 흐름에 의해 형성된다.

ㅇ

아라고나이트(aragonite)

$CaCO_3$로 표현되는 탄산 광물

아케오사이어스(Archeocyath)

캄브리아기에 살았던 스펀지처럼 생긴 생물 무리. 작은 구멍이 많은 석회질의 뼈가 특징

아콘드라이트(achondrite)

지구의 현무암과 비슷한 구성을 한 단단한 운석

안산암(andesite)

이산화 규소의 함유량이 현무암과 유문암의 중간에 해당하는 화성암

알베도(albedo)

행성 표면이나 대기권 표면의 반사율. 알베도가 높은 표면은 더 많은 태양열을 우주로 돌려보낸다.

알칼리 장석(alkali feldspars)

칼륨과 나트륨의 함유 비율이 높은 장석

암모나이트(ammonite)

똘똘 감은 형태의 멸종된 두족류 무리. 중생대에 가장 많이 살았다.

얇은 층막(lamina)

1 cm 이하의 퇴적물이나 퇴적암층

어란상 석회암(oolite)

오이드(ooid)로 구성된 탄산암

연층(varve)

빙하 호수에 퇴적된 진흙 속에서 짝지어진 층의 무리. 이 무리는 여름 층(봄에 녹아내려 움직인 모래와 미사를 포함하는 거친 알갱이)과 겨울 층(얼음 밑의 조용한 환경에서 퇴적된 더 고운 알갱이)으로 구성되어 있다.

염기성(mafic)

화성암의 종류로 마그네슘과 철분 같은 무거운 물질의 집합물이다.

염류피각(caliche)

건조한 지역에서 주로 형성되는 굳어진 칼슘 탄산 염 덩어리

엽상 규산염(phyllosilicates)

규산염의 광물들

엽상 위족(lobopod)

원통 모양의 몸체에 세 쌍 이상의 관절 없는 다리를 가진 영장류 같은 동물

오르트 성운(oort cloud)

명왕성 밖의 궤도를 돌고 있는 혜성군

오브덕션(obduction)

지각 운동이 지각의 암판을 다른 암판 위로 밀어 올리는 과정

오이드(ooid)

탄산 칼슘이나 다른 광물의 침전층으로 구성된 구 모양의 모래자갈

완족류(brachiopod)

쌍각의 껍데기와 먹이를 잡을 때 쓰는 촉수 달린 두 팔을 가지고 있는 해양 생물

유공충(foraminifera)

세포가 하나인 원생생물로 주로 방해석을 많이 포함한다.

유리 반응(Urey reaction)

$CO_2 + CaSiO_3 \Rightarrow CaCO_3 + SiO_2$으로 나타나는 화학 반응. 이것은 규회석과 같은 규산 광물의 화학적 풍화에 의한 온실 기체인 이산화 탄소의 흡수를 표현하는 것이기 때문에 기상학에서 중요하다.

유문암(rhyolite)

화강암과 비슷하며 고운 입자로 이루어진 화산암

U자곡(U-shaped valley)

빙하의 침식 작용으로 형성된 계곡

응회암(tuff)

화구에서 분출된 물질로 이루어진 퇴적암이다. 화산 분출물 중 땅에 떨어지기 전 공기 중에서 식어서 만들어지는 화산재나 화산탄 등이 주된 구성물이 된다. 응회암에는 다양한 화산 파편들이 들어 있다.

인회석(apatite)

녹색이나 갈색 계통의 색을 띠는 인산 광물

ㅈ

자철광(magnetite)

강한 자기를 띤 검은 철 산화 광물 Fe_3O_4

장석(feldspar)

칼륨, 알루미늄, 나트륨, 칼슘 등을 함유한 규산염 광물

저어콘(zircon)

$ZrSiO_4$의 광물. 모든 종류의 화성암과 많은 사암에서 발견되는 저어콘은 지층의 연대를 측정할 때 매우 중요한데, 이것은 결정 속에 작은 양의 우라늄과 토륨을 포함하고 있기 때문이다.

적철광(hematite)

철이 산화된 광물 Fe_2O_3. 색깔은 검정색에서 붉은 갈색까지 다양하며, 가루로 만들면 특징적인 붉은색을 띤다.

점진주의(gradualism)

큰 변화는 긴 시간에 걸친 아주 많은 작은 변화의 축적에서 온다는 개념

점토(clay)

지름 $4\,\mu m$ 이하의 퇴적물로 이루어진 토양

주상절리(columnar jointing)

용암이 식어 굳은 현무암 구조. 이 구조는 수직육면체의 암석의 형태로 나타난다.

주향(strike)

지구 표면에 접하는 수평면과 지층면의 교차 지점에 의해 형성된 선의 방향

주향 이동 단층(strike-slip fault)

주향을 따라 이동하는 단층의 종류

ㅊ

처트(chert)

유리처럼 고운 미정질 석영으로 구성된 화학적 퇴적암

천청석(celestite)

옅은 푸른색의 황산 광물. $SrSO_4$

층리(graded bed)

가장 거친 자갈이 층의 맨 밑에 깔려있고 부드러운 모래가 위쪽에 위치한 퇴적층

층위학(stratigraphy)

퇴적물이나 기타 퇴적암층의 연대와 배열을 다루는 지질학의 한 갈래. 또한 시대와 축적, 고대 지층의 퇴적 환경을 다루기도 한다.

ㅋ

카르스트 지형(karst)

석회암 대지에 형성되는 여러 가지 지형들의 총칭

크레이터(crater)

붕괴나 화산 폭발의 충격으로 깔때기 모양으로 파인 곳

ㅌ

테프라(tephra)

화산 폭발로 생겨난 재를 포함하여 날아다니는 물질

퇴적 윤회(cyclothem)

여러 종류의 퇴적암들이 배열에 따라 일정한 패턴을 반복하는 지층

트래버틴(travertine)

무겁고 단단한 석회질 물질로 형성된 아라고나이트성의 작은 구멍이 많은 동굴 퇴적물

ㅍ

판 구조론(plate tectonics)

행성(혹은 달)의 지각을 이루는 판과 그것을 이동시키는 힘을 연구하는 지질학의 한 갈래

판게아(pangea)

모든 대륙을 포함하고 있었던 고생대 말과 중생대 초의 초대륙

포인트바(point bar)

굴곡 있는 해안선과 나란하게 쌓인 퇴적물로 강의 침전물이 연속적으로 퇴적되어 형성된다.

포획암(xenolith)

주변 암석들과 구성이나 색이 다른 화성암 속에 포함되어 있는 다른 종류의 암석 조각

폭발 유성(bolide)

지구와 충돌하거나 충돌 직전 폭발하면서 충돌 크레이터를 남기는 지구 밖에서 오는 화구

표토(regolith)

불균질한 광물로 지표를 덮고 있는 토양

플라야(playa)

사막의 오목한 저지대. 보통 증발 잔류암의 퇴적과 연관이 있다.

피오르(fjord)

빙하가 만든 깊은 절벽 사이로 바닷물이 깊숙이 들어간 지형

P파(P-wave)

지진의 주요 혹은 압력파. 이것은 지진의 움직임에 있어서 첫 번째로 도착하는 파이다.

ㅎ

하이드레이트(hydrate)

기체가 아주 낮은 온도와 높은 기압에서 물 분자와 결합하여 단단한 얼음이 된 것

하이퍼시(hypersea)

땅 위의 진핵생물체와 그 공생자 혹은 피부가 없는 기생충들, 숙주의 피부 안에서 살고 번식하는 박테리아, 바이러스 혹은 바이러스와 같은 개체들

해양 지각(oceanic crust)

평균 5 km의 두께를 가진 철과 마그네슘이 풍부한 바다 밑 지각

해저 사태(sciorruck)

쓰나미를 일으키는 해저에서 일어나는 사태

해진(transgression)

해안선이 육지 쪽으로 이동하는 것

해퇴(regression)

바닷물이 땅 표면으로부터 후퇴하는 것. 해수면의 하강

핵종(isotopes)

원자핵의 중성자의 개수가 다른 같은 종류의 원자

현곡(hanging valley)

주요 협곡과 조화롭지 못하게 이어져 있는 지류 계곡. 이 부조화는 침식이나 빙하 활동에 의해 빠르게 내려오는 주요 협곡에 의한 것이다.

현상설(actualism)

지구상의 자연계는 옛날도 지금도 같은 자연계 법칙에 따라서 움직이고 있다는 생각

호상 철광층(banded-iron formation)

산화 철과 붉은 규질암의 얇은 침투층으로 이루어진 얇게 층을 이룬 퇴적암

화분학(palynology)

스포로폴레닌(sporopollenin)과 같은 유기체로 구성된 미세화석(꽃가루, 포자, 원생생물의 포낭)에 대한 연구

화산 용암지 수로(channeled scablands)

홍수 때 거대한 퇴적물이 운반되어 왔고, 큰 빙하 호수 얼음댐들이 그

영향을 받아 지형이 변화한 큰 규모의 퇴적물 구조가 있는 지역

화성암(igneous rock)

마그마가 식어서 형성된 암석

황철광(pyrite)

가장 일반적인 황화 광물 FeS_2. 놋쇠의 누런색이 특징이다.

휘석(pyroxene)

결정 구조에 이산화 규소의 띠가 있는 광물 무리로 이산화 규소와 산소의 비율이 1:3이다.

흑요석(obsidian)

어두운 색과 패각상의 조각이 특징인 규산이 풍부한 유리질 화산암

흑운모(biotite)

검거나 갈색의 운모로, 화학 성분은 $K(Mg, Fe)_3(AlSi_3O_{10})(OH)_2$

흔적화석(trace fossils)

지층 속에 남아 있는 고생물의 흔적, 기어 다닌 흔적 등이 여기에 해당한다.

더 읽을거리

도서

Allen. K. C., and D, E. G. Briggs. *Evolution and the Fossil Record*. London: Belhaven Press, 1989.

Alvarez, W. *T. rex and the Crater of Doom*. New York: Vintage Press, 1998.

Benton, M. J. *When Life Nearly Died: The Greatest Mass Extinction of All Time*. London: Thames & Hudson, 2003.

Beus, S. S., and M. Morales. *Grand Canyon Geology*. Oxford: Oxford University Press, 2002.

Bjornerud, M. *Reading the Rocks: The Autobiography of the Earth*. Cambridge, Massachusetts: Westview Press, 2005.

Boggs, S. *Principles of Sedimentology and Stratigraphy*, 4th ed, Englewood, New Jersey: Prentice Hall, 2005.

Bucher, K., and M. Frey. *Petrogenesis of Metamorphic Rocks*. New York: Springer, 2002.

Catuneau, O. *Principles of Sequence Stratigraphy*. Amsterdam: Elsevier Academic Press, 2006.

Clarkson, E. N. K. *Invertebrate Palaeontology and Evolution*, 4th ed. Oxford: Blackwell Science, 1998.

Cloud, P. *Cosmos, Earth and Man: A Short History of the Universe*. New Haven, Connecticut: Yale University Press, 1978.

——. *Oasis in Space: Earth History form the Beginning*. New York: W. W. Norton, 1988.

Coenraads, R. R. *Rocks and Fossils: A Visual Guide*. Richmond Hill, Ontario: Firefly Books, 2005.

Condie, K. C. *Earth as an Evolving Planetary System*. Amsterdam: Elsevier Academic Press, 2004.

Conway Morris, S. *The Crucible of Creation: The Burgess Shale and the Rise of Animals*. Oxford: Oxford University Press, 1998.

——. *Life's Solution: Inevitable Humans in a Lonely Universe*. Cambridge: Cambridge University Press, 2004.

Cook, T, and L. Abbott. *Hiking the Grand Canyon's Geology*. Seattle, Washington: Mountaineers Books, 2004.

Cvancara, A. M. *Sleuthing Fossils: The Art of Investigating Past Life*. New York: Wiley, 1990.

Ellis, R. *Aquagenesis*. New York: Penguin, 2003.

Erwin, D. H. *Extinction: How Life on Earth Nearly Ended 250 Million Years Ago*. Princeton, New Jersey: Princeton University Press, 2006.

Feldman, J. *When the Mississippi Ran Backwards: Empire, Intrigue, Murder, and the New Madrid Earthquakes*. New York: Free Press, 2005.

Fortey, R. *Earth: An Intimate History*. New York: Knopf, 2004.

Fowler, C. M. R. *The Solid Earth: An Introduction to Global Geophysics*, 2nd ed. Cambridge: Cambridge University Press, 2004.

Fritz, W. J., and J. N. Moore. *Basics of Physical Stratigraphy and Sedimentology*. New york: Wiley, 1988.

Fry, I. *The Emergence of Life on Earth: A Historical and Scientific Overview*. New Brunswick, New Jersey: Rutgers University Press, 2000.

Gains, R. V., H. C. W. Skinner, E. E. Foord, B. Mason, and A. Rosenzweig. *Dana's New Mineralogy*, 8th ed. New York: Wiley, 1997.

Glaessner, M. F. *The Dawn of Animal Life: A Biohistorical Study*. Cambridge: Cambridge University Press, 1985.

Gould, S. J. *The Structure of Evolutionary Theory*. New York: Belknap Press, 2002.

Hallam, A. *Great Geological Controversies*, 2nd ed. Oxford: Oxford University Press, 1992.

Hallam, A., ed. *Atlas of Palaeobiogeography*. Amsterdam: Elsevier Scientific Publishing, 1973.

Hallam, A., and P. Wignall. *Mass Extinctions and their Aftermath*. Oxford: Oxford University Press, 2003.

Halstead, L. B. *The Search for the Past: Fossils, Rocks, Tracks and Trails, the Search for the Origin of Life*. Garden City, New York: Doubleday, 1982.

Harland, D. M. *Water and the Search for Life on Mars*. New York: Springer Praxis Books, 2005.

Hartmann, W. K. *A Traveler's Guide to Mars: The Mysterious Landscapes of the Red Planet*. New York: Workman Press, 2003.

Hoyt, W. G. *Coon Mountain Controversies: Meteor Crater and the Development of Impact Theory*. Tucson, Arizona: University of Arizona Press, 1987.

Jenkins, G. S., M. A. S. McMenamin, C. P. Mckay, and L. Sohl, eds. *The Extreme Proterozoic: Geology, Geochemistry, and Climate*. Geophysical Monograph 146. Washington, D.C: American Geophysical Union.

Jenny, H. *Factors of Soil Formation: A System of Quantitative Pedology*. Mineola, New York: Dover Publications, 1994.

Knoll, A. H. *Life on a Young Planet: The First Three Billion Years of Evolution on Earth*. Princeton, New Jersey: Princeton University Press, 2004.

Koene, C. J. "*The Chemical Constitution of the Atmosphere from Earth's Origin to the Present, and its Implications for Protection of Industry and Ensuring Environmental Quality*"(1856). Translated and edited by Mark A. S. McMenamin. New York: Mellen Press, 2004.

Kunzig, R. *Mapping the Earth: The Extraordinary Story of Ocean Science*. New York: Norton, 2000.

Lahav, N. *Biogenesis: Theories of Life's Origin*. New York: Oxford University Press, 1999.

Lane, N. *Oxygen: The Molecule That Made the World*. Oxford: Oxford University Press, 2002.

Lockley, M. *The Eternal Trail: A Tracker Looks at Evolution*. Reading, Massachusetts: Perseus Books, 1999.

Lopes, R. M. C., and T. K. P. Gregg. *Volcanic Worlds: Exploring the Solar System's Volcanoes*. Berlin: Springer, 2004.

Love, J. C. "In Memory of Christina Lochman-Balk, 1907−2007." *New Mexico Geology*, vol. 28, n. 3, pp. 88−90. 2006.

Lowenstam, H. A., and S. Weiner. *On Biomineralization*. Oxford: Oxford University Press, 1989.

Lunine, J. I., and C. J. Lunine. *Earth: Evolution of a Habitable World*. Cambridge: Cambridge University Press, 1998.

Margulis, L. *Symbiosis in Cell Evolution*. New York: Freeman, 1993.

——. *Symbiotic Planet: A New Look at Evolution*. New York: Basic Books, 2000.

Margulis, L., C. Matthews, and A. Haselton, eds. *Environmental Evolution: Effects of the Origin and Evolution of Life on Planet Earth*. Cambridge, Massachusetts: The MIT Press, 2000.

Martin, Anthony J. *Introduction to the Study of Dinosaurs*, 2nd ed. Malden, Massachusetts: Blackwell Publishing, 2006.

Marvin. N., and J. James. *Chased by Sea Monsters: Prehistoric Predators of the Deep*. New York: DK Publishing, 2004.

Mathews, D. *Rocky Mountain Natural History: Grand Teton to Jasper*. Raven Editions, 2003.

McCarthy, T., and B. Rubidge. *The Story of Earth and Life: A Southern African Perspective on a 4.6-Billion-Year Journey*. Cape Town: Struik Publishers, 2006.

McDonald, N. G. *The Connecticut Valley in the Age of Dinosaurs: A Guide to the Geologic Literature, 1681−1995*. Bulletin 116. Hartford: State Geological and Natural History Survey of Connecticut, 1996.

McMenamin, M. A. S. *The Garden of Ediacara: Discovering the First Complex Life*. New York: Columbia University Press, 1998.

——. *Dictionary of Earth and Environment*. South Hadley, Massachusetts: Meanma Press, 2001.

McMenamin, M. A. S., and D. L. S. McMenamin. *The Emergence of Animals: The Cambrian Breakthrough*. New York: Columbia University Press, 1990.

——. *Hypersea: Life on Land*. New York: Columbia University Press, 1994.

McPhee, J. *Annals of the Former World*. New York: Farrar, Straus and Giroux, 2000.

——. *Basin and Range*. New York: Farrar, Straus and Giroux, 1982.

Miall, A. D. *The Geology of Fluvial Deposits: Sedimentary Facies, Basin Analysis, and Petroleum Geology*. New York: Springer, 2006.

Neaverson, E. *Stratigraphical Palaeontology: A Manual for Students and Field Geolosists*. London: Macmillan, 1928.

Parker, A. *In the Blink of an Eye: How Vision Sparked the Big Bang of Evolution*. New York: Basic Books, 2004.

Prothero, D. R., and R. H. Dott, Jr. *Evolution of the Earth*, 7th ed. Boston: McGraw-Hill, 2004.

Redfern, R. *Origins: The Evolution of Continents, Oceans and Life*. Norman: University of Oklahoma Press, 2001.

Retallack, G. J. *Soils of the Past*. Blackwell Publishing, 2001.

Rudwick, M. J. S. *The Great Devonian Controversy*. Chicago: University of Chicago Press, 1985.

Savoy, L. E., E. M. Moores, and J. E. Moores. *Bedrock: Writers on the Wonders of Geology*. San Antonio, Texas: Trinity University Press, 2006.

Schneider, S. H., J. R. Miller, E. Crist, and P. J. Boston, eds. *Scientists Debate Gaia: The Next Century*. Cambridge, Massachusetts: The MIT Press, 2004.

Schopf, J. W. *Cradle of Life: The Discovery of Earth's Earliest Fossils*. Princeton, New Jersey: Princeton University Press, 2001.

Schwartzman, D. *Life, Temperature, and the Earth: The Self-Organized Biosphere*. New York: Columbia University Press, 1999.

Seilacher, A. *Fossil Art*. Royal Tyrrell Museum of Palaeontology: Alberta, Canada: Drumheller, 1997.

——. *Trace Fossil Analysis*. New York: Springer, 2007.

Selly, R. C., R. M. Cocks, and I. R. Plimer, eds. *Encyclopedia of Geology*. Oxford: Elsever, 2004.

Shubnikov, A. V., and N. N. Sheftal. *Growth of Crystals*, Vol. 3. New York: Consultants Bureau, 1962.

Skehan, J. W. *Roadside Geology of Massachusetts*. Missoula, Montana: Mountain Press Publishing, 2001.

——. *Geology and Grace: Teilhard's Life and Achievements*. Teilhard Studies Number 53. New York: American Teilhard Association, 2006.

Stanley, S. M. *Children of the Ice Age: How a Global Catastrophe Allowed Humans to Evolve*. New York: Freeman, 1998.

Valentine, J. W. *On the Origin of Phyla*. Chicago: University of Chicago Press, 2004.

Vernadsky, V. I. *The Biosphere: Complete Annotated Edition*. New York: Copernicus, 1998.

Volk, T. *Gaia's Body: Toward a Physiology of Earth*. New York: Springer-Verlag, 1998.

Walker, G. *Snowball Earth: The Story of a Maverick Scientist and His Theory of Global Catastrophe That Spawned Life as We Know It*. New York: Three Rivers Press, 2004.

Ward, P., and D. Brownlee. *Rare Earth: Why Complex Life Is Uncommon in the Universe*. New York: Springer, 2003.

Whiteley, T. E., G. J. Kloc, and C. E. Brett. *Trilobites of New York: An Illustrated Guide*. Ithaca, New York: Cornell University Press, 2002.

Whybrow, P. J., and A. Hill. *Fossil Vertebrates of Arabia*. New Haven, Yale University Press, 1999.

Willis, K. J., and J. C. McElwain. *The Evolution of Plants*. Oxford: Oxford University Press, 2002.

Wilson, E. O. *The Diversity of Life*. New York: Norton, 1999.

Winchester, S. *The Map That Changed the World: Willian Smith and the Birth of Modern Geology*. New York: HarperCollins, 2001.

——. *A Crack in the Edge of the World: America and the Great California Earthquake of 1906*. New York: HarperCollins, 2005.

——. *Krakatoa: The Day the World Exploded: August 27, 1883.* New York: HarperCollins, 2005.

Wood, D. *Five Billion Years of Global Change: A History of the Land.* New York: Guilford Press, 2003.

Yochelson, E. L. *Smithsonian Institution Secretary, Charles Doolittle Walcott.* Kent, Ohio: Kent State University Press, 2001.

웹 사이트

Animations of Plate Tectonics
csep10.phys.utk.edu/astr161/lect/earth/tectonics.html

Arches National Park
www.desertusa.com/arches/index.html

Author Profile
www.mtholyoke.edu/acad/earth/profiles/mcmenamin.shtml

Big Bend, Texas
geowww.geo.tcu.edu/bigbend/p16.html

Columbia Earthscape, an Online Resource on the Global Environment
www.earthscape.org/

Comet sample return mission
civspace.jhuapl.edu/

Cuesta definition
en.wikipedia.org/wiki/Cuesta

Dinosaur paleontology and expeditions
www.dinoruss.com/

Earth Education online
earthednet. org/

Ediacaran fossils
geol.queensu.ca/people/narbonne/recent_pubs1.html

Elastic rebound animation
projects.crustal.ucsb.edu/understanding/elastic/intro-rebound.html

Exploration of Mars
mars.jpl.nasa.gov/missions/

Fault motion animations
www.iris.edu/gifs/animations/faults.html

Galileo Jupiter project
www2.jpl.nasa.gov/galileo/

Genesis Discovery 5 mission
www.gps.caltech.edu/genesis/

Geological Maps and More
oddens.geog.uu.nl/index.php

Geology software
www.geologynet.com/

Geophyiscal equipment source
www.giscogeo.com/

Global Ocean Data Analysis Project
cdiac.ornl.gov/oceans/GLODAP/GlopOV.html

Gondwana breakup
www.scotese.com/satlanim.htm

Google Earth
earth.google.com/

La Brea Tar Pits
www.tarpits.org/

Lunar and Planetary Institute
www.lpi.usra.edu/

Lunar prospecting
www.nasa.gov/audience/foreducators/Redirect_Spacelink.html

Martian minerals
www.mtholyoke.edu/courses/mdyar/marsmins/

Mineral and Rock collecting
www.rockhounds.com/

Mineral exploration
www.amebc.ca/

Minerals in Thin Section
www.gly.bris.ac.uk/www/teach/opmin/mins.html

Mineralogy Database (rotating graphics!)
webmineral.com/

Mining technology
www.infomine.com/

Museum of the Earth
www.museumoftheearth.org/

NOAA Center for Tsunami Research
nctr.pmel.noaa.gov/

North Carolina Museum of Natural History
www.dinoheart.org/

Palaeos: The Trace of Life on Earth
www.palaeos.com/

Paleobiology database
paleodb.org/cgi-bin/bridge.pl

Paleomap project by Christopher R. Scotese
www.scotese.com/info.htm; http://www.scotese.com/
newpage13.htm

Petrology course
www.eos.ubc.ca/courses/eosc221/index.html

Reelfoot Rift and its earthquakes
quake.ualr.edu/public/reelfoot.htm

Rockware Software source
www.rockware.com

Search professional papers
scholar.google.com/

Seismic waves/eruption software
www.geol.binghamton.edu/faculty/jones/

Smithsonian research
www.smithsonian.org/research/

Snowball Earth Web site
www.snowballearth.org/

Spatial Data Processing
www.caris.com/

Stone Forest Karst Field Trip, Kunming, China
www.uh.edu/~jbutler/kunming/stoneforestkunmig.html

Sue the female Tyrannosaurus rex at the Field Museum,
Chicago
www.fieldmuseum.org/sue/index.html

Surviving Snowball Earth
www.livescience.com/animalworld/060607_snowball
_earth.html

Tectonic maps of Rodinia
www.tsrc.uwa.edu.au/440project/rodiniamaps

The Disaster Center
www.disastercenter.com/

Tutorial on Remote Sensisng
rst.gsfc.nasa.gov/

Understanding Plate Motion
pubs.usgs.gov/gip/dynamic/understanding.html

위로부터 시계 방향으로: 운모, 방연석, 황동석, 방해석

United States Geological Survey
www.usgs.gov/

Uranium mining
www.rodiniaminerals.com/

US Geological Survey Earthquake Hazards Program
earthquake.usgs.gov/

Virtual Fossils
www.nhm.ac.uk/nature-online/virtual-wonders/

Virtual Geology Field Trips
www.uh.edu/~jbutler/anon/quick.html

Volcano Information Center at the University of California at
Santa Barbara
volcanology.geol.ucsb.edu/

Wellsite Geological Supplies
www.usgeosupply.com/

Wind River virtual field trip
www.wind-river.com/Multimedia/QTVR/

World-Wide Earthquake Locater, Edinburgh Earth Observatory
tsunami.geo.ed.ac.uk/local-bin/quakes/mapscript/home.pl

스미스소니언에서

우리가 사는 세상을 만든 과학적 진행 과정을 더 배우고 싶다면 워싱턴 D.C.에 있는 국립 자연사 박물관보다 더 좋은 곳은 없을 것이다. 1910년 문을 연 이후 스미스소니언 박물관Smithsonian Institution은 과학 지식의 진정한 창고이자 지질학 분야에서 가장 명성 있는 박물관 중의 하나가 되었다.

스미스소니언 박물관에서 지질학 자료들은 대부분 재닛 애넌버그 후커 홀Janet Annenberg Hooker Hall의 보석과 광물 코너에서 찾아볼 수 있다. 이곳은 세계에서 가장 인상적인 광물과

보석 컬렉션을 자랑하며 2,500개 이상이 전시되어 있다. 또한 이곳에는 세계에서 가장 귀한 보석 중 하나인 호프다이아몬드가 소장되어 있는 곳이기도 하다. 광물과 보석 전시 외에도 이 홀에는 광산의 모형이 있고, 판 구조론과 화산 활동에 대한 갤러리도 갖추고 있다.

또한 스미스소니언 박물관에서는 지질학에 관한 자료를 온라인으로도 볼 수 있다. '역동적인 지구'라는 프로그램은 암석 생성과 지각 이론, 그리고 우리 태양계의 지질학에 관한

금색 돔으로 장식된 국립 자연사 박물관은 워싱턴 D.C. 내셔널 몰의 북측에 위치하고 있다. 세계 곳곳의 학자들이 자연사와 관련된 귀중한 수집물들과 자료들을 보기 위해 정기적으로 방문한다.

스미소나이트(smithsonite, 능아연광)라는 광물은 스미스소니언 박물관의 설립자 제임스 스미스슨의 이름을 딴 것이다.

인터넷 멀티미디어 자료이다. 이 사이트의 주소는www.mnh. si.edu/earth/main_frames.html이다. 그리고 스미스소니언 박물관에는 재닛 애넌버그 후커 홀의 가상 투어가 있다.

스미스소니언 박물관의 설립자 제임스 스미스슨James Smithson은 운석 수집물을 아주 많이 소장하고 있었던 노련한 광물학자였으며, 그의 연구는 이 박물관 수집품들에 큰 영향을 미쳤다. 스미스슨의 초기 운석 샘플들은 화재로 많이 소실되었지만 스미스소니언 박물관은 현재 세계에서 가장 완벽한 운석 컬렉션을 갖추고 있다. 1870년 설립된 미국 국립 운석 컬렉션도 이 국립 자연사 박물관 내에 있다. 이곳에는 모든 종류의 운석들이 진열되어 있고, 9,250개가 넘는 특이한 운석 표본을 자랑한다. 또한 이곳에는 7,000개에 이르는 잘게 잘라낸 운석 조각도 갖추고 있다. 암석 구성에 대한 지질학적 연구가 지구뿐만 아니라 태양계 전체의 생성 과정에 대한 해답을 제시해 줄지도 모른다는 희망을 갖고서 세계 곳곳의 과학자가 이 표본들을 연구하러 찾아오고 있다.

스미스소니언 자연사 박물관의 광물과학부 과학자들은 지구와 태양계의 기원과 진화 과정, 그리고 지구 대기권과 생물권에서의 지질학적 영향을 연구한다. 국립 대기 우주 박물관에 위치한 연구소인 지구와 행성 연구 센터Center for Earth and Planetary Studies, CPES의 과학자들은 행성에 관한 과학, 지구물리학, 그리고 환경 변화 원격 감지에 대한 연구를 진행하고 있다.

스미스소니언의 이동 전시 서비스Smithsonian Traveling Exhibition Services, SITES덕분에, 스미스소니언 박물관의 흥미로운 전시물을 보기 위해 꼭 워싱턴까지 갈 필요가 없어졌다. 50년이 넘는 시간 동안 SITES는 스미스소니언 박물관의 전시물들을 세계 곳곳으로 옮겨 다녔다. 현재 SITES는 '동굴:

왼쪽 제인 애넌스버그 후커 홀은 1997년 문을 열었으며 현재 세계에서 가장 큰 보석과 광물 컬렉션을 소장하고 있다.
위 피터 존스가 촬영한 '페르시아 만'은 현재 SITES의 전시회인 '동굴 : 깨어지기 쉬운 야생'에서 볼 수 있는 39장의 사진들 중 하나이다.
아래 세계에서 가장 큰 짙은 푸른색 다이아몬드인, 45.52캐럿짜리 호프다이아몬드는 제인 애넌스버그 후커 홀의 보석과 광물 코너에 전시되어 있다.

일부로서 활화산과 휴화산들을 잘 정리한 자료와 사진들을 소장하고 있다. GVP Global Volcanism Project, 세계 화산 프로젝트 인터넷 사이트에 방문하면 지역, 종류, 그리고 다른 특징 별로 화산들을 검색해볼 수 있다. 현재 이 자료에는 1,546종이 넘는 화산들이 포함되어 있으며, 이것은 일반인들이 볼 수 있는 최대의 규모이다.

스미스소니언 암석과 광석 컬렉션은 암석의 종류, 지역성 그리고 화학적 분석에 따른 표본을 찾는 지질학자들에게 매우 귀중한 자료를 제공한다. 이 컬렉션은 약 265,000개로 분류된 표본들과, 슈메이커 임팩타이트 Shoemaker impactites, 보이드 윌셔 포획암 Boyd and Wilshire xenoliths이나 베이트먼 화강암 Bateman granites처럼 아직 분류되지 않은 50,000개의 표본들을 갖추고 있다.

국립 자연사 박물관은 워싱턴 D.C. 북동쪽 컨스티튜션 애비뉴 10가에 위치하고 있다. 휴무일은 없고, 오전 10시부터 오후 5시 반까지 개방하며, 무료이다. 자연사 국립박물관과 다른 스미스소니언 박물관에 대해 더 많은 정보를 원하면 info@si.edu로 이메일을 보내거나 (202) 633-1000으로 전화하면 된다.

깨어지기 쉬운 야생 Caves : A Fragile Wilderness' 이라는 전시회를 기획하고 있다. 이것은 우리 행성에 분포하고 있는 동굴의 연약한 생태계를 소개하는 전시회이다. 39장의 사진과 그에 따른 설명으로 구성된 '깨어지기 쉬운 야생'은 알래스카에서 말레이시아에 이르기까지 다양한 동굴의 시스템을 자세히 탐구할 수 있게 하며 지질학적 경이에 위협이 되는 많은 요소들을 일깨워준다. SITES 프로그램에 대해 더 많은 정보를 얻으려면 www.sites.si.edu를 방문하면 된다.

전시회에 전시되는 거의 모든 표본들은 스미스소니언 암석과 광석 컬렉션의 일부이다. 이 컬렉션은 다시 세분화되는데 해저 암석 컬렉션, 초염기성 포획암 컬렉션, 그리고 섬 암석 컬렉션과 같은 것들이다. 화산암들은 이 컬렉션의 큰 부분을 차지한다. 스미스소니언 박물관은 세계 화산 프로젝트의

찾아보기

▶ ㄱ ◀

가니메데 24
가이거 계수기 111
가이아 168
가이아 이론 136, 168
각석암질 변성암 44
각섬암 45
갈릴레오 갈릴레이 26
갈릴레이 호 24
게르타 켈러 155
격변설 166
경계 지역 182
경사 103, 186
계통수도 83
고니오미터 108
고도계 108
고도 측정기 189
고령토 53
고생대 72, 107
고지자기 표본 드릴 109
고지자기학 100, 192
고틀롭 베르너 160
곤드와나 98, 165, 173
공극수 50
공룡 90
공생 관계 55, 65
공전 궤도 이심률 16
관다발 식물 화석 86
광역 변성 작용 44
광학 현미경 33
광합성 활동 59
규산 42

규산염 암석 8
규소 32
규소 이온 32
규회석 32
균근 87
균류 64
균사 55
그랜드뱅크스 146
그레이징 스네일 81
그로스몬 국립공원 180
그루스 49
극관 22
극피동물 79
근권 51
글로무스 65, 87
글로소프테리스 화석 173
금성 18
기반암 48
기조력 24
기포 43
끌 108

▶ ㄴ ◀

나바사 122
나선 성운 M74 9
나즈카 판 179
나트륨 사장석 33
남극 판 179
네바도 델 루이즈 콜롬비아 화산 폭발 152
네오가스트로포드 79
노아의 대홍수 106, 158
녹니석 45

녹렴석 광물 44
녹색편암질 변성암 45
눈덩이 지구 이론 128, 130
뉴마드리드 대지진 145
뉴호라이즌 호 29
니오스 호수 152
니콜라스 데마레 160
니콜라스 스테노 94, 162

▶ ㄷ ◀

다르시 관 121
다르시 법칙 120
다이너마이트 108
다이아믹타이트 134
단면도 188
단층 180
단층 흔적 103
대격변설 158
대륙과 바다의 기원 99
대륙 이동설 164
대리석 45
대멸종 72
대지구대 180
데본기 85, 107
데이모스 23
데이지 월드 168, 169
데이터 기록 장치 110
돈키호테 작전 155
돌로마이트 퇴적물 131
돌리네 122
동물군 천이의 원리 72
동굴 생성물 123

동일 과정설 162
두족류 88
드라이 폭포 150
드럼린 135
디노플라겔라테스 80
디오네 25

▶ ㄹ ◀

라이니 65
라이니 처트 87
래피도그래프 펜 108
레오나르도 다 빈치 94
레이몬드 다트 97
레이톤 분지 167
로날드 그릴리 138
로더릭 머치슨 95
로디니아 101, 173
로디니아의 분리 133
로라시아 165
로렌스 몰리 176
로마군디-자툴리 현상 128
로슈 한계 7, 24
로이 채프먼 앤드루 97
로이히 해산 183
로키 산맥 36
뢰스 150
루이 돌로 96
루이스 앨버레즈 166
루이스 월터 앨버레즈 97
루이 아가시 95, 128
루이 파스퇴르 58
리다우트 화산 폭발 153
리보자임 11
리오자사우루스 92
리처드 커원 161
리히터 규모 144
린네식 분류법 82

▶ ㅁ ◀

마그마 굄 36
마라스추우스 화석 91
마레 오리엔탈 155
마리너리 계곡 20
마리노안 빙하 131
마리아나 해구 182
마쏘스폰딜루스 92
마이얀 화산 43
마이오세 107
마이크로랩터 93
마젤란 호 18
마트 산 19
막시목 75
매리너 9호 22
매리 타르프 97
맥스웰 산맥 19
맥켄지 삼각주 61
맨틀의 대류 165
메소사우루스 165
메신저 호 17
메타노박테리아 63
메테오르 호 174, 175
메테인 23, 60
메테인 하이드레이트 60
멕시코 만류 124
명왕성 29
모관대 114
모래 51
모래 여과 장치 120
모래흙 51
모멘트 규모 144
모세보이어 분광계 110
모암석 45
모호로비치치 145
모호로비치치의 불연속면 99
목성 24

몬모릴로나이트 12
몬트레이 협곡 60
물의 순환 48, 114
미그논 탈봇 96
미란다 28
미마스 24
미사 51
미사장석 33
미생물 매트 76, 77
미시시피기 107
미줄라 빙하 호수 151
미하일 바실리예비치 로모노소프 18, 94
미행성체 6
밀란코비치의 주기 이론 129
밀러-유리 실험 10
밀루틴 밀란코비치 96

▶ ㅂ ◀

바라과나티아 87
바람 길 22
바이어드 극지 연구 센터 192
바이오마커 75
박스 표본 채취기 111
박편 33
반다아체 쓰나미 148
반려암 34
발드미르 베르난드스키 58
방법적 동일 과정설 163
방사능 9
방사성 물질 9
방해석 81
배사 187
배사형 습곡 구조 186
배호 분지 182
백립암 48
백악기 79, 107
백운암 122

버니어 캘리퍼스 108

버제스 셰일 84

범람원 48

베가 호 18

베개 모양 현무암 35

베레나 13 호 18

베르나드스키 168

베르젤리우스 63

베링거 운석구 154

베타 지역 19

벤자민 프랭클린 124

벤토나이트 43

변성암 38, 44

변환 단층 181

보웬 반응 계열 33

보크사이트 52, 53

복식 화산 178, 179

복족류 60

부석 43

분기도 82

분기도 분류법 82

분수 우물 117

불가사리 78

브런튼 108

브레츠 150

브룬톤 나침반 186

블라디미르 베르나드스키 96, 169

빙력암 134

빙력토 48

빙퇴구 135

빙하기 128

빙하선 135

빙하 시대 64

빙하 작용 66

빙하 지형 134

▶ ㅅ ◀

사암 38

사포나이트 12

산맥 180

산사태 143

산소 32

산안드레아스 단층 181

산타카타리나 섬 182

산화 토양층 53

살츠만 66

삼엽충 85

상대 연령 73

생물학적 풍화 작용 54

생태학적 교환 활동 74

생화학적인 산화 129

석고 81

석류석 45

석송 55

석송류 55

석순 123

석영 32, 36

석주 123

석질 운석 8

석탄기 64, 107

석탄층 64

석회 동굴 122

석회암 41

선상지 48, 115

선캄브리아대 72, 107

섭입대 176, 178

세계 지질도 104

세르게이 비노그라드스키 58

세르게이 키르포틴 68

세인트헬렌스 산 42, 152

세포 소기관 75

센트럴 계곡 50

셉코스키 곡선 88

셰일 38

소저너 22

소행성 28

쇄설성 퇴적암 38

쇄설암 38

쇠뜨기 86

쇠망치 111

수각룡 90, 92, 93

수렴적 진화 82, 83

수성 16

수성론 160

수성론자 106

수조 120

순상 화산 178

순환대 114

슈메이커-레비 9 27

스멕타이트 12

스미스소니언 박물관 198

스밀로돈 캘리포니쿠스 75

스카른 44

스크레로시스티스 87

스타우리코사우루스 프리체이 91

스탠리 밀러 10

스터시안 빙하 131

스테노 162

스테노의 법칙 162

스테레인 75

스텔라 소프트웨어 109

스트로마톨라이트 12

스트롬볼리 형 152

스포로폴레닌 80

습곡 103

시로시스티스 65

시생대 107

시아노박테리아 59

시안화 수소 11

시에라네바다 산맥 36

시원대 107

시추 우물 119

식토 51

신생대 72, 107

실러캔스 85

실루아기 85, 107

실재적 동일 과정설 163

실트암 38

심성암 36

심층 해류 124

쓰나미 146, 148

쓰나미 경보 시스템 149

▶ ○ ◀

아니소네마 81

아담 고리 28

아더 홈즈 165

아라고나이트 81

아르곤 26

아르지르 평원 21

아르케오프테릭스 92, 93

아르키오시아탄 석회암 41

아리스토텔레스 94

아리엘 28

아발로니아 177

아브라함 고틀롭 베르너 94, 106

아브릭토사우루스 92

아스트로피카 마니피카 성게 78

아치즈 국립공원 73

안데스 산맥 36, 179

안드리자 모호로비치치 96

안킬로사우루스 92

안토니오 스니데르 펠레그리니 164

알래스카 대지진 149

알렉산더 본 훔볼트 158

알렉스 뒤 투와 96, 165, 174

알류산 호상 열도 179

알베르투스 마그누스 94

알파 양성자 엑스선 분광계 110

알파 지역 19

알프레드 베게너 97, 165

암모나이트 화석 72

암석 분쇄기 109

암석 톱 111

암석 현미경 110

앙리 다르시 120

애덤 세지윅 95

애로우 협곡 67

애추 142

앨런 힐스 운석 84001 101

야곱 막대기 110

양치류 식물 55

양토 51

어란상 석회암 41

얼음 공격 이론 137

에너지 분산 분광계 111

에두아르트 쥐스 95, 172

에드워드 드링커 코프 96

에드워드 히츠콕 143

에디아카라의 화석 173

에디아카란스 78

에버딘 87

에오랍토르 루넨시스 90

에오세 107

엑스선 발생 장치 110

엑스선 회절 장치 111

엔셀라두스 24, 139

엔티솔 51

엠퍼러 해산군 183

역암 38

연속 반응 계열 33

연토양 51

열곡 180

열대 산화 토양 53

열수 분출공 12

열점 183

염류피각 52

염소산 염 121

영구 동토층 61, 68

영국과 웨일스의 일반 지층 지도 103

오르도비스기 79, 107

오바니 카시니 26

오베론 28

오피올라이트 지층 180

온실 기체 137

온실 효과 18, 61

올리고세 107

올림포스 산 21

와스카란 산사태 143

완족류 79

왕관 지형 19

왜성 29

요세미티 국립공원 36

용각류 92

용승류 125

우라늄의 산화 작용 11

우주 화석 77

운모 36

운모편암 45

운석 충돌설 99

운석 표본 207

울라이트 41

움브리엘 28

원생대 107

원생생물 64

원시의 자궁 12

월터 앨버레즈 166

위화석 78

윌리엄 스미스 95, 102

윌슨 순환 176

유럽 우주 기구 155

유로파 24, 138
유리 반응 49
유문암 36, 37
유진 안토니아디 17
육지 식물 64
음극선 발광 현미경 110
이구아노돈 98
이리듐 131, 166, 167
이산화 규소 42
이산화 탄소 농도 69
이스트 다이아맨트 화산 77
이시구알라스또 91
이아페투스 25
이암 38
이오 24
인력 우물 118
일라이트 12

▶ ㅈ ◀

자기장 무늬 패턴 176
자석 펜 109
자외선 램프 111
자철광 23
자크 조셉 에블망 95
잠수정 110
장력 180
장미휘석 33
장 밥티스트 라마르크 94
장석 36
장 에티엔 귀타르 94, 160
잭 셉코스키 88
저어콘 37
저탁류 146
적갈색 사암 38
전자 마이크로프로브 110
전자 포착 탐지기 100
전자 현미경 110

절대 연령 106
절리 35
점성 42
점성학 26
점토성 광물 38
접촉 변성 작용 44
정단층 180
제나 29
제임스 러브록 137, 168
제임스 발렌타인 88
제임스 스미스슨 207
제임스 허튼 94, 160
조각류 92
조디악 108
조륙 운동 44
조르주 퀴비에 94
조반니 스키아파렐리 16
조산 운동 176
조석 마찰 24
조세프 르 베리에 28
조셉 바렐 96
조안 부르주아 155
조암 광물 32
존 필립 88
종유석 123
종의 기원 98
주상절리 35
주향 103, 186
주향 이동 단층 181
줄자 108
중력 낙하 시추기 109
중력 사면 이동 142
중생대 72, 107
중앙 해령 175
중정석 81
쥐라기 90, 107
지구 기후 시스템 69

지구 온난화 61
지구와 행성 연구 센터 207
지구형 행성 16
지구화학 시스템 136
지구화학적 교정 11
지루 182
지브랄타 해협 124
지오데이터베이스 190
지오바니 카시니 26
지오박테리아 11
지오비주얼리제이션 190
지오프로세싱 190
지진 144
지진계 111, 144
지진 분류표 145
지진파 144, 145
지질도 188
지질 연대 72, 106
지질학 원리 98, 162
지질학 정보 시스템 190
지층 누중의 원리 162
지층 수평의 원리 162
지층 연속의 원리 162
지하수 115
지학 망치 108
지형도 109
지형학 50
진공 착암기 108
진균류 51
진핵생물 63
진흙 51
질량 분광계 110
질산염 염류피각 52

▶ ㅊ ◀

착정 우물 119
찰스 다윈 95

찰스 두리틀 월콧 84, 96
찰스 라이엘 95, 162
찰스 제퍼슨 173
처트 65, 87
척색동물 84
천왕성 28
천청석 80
철질 운석 8
체임벌린-몰턴의 지구 기원에 대한 가설 6
체화석 76
초대륙 순환 178
초식 공룡 92
초신성 9
총채 109
충돌설 6
충적기 115
측면 퇴적 146
층서 188
층서학 98
층위학 98, 160
치크술루브 크레이터 155, 167
침식 36

▶ ㅋ ◀
카론 29
카르스트 지형 122
카리조 평원 181
카시니 간극 27
카시니-호이겐스 호 25
칼데라 호 153
칼로리스 산맥 17
칼륨 50
칼리스토 24
칼슘 사장석 33
칼 폰 린네 82
캄브리아기 84, 107
캄브리아기 생물 대폭발기 79

케라토사우루스 92
케레스 29
코노돈트 84
코르네이유 장 코엔 63, 95
콘드라이트 운석 8
콜맨 멤버 129
쿠마나 158
쿨리 150
크루체코브스코 화산 178
크립톤 26
크세논 26
크스 랜드 154
클레멘테 층 78
클로렐로프시스 콜로니아타 76
클리포드 매튜 10
클립보드 187
킬라우에 화산 42, 178

▶ ㅌ ◀
타설 우물 119
타이탄 24, 25, 139
탄산 염 상층 131
탄산 칼슘 41, 81
탄소 순환 62
탄소 저장량 68
탈레스 94
탐사선 매리너 10호 17
테타누레 92
테티스 165, 174
테프라 43
토머스 버닛 159
토머스 크라우더 체임벌린 96
토성 24
토성의 고리 27
토양 미생물 48
토양 분류법 51
토양학 50

토탄 늪 68
톨린 24
퉁구스카 사건 154
튜린의 파피루스 102
트라이아스기 73, 84, 107
트러스트 단층 180
트리톤 28
티라노사우루스 92
티베트의 빙하 133
티오플로카 59
티타니아 28

▶ ㅍ ◀
파라독시데스 177
파이오니아 호 19
파이테인 86
파키케팔로사우루스 92
파호이호이 용암 34
판 구조론 132, 177
판게아 66, 91
팔라우의 석회암 81
팔레오세 107
패각암 40
퍼스트브룩 멤버 129
퍼시벌 로웰 20
페름기 72, 107
페름-트라이아스기의 대멸종 154
페코프테리스 잎 화석 86
펜실베이니아기 107
편암 45
포보스 23
포유류 73
포인트 카운터 108
포접 구조 60
포포카테페틀 152
포화대 114
포획암 37

표본 가방 109
표석 점토 134
표준 화석 73
표층 해류 124
표토 48, 115
풍화 36
프레드 바인 176
프레스톤 클라우드 58
프레스톤 E. 클라우드 주니어 97
프리니 무디 92
프리스테인 86
프테라노돈 92
플라이스토세 107
플라이오세 107
플리니 형 152
피세스 5호 76
피에르 테이야르 드 샤르댕 97
피카이아 화석 84

▶ ㅎ ◀
하얀 지구 가설 128, 130
하와이 열도 183
하와이 화산 국립공원 152
하이드레이트 23
하이퍼시 87
함수 화합물 60
해럴드 유리 10
해류 124
해리 해몬드 헤스 97, 176
해양 분지 105
해양의 대순환 101
해왕성 28
해저 사태 146
해저 선상지 147
해저 확장설 176
향사 187
향사형 습곡 구조 186

허블 우주 망원경 18
헤레라사우루스 이시구알라스또 91
헤테로돈토사우루스 92
헬라 평원 21
현무암 34
현무암질 마그마 34
현생이언 107, 128
현장용 모자 111
현장 표본 마커 109
현장 현미경 108
혜성 28
호모 사피엔스 82
호상 열도 178
호상 화산 178, 179
홀로세 107
홍토 53
화강암질 암석 36
화산 152
화산섬 183
화산 용암지 수로 150
화산 탐사 로봇 110
화산호 182
화성 20
화성론자 160
화성암 34
화학적 자급 영양 58
화학적 퇴적암 40
화학적 풍화 48
화학적 화석 75
환원 129
환태평양 148
황산 바륨 81
황화물 12
회유 수조 109
횡압력 180
효소 11
휘석 32

휴론기 128
흑요석 13, 34
흔적화석 78
히말라야 산맥 132, 177
히치콕 빙하호 115

▶ 기타 ◀
$(SiO_4)^{4-}$ 사면체 32, 42
99942 아포피스 155
CTD 100
DNA 11
GIS 190
GPS 103, 110
K-T 경계부 167
P파 145
RNA 11
S파 145
U자곡 135
UB 313 29

감사의 글 및 사진 출처

먼저 깊은 통찰력과 놀라운 열정으로 이 책을 펴내는 데 진두지휘했던 힐라스 출판사(Hylas Publishing)의 담당 편집자인 Lisa Purcell께 감사드린다. 다음으로 역시 뛰어난 통찰력을 가지고, 중요한 관찰을 할 때에 항상 의지했으며, 현실성이 없는 일을 하며 고집을 부리려고 할 때마다 올바른 길로 가게 해준 Dianna L. Schulte McMenamin께 감사드린다. 마지막으로 마운트 홀요크 대학(Mount Holyoke College)의 지질학과 교수 및 동료들에게 감사드린다. 특히 Stanley M. Awramik, Jack D. Beuthin, James R. Boles, John C. Crowell, William R. Dickinson, Donald W. Hyndman, James C. Ingle, Keith A. Kvenvolden, Joseph L. Kirchvink, Lynn Margulis, Donald J. Marshall, Dolf Seilacher, James W. Skehan SJ와 James W. Valentine께 감사드린다.

또 이 책을 만드는 데 도움을 주신 아래와 같은 여러 기관과 관계자 여러분께 감사드린다.
지구와 행성 연구 센터(Center for Earth and Planetary Studies), 국립 항공 우주 박물관(National Air and Space Museum)의 Andrew Johnston, 미시간 대학교(University of Michigan)의 자문위원 Ross Secord와 스미스소니언 비즈니스 벤처스(Smithsonian Business Ventures)의 Katie Mann, Carolyn Glea-son과 수석 브랜드 매니저 Ellen Nanney와 콜린스 레퍼런스(Collins Reference)의 편집 주간 Donna Sanzone과 편집자 Lisa Hacken, 편집 보조 Stephanie Meyers께 감사드린다. 그리고 히드라 출판사(Hydra Publishing)의 대표 Sean Moore와 출판 디렉터 Karen Prince, 수석 편집자 겸 디자이너 Lisa Purcell, 아트 디렉터 Brian MacMullen과 디자이너 Erika Lubowicki와 Ken Crossland, 제작 편집자 Eunho Lee와 Anthony Galante, 편집 디렉터 Aaron Murray, 편집자 Michael Smith와 Suzanne Lander와 Rachael Lanicci께 감사드리고, 그림 자료 검색 담당 Ben DeWalt, 교정 교열 담당 Glenn Novak, 색인 담당 Jessie Shiers께도 감사드린다.

사진 출처
사진을 제공한 기관의 약자와 원래 이름은 다음과 같다.
ALWI-Alfred Lothar Wegener Institute; AP-Associated Press; ARS-Agricultural Research Service; BS-Big Stock Photos; CMGW-Commission for the Geological Map of the World; DLR-German Aerospace Center; EPA-Environmental Protection Agency; ESA-European Space Agency; ESO-European Southern Observatory; FU-Free University of Berlin; GSFC-Goddard Space Flight Center; GSWA-Geological Survey of Western Australia; HST-Hubble Space Telescope; IO-Index Open; IS-iStockphoto.com; JPL-Jet Propulsion Laboratory; LHL-Linda Hall Library; LoC-Library of Congress; MF-Morguefile.com; NASA-National Aeronautics and Space Administration; NMNH-National Museum of Natural History; NOAA-National Oceanic and Atmospheric Association; NRCS-National Resources Conservation Service; NSF-National Science Foundation; NWS-National Weather Service; NYPL-New York Public Library; PD-Public Domain; PNNL-Pacific Northwest National Laboratory; PR-Photo Researchers Inc.; SIBL-Science Industry and Business Library; SI-Smithsonian Institute; SPL-Science Photo Library; SS-Shutterstock; USDA-United States Department of Agriculture; USDI-United States Department of the Interior; USGS-United States Geologic Survey; USMC-United States Marine Corps.

(t=맨 위, b=맨 아래, l=왼쪽, r=오른쪽, c=중간)

도입부
iv SS/Michael Ledray vt Stan Celestain Glendale Community vb MF/Clarita vi clipart.com vii clipart.com viii IO/Everett Johnson 1t IO/Photolibrary.com 1b clipart.com 2 IO/Wallace Garrison 3t SS/Svetlana Privezentseva 3b clipart.com

Chapter 1 지구라는 행성
4 SPL/David A. Hardy 5t SS/Stephen Coburn 5b IS/Amanda Rhode 6t NASA/Don Davis 6r PD 6bl NASA 7 IS/Manik Ratan 8tl SS/Sebastian Kaulitzki 8l NMNH/Chip Clark 8r NMNH/Chip Clark 9tr NASA/JPL-Caltech 9br IS/Brandon Alms 10tl PD 10bl Lisa Purcell 11 SPL/Eye of Science 12tl USDA/ARS/National Soil/David Laird 12b NOAA 13 GSWA

Chapter 2 행성지질학
14 Photos.com 15t NASA 15b NASA/JPL/Space Science Institute 16tl NASA 16l NASA/GSFC 16br NASA/JPL 17t NASA/JPL 17r NASA/JPL/Northwestern University 18tl NASA 18bl NASA/L. Esposito 18br NASA 19bl NASA/JPL 19r NASA/JPL 20tl NASA/JPL/USGS 20b NASA 21t NASA 21b ESA/DLR/FU/G. Nekum 22tl NASA 22tr NASA 22br ESA 23 NASA 24tl NASA 24bl SS/Stephen Girimont 24c NASA/JPL/Space Science Institute 25tl NASA 25br University of Arizona/NASA 26tl NASA 26br

NASA 27tr R. Evans/J. Trauger/H. Hammel/HST Comet Science Team and NASA 27br NASA/JPL 28tl NASA 28cl University of Wisconsin/Lawrence Sromovsky 28bl JPL 29t NASA 29br NASA/ESA/ESO Space Telescope European Facility/Dr. R. Albrecht

Chapter 3 광물, 암석, 지각
30 NOAA 31t USGS/Cascades Volcano Observatory 31b NMNH 32tl SS/Guojón Eyjólfur Ólafsson 32tc NASA 32bl photos.com 33t MS Book and Mineral Company 33b University of North Carolina-Wilmington 34tl Wikipedia 34r NOAA/University of Washington 34bl Shutterstock/Bryan Busovicki 35t USGS/J. Lowenstern 35br Drexel University 36tl USGS 36l Chris Bolger 36br Drexel University 37tl Wikipedia 37tr IS/Therese McKeon 38tl Drexel University 38l Wikipedia 39tr Drexel University 39b Drexel University 40tl SS/Mark Scott 40l Drexel University 40br Drexel University 41tl Drexel University 41tr Hooper Natural History Museum 42tl Wikipedia/Tom Pfeiffer 42r USGS/Austin Post 43t Photos.com 43b Associated Press 44tl USGS 44c Drexel University 45tl Drexel University 45br Drexel University

Chapter 4 풍화 작용과 토양
46 Photos.com 47t USDA/Nature Source/PR 47b Wikipedia/Christian Fischer 48tl USGS 48b Wikipedia/Eurico Zimbres 49t Kurt Hollocher/Union College 49b Drexel University 50tl Martin Ruzek/USRA 50b Ron Amundson/University of California 51tr Pleum Chenaphun 51b IS/Malcolm Romain 52tl Photos.com 52l USGS 52r Stan Celestian/Glendale Community College 53tr Weblogs 53b SPL/Jerry Mason 54tl Photos.com 54l SS/3poD Animation 54r IS/Mark Rasmussen 55tl USGS 55br SS/Sergey Chushkin

Chapter 5 살아 있는 행성
56 Photos.com 57t MF/digiology 57b NOAA 58tl Yellowstone National Park Service 58bl Wikimedia 59 SPL/Dirk Wiersma 60tl NOAA 60b NOAA 61tl USGS/The Malik Project 61r PNNL 62tl WVU/Acadaweb 62b Pleum Chenaphun 63 PR/Eye of Science 64tl morguefile/d0g3 64r PD 65tr Wikimedia 65br morguefile/Rhael 66tl photos.com 66—67 PR/Sheila Terry 68tl NASA 68l USDA/FAS 69 Pleum Chenaphun

Chapter 6 화석 기록

70 SS/Alexey Krychokov 71t David C. Ward/ Wikipedia 71b SS/Ismael Montero Verdu 72tl USDA/De Wood, color by Chris Pooley 72b MF /Clarita 73tl Scripps Institution of Oceanography 73br Jon Zander/Wikipedia 74tl PD 74b NASA 75tr SS/Ismael Montero Verdu 75bl SS/Michael Ledray 76tl NASA 76cr NOAA 76br PR/Michael Abbey 77 NOAA 78tl SS/Kim Worrell 78bl IS/Zeliha Gurkan 78br IS/Heather Cash 79 SS/ Ismael Montero Verdu 80tl PD 80b PR/M. I. Walker 81tr NOAA/James McVey 81br Photos.com 82tl PD 82bl PR/NLM 83t Pleum Chenaphun 83b BS/Mark Hangrove 84tl SS Christine Nichols 84r PR 84b PR/Chase Studio 85 PR/Peter Scoones 86tl SS/Ismael Montero Verdu 86b IS/Keoni Mahelona 87t Eye of Science/SPL 87b SPL/Martin Land 88tl SS/Nicola Keegan 88r SPL/George Bernard 88bl MF/Bob Ainsworth 89t SPL/D. Van Ravenswaay 89b Pleum Chenaphun 90tl photos.com 90l PR/Francois Gohier 90–91 photos.com 92tl IS/Adrian Chesterman 92bl SS/ Bob Ainsworth 92c SS/Ismael Montero Verdu 93 SS/John Kirinic

읽을거리

94l PD 94tc PR/SPL 94b SI 95t SI 95bl SI 95r SI 96tl PD 96bc Clipart.com 96tr PD 97tl ALWI 97tr Wikimedia/Rama 97b PD 98tl PD 98bl PD 98c Wikimedia/Ballista 99tl NOAA 99l USDS/Susan Winchell-Sweeney, Laurie Rush 99c Lisa Purcell 99tr PD 99bl PR/Pascal Goetgheluck 99br NASA 100tl NOAA 100bc USGS 100r NASA 101tl NOAA 101tr NASA 101cr ESA/NASA/JPL/ University of Arizona 101b PD 102tl PD 102l PD 102c PD 103 PD 104 CMGW/Ph. Bouysse 106tl SS/James Knopff 107 Pleum Chenaphun 108tl Clipart.com 108l SS/Terry Alexander 108bc SS/Bateleur 108l SS/Adrian Hughes 109tl SS/Cecilia Lim H M 109tr SS/Rick Parsons 109bl SS/Ugorenkov Aleksandr 109br NOAA 110l SS/Roman Krochuk 110tr SS/Roman Krochuk 110br NASA/JPL/Cal-Tech 111tl Rickey Hydrological Company 111tr Clipart.com 111r USGS Earthquake Center 111b SS/Rade Lukovic

Chapter 7 물의 순환

112 SPL/Chris Paola 113t SS/Koval 113b SS/ Andrey Shchekalev 114tl Wikipedia/Alex Buirds 114l NWS 115tr NASA/USGS 115b USGS 116tl NRCS 116c SS/Dainis Derics 117t NRCS 117b NRCS/Bob Nichols 118tl SS/Aaron Kohr 118bl Wikipedia/Carols Ponte 118tl SS/Aaron Kohr 118bl Wikipedia/Carlos Ponte 118r EPA 119 Wikipedia/Pollinator 120tl PD 120b Wikipedia/Daniel Ortmann 121l PD 121br SS/ Wade H. Massie 122tl USGS 122r Howe Caverns, Inc. 122b Wikipedia/Hugo Soria 123t

SS/Vova Pomortzeff 123r Freer Sackler Gallery, SI 124l PD 124b LoC 124tr PD 125tr NASA 125br PR/Raven

Chapter 8 빙하 작용

126 SS/Bryan Busovicki 127t PD 127b SS/Lawrence Beck 128tl LoC 128c PD 129tr Bob Kopp/Joe Kirschvink/Cal Tech Division of Geological and Planetary Sciences 129b SPL 130tl SS/Galyna Andrushko 130b SPL/Chris Butler 131t Wikipedia/Dschwen 131b Shuhai Xiao/ Virginia Polytechnic Institute State University 132tl IS/Vladimir Melnik 132c NASA 132bl Pleum Chenaphun 133 MF 134tl SS/Svetlana Privezentseva 134bl SS/David Lewis 134c Wikipedia/Brendan Conway 135 USGS 136tl NASA 136br SPL/Munoz-Yague/Eurelos 136l NOAA 137 NASA/Susan Twardy 138tl NASA 138b NASA 139t NASA 139b NASA/Craig Attebery

Chapter 9 지질학적 재앙

140 SS/Bjartur Snorrason 141t NOAA 141b SS/ Ian Bracegirdle 142tl Wikipedia 142c SIBL/ NYPL/SPL 142bl SS/Bryan Busovicki 143tr USGS 143b USMC 144tl USDI 144l LoC 144br Clipart.com 145t SPL/Gary Hincks 145r PD 146tl Wikipedia/Kanoa Withington 146c University of Hawaii 147 PR/NASA 148tl IS/Gina Smith 148c SS/A. S. Zain 149tr PD 149bl NOAA 150tl Wikipedia/Ivelin Minkov 150b Wikipedia/Teri J. Pieper 151 USGS 152tl SS/Marco Regalia 152bl PD 153t USGS 153b Wikipedia/Altidude 154tl NASA/Virgil L. Sharpton 154bl PD 154r PR/Detlev van Ravenswaay 155tr ESA 155b NASA

Chapter 10 지질학 이론의 변천

156 PR 157t SS/Sean Gladwell 157b LHL 158tl clipart.com 158c SI 158bl Wikipedia 159 SS/ Vladimir Korostyshevskiy 160tl USGS 160c PD 161tr LHL 161bl PD 162tl SS/PMLD 162r LHL 162bl PD 163 SS/Stephen Aaron Rees 164tl PD 164b PD 165t Lisa Purcell 165b PD 166tl University of Washington 166b NASA/JSL 167tl AP Photo 167b SPL/D. Van Ravenswaay 168tl Pleum Chenaphun 168bl Ecolo.org 168br Pleum Chenaphun 169tl Wikipedia/Javier Pedreira 168b SS/Elena Ray

Chapter 11 판 구조론 혁명

170 NASA/GSFC/PR 171t NOAA/James McVey 171b Wikipedia/Chris73 172tl Pleum Chenaphun 172br SPL 172bl Pleum Chenaphun 173 SPL/ Martin Land 174tl NOAA 174bl Pleum Chenaphun 174c NOAA 175 NOAA 176tl NASA 177b SPL/Gary Hincks 177 NASA 178tl SS 178bl

SS/Bychkov Kirill Alexandrovich 178r SS/Dan Lee 178b NASA 179tr NASA 179b SS/Vladimir Korostysheviskiy 180tl NASA 180r Views of the World 180br Wikipedia/JC Murphy 181tr PD 181b NASA 182tl SS/Dhoxax 182b SS/Rodolfo Arpia 183 SS/Bryan Busovicki

Chapter 12 현장지질학

184 PD 185t SS/Scott Rothstein 185b NASA 186tl SS/John Montgomery Brown 186l SPL/Sinclair Stammers 186br Brunton Inc. 187tr Pleum Chenaphun 187b Wikipedia 188tl USGS 188b USGS 189 NPS 190tl SS/Neo Edmund 190bl NASA/EPA/John Holdzkom and Jim Szykman 191t USGS/Serkan Bozkurt 191b ESA 192tl NOAA 192b IS/FRONTIER Henri 193tr IS/Mike Morley 193b SS/Morozova Tatiana

더 읽을거리

204 IO/photolibrary.com

스미스소니언에서

206 SS/Vladimir Ivanov 207 PR/Martin Land 208 SI 209t Wikimedia/David Bjorgen 209b Peter Jones

표지

IO/DesignPics Inc. 배경: IO/Hot Ideas

사이언스 101 지질학

지은이 • Mark A. S. McMenamin
옮긴이 • 손영운
펴낸이 • 조승식
펴낸곳 • 도서출판 이치 SCIENCE
등록 • 제9-128호
주소 • 142-877 서울시 강북구 수유2동 240-225
www.bookshill.com
E-mail • bookswin@unitel.co.kr
전화 • 02-994-0583
팩스 • 02-994-0073

2010년 5월 10일 1판 1쇄 발행
2013년 7월 15일 1판 3쇄 발행

값 14,000원
ISBN 978-89-91215-19-1
978-89-91215-14-6 (세트)

＊잘못된 책은 구입하신 서점에서 바꿔드립니다.
＊이 도서는 (주)도서출판 북스힐에서 기획하여 도서출판 이치사이언스에서
출판된 책으로 (주)도서출판 북스힐에서 공급합니다.
142-877 서울시 강북구 수유2동 240-225
전화 • 02-994-0071 팩스 • 02-994-0073